王前程 著

三峡地区三国地名文化研究

武汉大学出版社
WUHAN UNIVERSITY PRESS

图书在版编目(CIP)数据

三峡地区三国地名文化研究/王前程著.—武汉：武汉大学出版社，
2021.6
ISBN 978-7-307-22136-9

Ⅰ.三… Ⅱ.王… Ⅲ.三峡—地名—文化—三国时代 Ⅳ.K92

中国版本图书馆 CIP 数据核字(2021)第 020572 号

责任编辑:蒋培卓 责任校对:汪欣怡 版式设计:马 佳

出版发行:武汉大学出版社 (430072 武昌 珞珈山)
（电子邮箱：cbs22@whu.edu.cn 网址：www.wdp.com.cn）
印刷:武汉市宏达盛印务有限公司
开本:720×1000 1/16 印张:24 字数:342 千字 插页:1
版次:2021 年 6 月第 1 版 2021 年 6 月第 1 次印刷
ISBN 978-7-307-22136-9 定价:96.00 元

序

前程教授是长期专力研究《三国演义》和三国文化的专家，造诣深厚，成果丰硕，发表了数十篇学术论文，出版了多部学术著作。2007 年出版过《〈三国演义〉与传统文化》，2013 年推出了《夷陵之战研究》，在学术界尤其是三国文化研究领域产生了广泛影响。现在前程教授又奉献出一部厚重的学术专著《三峡地区三国地名文化研究》，为三国文化研究和湖北地方文脉研究再立新功。我对于三国历史的研究本是外行，但对历史地理有浓厚的兴趣，对此书的写作动机和成书过程也早有了解。几年前，与前程教授在一起参加学术会议时，他曾告诉我准备写一本关于三峡地区三国地名研究的著作，我当时极力赞成。如今果然写就，在盛夏凉风中快读他电邮来的书稿，更觉神清气爽。享受先睹为快之余，写篇小序以为纪念。

做学术研究，需要奉献精神，既要坐冷板凳，又要勤跑路。跑路是田野调查、搜集资料的必经途径；坐冷板凳是梳理材料、思考问题、完成著述的必经过程。而这需要花费大量的时间、精力和经费，是一个真正的学人必须面对的付出和牺牲。据我了解，前程教授几乎跑遍了三峡地区各市县乃至许多乡镇村落，收集了许多第一手研究资料，系统考察了四百多个三国地名和三国遗迹，并一一标明它们的地理方位和大致里程，其辛劳可想而知，没有学术奉献精神，是难以做到的。

本书的研究范围，虽然不算很大，但特色鲜明，富有独创性。三国地名，散见于《三国志》《晋书》《资治通鉴》等史书和《水经注》《元和郡县志》《太平寰宇记》《舆地纪胜》《方舆胜览》《明一统志》《读史方舆纪要》《大清一统志》等地理志，十分零散芜杂。清代中叶以来，虽有专门研究三国地理和地名的专著，如洪亮吉《三国疆域志》、谢钟英《〈三国疆域志〉补注》、吴增仅《三国郡县表附考证》、杨守敬《〈三国郡县表〉补正》以及当代学者梁允麟《三国地理志》，等等，然而这些著作，主要是列述三国时期设置的郡县和重要历史地名，叙说其疆域、沿革及有关史实，很少涉及广泛流传于各地的民间传说三国地名。明清时期各地方官府组织编修了若干府志、州志、县志，二十世纪八十年代以来国家民政部又组织各市县方志办编写了大量的地名志，其中录入了不少流传于民间的三国地名和三国文化遗迹，但这些府州县志和市县地名志仅仅是简要介绍三国地名和三国遗迹的方位及相关人物故事，而基本不做考证分析，无法给读者一个清晰准确的历史认知和判断。《三峡地区三国地名文化研究》不仅考述三国时期设置的郡县乡亭和三国建筑遗迹，还将数量庞大的民间传说三国地名和遗迹纳入研究范畴，从而深化了地名文化研究的内涵和范围，拓展了学术研究的视野和空间。

本书对三国地名的概念、类型等进行了明确的定义和划分。根据地名产生的源流，将三国地名分为三大类型：即三国历史地名、三国文学地名、民间传说三国地名；根据地名故事主角所属阵营，将三国地名分为曹魏地名、蜀汉地名、东吴地名等；又从总体上将三国地名分为狭义三国地名和广义三国地名：狭义三国地名是指三国时期设置或更名的郡县乡亭名和三国时期的建筑遗存；广义三国地名范围广泛，涵盖三国时期发生过重要事件或与三国人物相关联而驰名天下的原有地名，既包括民间信仰产生的三国英雄地名与纪念三国英雄的祠堂庙宇，又包括历史小说名著《三国演义》虚构附会而后世成为实有的地名及其衍生的民间传说三国地名与三国遗迹等。这种定义和划分，科学合理，层次井然，多发前人之所未发。

三峡区域内四百多个三国地名和三国遗迹，书中一一考述。先以市县或乡镇为地理坐标，介绍其大致方位和距离，然后列叙其出处及相关故事。叙述方式近似于地名志，固然略显单一，但著者不是停留在三国地名的简单介绍上,而是重在挖掘三国地名背后的历史文化内涵。中国的大小地名,绝大多数有着悠久的历史渊源,是一种特殊的历史记忆。三国地名,铭刻着三国英雄的行踪和战争硝烟的尘迹,遗存是三国历史风云的印记。前程教授以三国史籍为核心依据,结合田野调查所得资料,进行史地互证,考证、辨析了三峡区域内数百个三国地名和遗迹产生的时间、原因、事件及其变迁,资料详实丰富,考订严谨周全,结论可信。

应该指出,三国地名和遗迹,并不都是有据可依、有史可考的。文学作品的虚构,民间传说的随意附会,使得三国地名的历史真实性难以一一考实。前程教授认为,三国文学地名和民间传说三国地名,虽然大都属于虚构附会性质,但表现了某一历史时期的思想意识形态,体现了广大民众朴素的审美观念和爱憎情感,具有一定的历史文化内涵,不宜否定其独特的历史价值。我觉得这是一种开放包容又合情合理的学术态度,值得肯定。

前程教授此书,为三国地名文化研究提供了一种可操作性的成功范例,相信能够启发和带动各地三国地名文化的研究。期待他再接再厉,为三国文化和地方文脉研究做出新的贡献。

是为序。

王兆鹏

2020 年 7 月 28 日于武昌南湖之滨

目　录

第一章　三峡区域三国地名文化述略

中国是个历史特别悠久又特别重视历史研究的国度，回顾历史、研究历史不仅对于今天的政治、军事、经济、外交等领域具有重要的借鉴与参考价值，还可以为广大人民的日常生活提供丰富的精神食粮，有利于社会的进步和发展。著名历史学家钱穆先生在《史记地名考》中强调了研究历史文化的重要性，并认为研究历史文化有四大要项："一曰氏族，二曰地理，三曰人物，四曰年代。"① 而地理研究的核心内容之一便是地名研究。一个地理实体常常包含着丰富的人文历史，地理实体与人文历史的结合，便形成了地名文化，因而，地名文化研究无疑是历史文化研究的重要组成部分。

一、地名概念与三国地名文化研究意义

地名是我们人类社会特有的一种现象，没有人类就不会有地名。但人类产生的初始，是没有地名的，随着生产、生活的进步和彼此交往的频繁，对于反复过往的生产生活场所或空间，人类必须熟记于心，于是地名便逐步产生了。那么，地名最初产生于何时呢？根据考古学界和人类学界的研究，在早期人类生活中，地名更具有迫切的需要性，地名的产生较之人类语言更早。目前发现最早的人工建筑是法国靠近地中海沿岸的狩猎篷

---

① 钱穆：《史记地名考》，商务印书馆 2001 年版，第 8 页。

帐和挡风墙,大约距今三十万年。原始人类在夏季前往地中海沿岸一带狩猎,搭起简陋的篷帐和挡风墙以供临时居住,至秋季返回原住山洞,那些搭建的狩猎篷帐就渐渐被风沙吹倒和掩埋。至第二年夏季原始人类再沿着同样的线路前往旧地,在原址上再建临时居所。为了不在原始森林中迷路,原始人类沿途做下记号,并于经常活动的场地周围做上标示,如在树杈上放一块石头或把树皮剥光,等等,这种标示、记号就具备了标识地理实体的作用,于是,原始地名就这样产生了。随着人类活动次数的增多及活动地域的扩延,地名便越来越繁多,越来越复杂。

由此可见,地名与人类的生活、生产和社会的发展变化密不可分。地名是人类对具有特定方位、地域范围的地理实体赋予的专有名称,即人类对于地物或地域的命名,所谓"地物",既包括自然物如山、河、湖、海之类,也包括人类自己构建的人工物如道路、村庄、城堡、矿场、运河、水库之类。"地域"则指各种自然物与人工物组成的大小不同、类型不一的空间,如政区、自然区、林区、草场、渔场、猎场,等等。

地名通常由通名和专名两大部分构成,极少数复杂的地名还包含冠词、介词、连词等修饰成分。通名,即山、谷、江、河、湖、海、郡、县、省、市、区、镇、乡、村一类的名称,用以区别地域、地物类别或性质。专名,即某一类别中地名的特称。如"马鞍山""武汉市"这两个地名中,"马鞍""武汉"即为专名,"山""市"即为通名。

地名种类较为繁复,按照地名性质划分可分为两大类:自然地名和人文地名。自然地名,即自然地理实体名称,包括山脉、峰岗、隘口、江河、湖泊、海洋、沼泽、岛礁及自然区、地理区、地形区,等等。人文地名,即人文地理实体名称,包括行政区划、城镇、村落、陆路、水路、名胜古迹及企事业单位名称,等等。按照使用的时间划分亦可分为两大类:今地名和历史地名。今地名,即今天仍然使用的地名,无论它产生的时间是否古老。历史地名,即历史上曾经使用过,而后来被废弃不用的地名。众所公认,中国是一个历史悠久、文化积淀极其深厚的国家,无论是在历史上还是在当代生活中,使用地名之繁多、地名变迁之复杂,均居世界各国之首，而地名文化的丰富性更是其他任何国家都无法比肩的。按照历史时代的变迁，中国地名可分为先秦地名、秦代地名、汉代地名、三国地名、六朝地名、隋唐地名、两宋地名、金元地名、明代地名、清代地名、近现代地名、当代地名，等等。

事实上，地名本身就是一种文化现象，它不仅是某一地点或某个区域的外在名称代号，而且从不同侧面反映了某地、某区域的方位、地貌、历史、传说、风俗、信仰等深层次的内涵，在使用过程中常常会融入诸多人文因素。诚然，多数地名背后包藏着一个至多个历史故事或传说，蕴含着极其厚重的历史内涵与文化意义，一个地名，就是一段历史，就是一个独特的文化符号。比如：涿鹿、阪泉是中国历史上流传下来的两个最古老的地名，便包含了民族争战与民族融合等丰富的历史内涵。在早期氏族部落时代，部落之间和部落联盟之间，常常会爆发争夺战争。传说炎帝与黄帝两大部落曾大战于阪泉之野，炎帝部落战败，黄帝、炎帝两大部族逐渐融合，成为中华民族最初的基干。后来蚩尤部族凭借强大武力大举进攻黄帝部族，双方又大战于涿鹿，最后以蚩尤部族失败而告终，蚩尤部族又大多融入炎黄部族。今河北省有涿鹿县，即传说中黄帝、蚩尤涿鹿大战之地，其东南城郊还存留一处古城垣的残迹。阪泉在涿鹿古城南面不远处，其东侧还有一条传说的蚩尤泉。又比如：今甘肃酒泉，地处河西走廊中部，原名"金泉"，不过是一处泉水水眼，冬季水气蒸腾，状如云烟，清澈的泉水中常常冒出气泡，如串串金珠，故名"金泉"。汉武帝遣骠骑将军霍去病远征匈奴，连战皆胜，率部凯旋，驻扎于河西走廊金泉一带，设置"酒泉郡"。唐人颜师古注《汉书·地理志》之"酒泉郡"条云："应劭曰：'其水若酒，故曰酒泉也。'师古曰：'旧俗传云城下有金泉，泉味如酒。'"① 可见，"酒泉"得名于地下泉水如醇酒的气味。然而，后世民间却盛传一个动人的故事：汉武帝为奖励霍去病打败匈奴的功勋，派朝臣送来一坛最清香的御酒，酒少人多无法分

① 班固：《汉书》卷二十八下，中华书局 2000 年版，第 1292 页。

享，霍去病便下令将御酒倾倒金泉之中，顿时香气扑鼻，全体将士争相共饮。从此，金泉就改名为"酒泉"。这个故事难免存在附会成分，但却蕴含了民间百姓对于酒泉历史的独特理解和诠释。后来，唐代大诗人李白作诗《月下独酌》歌咏道："天若不爱酒，酒星不在天。地若不爱酒，地应无酒泉。天地既爱酒，爱酒不愧天。"① "酒泉"这个蕴含丰富文化内涵的汉代地名一直沿用至今。

那么，什么是三国地名？三国地名有何历史文化价值？所谓"三国地名"，即指与汉末三国这一特定历史时期的人与事紧密关联的地名和遗迹。汉末三国时期是一个战争频发、群雄纷争的乱世，由此产生了大量与三国英雄人物和事件相关联的地名和遗存。加之历史小说名著《三国演义》的生动描写及其深远影响，使得三国地名文化成为中国地名文化中最丰富、最精彩、最为民众熟知的章节之一。三国地名有狭义与广义之分。狭义的三国地名是指汉末三国时期设置或更改的地名，大多为行政区名。如刘备改孱陵县为公安县、改临江郡为宜都郡，孙权改鄂县为武昌县、置武昌郡，曹丕设新城郡，孙休置兴山县，等等。狭义的三国地名还应包括见载于古代历史地理文献的三国时期的建筑遗存，如黄城、刘备城、刘封城、关羽荆州城、夏口城、吴王城、陆城、陆抗城、铜雀台、丞相台、吕蒙墓、惠陵、关陵、锁水头、八阵图，等等，尽管这些古建筑今天大多数未能保存下来，但常常被人们提及，并多半能够根据文献记录寻觅到其具体方位，因而应当视为狭义的三国地名。广义的三国地名是指汉末三国时期发生过重要事件或与重要历史人物相关联而驰名天下的原有地名，大多是具体地点，或一城，或一山，或一片地界，如官渡、长坂、赤壁、乌林、白帝城、隆中、祁山、五丈原、麦城，等等。广义的三国地名还应包括因民间信仰而产生的三国英雄地名和纪念三国英雄的祠堂庙宇，等等，如关公地名与关庙、诸葛亮地名与武侯祠，等等。广义的三国地名还应包括小说《三国演义》虚构附会的地名以及在《三国演义》深刻影响下衍生的三

---

① 《全唐诗》（增订本）卷一八二，中华书局 1999 年版，第 1859 页。

国地名与文化遗迹，如南屏山、葫芦口、景山、落凤坡、西山、三江口、祭风台、长坂桥、鱼腹浦、刘郎浦、三义桥、鲁公山、云池、子龙岗、落星村，等等，这类地名在民间广为流传，数量极其惊人，尽管若干地名故事实属子虚乌有，但它们逐渐成为后世实存的地名，应将其纳入广义三国地名的范畴。

大多数三国地名蕴含着丰富的历史文化内涵，主要包含了以下几个方面：其一，铭刻了三国英雄功业成败、拼搏奋斗的足迹。如"隆中"书写了诸葛亮早年的生活史、成长史与励志史，"祁山"书写了诸葛亮北伐中原的艰辛历程，"麦城"反映了关羽被困孤城、突围败走的窘况，等等。其二，记录了汉末三国时期不同政治军事集团之间激烈争战的战争历史。如"官渡"记录了曹操以弱胜强、击败袁绍的辉煌战果，"赤壁"记录了曹魏集团与蜀、吴集团激烈争战的风云，"猇亭"铭刻了陆逊火烧连营、大败蜀军的硝烟，等等。其三，展现了三国英雄复杂而微妙的心灵世界，蕴含了其对于未来的殷切希望。如曹操设置"临江郡"，含"临江据险"之意；刘备改鱼复县为"永安县"，含"永远平安"之意；孙权改鄂县为"武昌郡"，含"吴以武而昌盛"之意；曹丕设置"魏兴郡"，含"魏国兴旺昌盛"之意；孙休分秭归县立"兴山县"，含"吴国兴于此山之中"之意，等等，无不表现了对于吉祥兴旺的期盼心理。其四，表现了民间百姓的爱憎情感和审美倾向，如"云池""长坂坡"等地名饱含了百姓对于救主英雄赵云的爱戴之情，"回马坡""大王冢"等地名和遗迹饱含了百姓对于义勇英雄关羽落难的无限同情，"祭风台""鱼腹浦""蜀丘"等地名表达了百姓对于智慧之星诸葛亮的无限崇拜之情，等等。无论是狭义的三国地名，还是广义的三国地名，都蕴含着厚重的文化因子，无不给后人以深刻的历史启迪。显然，系统研究一个区域的三国地名及其相关传说故事，不仅可以深入了解该地的三国发展史，更能深入了解三国英雄积极进取、英勇奋斗的事迹及其在英勇奋斗中所显现的博大的民族精神，具有不可忽视的积极意义。

二、三峡地区三国地名的主要类型

全国各地三国地名种类繁多而复杂，三峡地区三国地名亦不例外。从地名人物故事所属集团上分，可分为蜀汉地名、曹魏地名、东吴地名等。从民间英雄信仰上分，可分为关公地名、诸葛亮地名、曹操地名、陆逊地名等。从地名故事基本性质上分，可分为三国政治地名、三国军事地名、三国外交地名、三国生活地名等。而从地名产生的源流上分，则可分为三大类型：三国历史地名、三国文学地名、民间传说三国地名。这三大类型涵盖了所有种类的三国地名。

（一）三国历史地名

"三国历史地名"，是指与汉末三国时期真实存在的历史人物和真实发生的历史事件密切关联的地名，这类地名见于早期历史文献，是可信可证或基本可信可证的三国地名。它又具体可分三小类：（1）三国时期设置或更名的地名。如公安、临江、宜都、西陵、武昌、建平、兴山、沙渠、建始、永安、汉寿、新城、魏兴、吴兴、汉寿、涿乡、猇亭，等等，其中，临江、宜都、西陵、建平、兴山、沙渠、建始、永安、涿乡、猇亭等在今三峡地区。这类三国地名多为行政区名，包括郡、县、乡、亭四级行政机构。（2）汉末三国时期修建并以汉末三国人物姓名或职官命名的建筑物体名。如黄城以黄祖姓氏命名，吴王城以孙权封号命名，刘备城以刘备姓名命名，刘封城以刘封姓名命名，陆城和丞相台以陆逊姓氏及其职官命名，陆抗城以陆抗姓名命名，步阐城以步阐姓名命名，关陵因关羽而名，吕蒙墓以吕蒙而名，武侯祠以诸葛亮封号命名，八阵图以诸葛亮建造石阵名命名，等等，这类地名多为城名、台名、陵墓名、军事设施名，实为三国文化遗迹。其中，刘备城、刘封城、陆城、丞相台、陆抗城、步阐城、关陵、奉节八阵图等在今三峡地区。以上两种三国历史地名属于狭义三国地名。（3）因三国人物和事件驰名天下的原有地名或原有建筑物，属于广义的三国地名。如赤壁、隆中、街亭、官渡、祁山、檀溪、长坂、华容道、夹石、马鞍山、上夔道、百里洲、麦城、白马塞、石阳城、夏口城、荆门城、托孤堂，等等，其中，长坂、麦城、夹石、马鞍山、托孤堂、百里洲、荆门城、上夔道等在今三峡地区。这类地名和建筑物或道路并非产生于三国时期，但因此地发生过重要三国历史事件而驰名于后世，人们提起它，往往会想起三国人物故事。

今三峡区域内的三国历史地名，有涵盖范围较大的郡县名，如临江郡、宜都郡、建平郡、西陵县、永安县、沙渠县、建始县、兴山县等；有涵盖范围较小的乡亭名、邮亭名、山名、道路名、溪沟名、水洲名、城名等，如涿乡、猇亭、马鞍山、上夔道、夹石、百里洲、陆城、荆门城、刘备城、刘封城、陆抗城等。有与蜀汉人物关联紧密的蜀汉地名，如宜都、猇亭、刘备城、刘封城、长坂坡、麦城等；有与曹魏人物关联紧密的曹魏地名，如临江、百里洲等；有与东吴人物关联紧密的东吴地名，如西陵、兴山、陆城、丞相台、夹石、百里洲、建平城、荆门城等。有与汉末三国政治活动密切相关的政治地名，如临江、宜都、建平、西陵、永安、兴山、建始、丞相台等；有与汉末三国战争密切相关的军事地名，如长坂坡、麦城、夹石、猇亭、马鞍山、上夔道、刘备城、刘封城、陆城、八阵图、建平城、百里洲、荆门城等。这类三国地名是一种特殊的历史印记，它记录了三国英雄政治决策、外交角逐、军事攻守的历史悲喜剧，许多三国地名故事同时涉及曹魏、刘汉、孙吴等多个不同集团的英雄人物。

（二）三国文学地名

"三国文学地名"，是指以罗贯中的历史小说名著《三国演义》为代表的文学作品虚构、附会或移位的地名，这类三国地名未见载于早期历史地理文献，属于基本不可考证、不足为信据的三国地名，但它们在明清以后逐渐成为实际地名，一直使用至今，仍然具有一定的历史文化价值。

罗贯中，名本，字贯中，号湖海散人，元末明初著名小说家、戏曲家，是中国长篇小说的开山鼻祖，代表作为历史小说《三国志通俗演义》，后世简称《三国演义》。罗贯中熟读《三国志》等历史典籍，是一位具有深厚史学功底的学者，但他更是一位富于想象力、擅长虚构加工的小说家，《三国演义》在史实的基础上进行了大量的文学想象性描写，人物性格、历史场景、故事结局以及地名记述等都存在着不同程度的虚构性和附会色彩。尽管《三国演义》叙述的地名大多数属于见于史籍的历史地名，但文学虚构或移位地名亦非个别，如博望坡、落凤坡、武昌、祭风台、西山、南屏山、景山、三江口、葫芦口、宜都界口、猇亭、富池口、鱼腹浦，等等，其中，景山、宜都界口、猇亭、富池口、鱼腹浦等地名均被罗贯中定位在今三峡地界（总体来看，三国文学地名在三峡区域占比不大）。《三国演义》移位地名又有两种基本类型：一是时间移位地名，即将后世地名前移至汉末三国时期，如西山、武昌、鱼腹浦等；二是空间移位地名，即将此处地名迁移至彼处，如景山、富池口、猇亭、夷道城等。《三国演义》中存在若干虚构附会地名和移位地名的现象，反映了文学不拘泥于历史真实的灵活的创作原则，也形成了三国地名的丰富性与复杂性。

（三）民间传说三国地名

"民间传说三国地名"，即一般不见于史籍和《三国演义》等文学作品而广泛流传于民间的有关三国人物故事的地名。民间传说三国地名又可分三个类型：（1）可能产生于小说名著《三国演义》成书之前而与三国历史人物事件相关联的小地名，如点军坡、回马坡、叹气沟、救师口、陆溪、大营头、小营头、驻马溪、落阵岭、卧龙山、抚军桥、观武镇、石乳关、绣林山、庞公渡、吕蒙口、白衣寺、散花洲、调军山、蜀丘等，其中，点军坡、回马坡、叹气沟、救师口、陆溪、大营头、小营头、驻马溪、落阵岭、卧龙山、抚军桥、观武镇、石乳关等在今三峡地界。这类地名及相关传说故事在《三国演义》中寻找不到踪迹，说明它们并非接受小说影响而产生的地名。（2）《三国演义》衍生地名，即在《三国演义》巨大影响之下所产生的三国地名，常常与小说所描写的故事情节有直接或间接关联，如博望坡、祭风台、孔明桥、设法山、棋盘石、三义桥、水镜庄、鲁公山、子龙畈、赵望山、云池、娘娘井、周仓墓、纱帽山等等，其中，棋盘石、子龙畈、赵望山、云池、娘娘井、周仓墓、纱帽山等在今三峡地界。这类地名一般产生于明清近代时期甚至当代，多为附会地名，表现了广大民众对于三国英雄的喜爱之情。（3）关公地名，即以关羽行踪、故事及其使用兵器、坐骑等为基本内容的地名，如关坡、关渡口、关王郊、大关冲、小关冲、放曹坡、卸甲山、松甲山、望兵石、点军台、得胜街、卓刀泉、掇刀石、祭公剑、马跑泉、倒马岩、走马岭、歇马山等。三峡区域内的关公地名相当普遍，大多产生在小说《三国演义》流行于世和关公崇拜现象盛行于民间之后。必须指出，以关羽为故事中心的关公地名，可以分门别类归入各类三国地名之中，之所以单独列出，是因为其数量众多且故事内容类似现象突出。

三、三峡地区范围与三国地名分布

毋庸置疑，三峡地区是三国地名分布最密集、最广泛的区域之一，这是特殊的地理位置和地形地貌决定的。三峡地处长江中上游接合部，长江自西向东横穿高山峡谷之中，其地貌十分复杂，地形异常险要，水流湍急，三峡航道不仅是连接东西的交通运输大动脉，也是东西交通运输的瓶颈，在古代中国占有极其重要的战略地位，关乎一国、一集团的生死存亡。汉末三国纷乱之世，无数政治家、军事家无不关注三峡地区的得失，三峡地区自然成为各大政治军事集团拼死争夺的一处战略焦点，许多重大战争便发生在这一区域。这既是陈寿《三国志》等魏晋史籍重点记载的事件之一，也是《三国演义》等文学作品着重描写的章节之一，因而留下了大量的各类三国地名。

"三峡"之称谓，始于魏晋南北朝时期，袁山松《宜都山川记》、盛弘之《荆州记》、沈约《宋书》、郦道元《水经注》等历史地理文献均使用过"三峡"这一概念。但三峡地区究竟指哪些地域范围，却在文人学士和民间百姓中长期存在着不同认知。今之学术界有"大三峡""中三峡""小三峡"之说。大三峡地区指西起重庆市、东至湖北武汉 1000 余公里江段所覆盖的区域，这种范围划分未免过于宽泛。中三峡地区指西起重庆市、东至湖北宜昌约 660 公里江段所覆盖的区域，与三峡水利工程建成后所形成的三峡库区范围基本吻合，包括今重庆市、湖北宜昌市、湖北恩施州、湖北神农架林区等地。"中三峡"概念和范围为人们广泛接受。小三峡地区特指西起重庆市奉节县白帝城、东至湖北宜昌南津关约 200 公里江段上的瞿塘峡、巫峡、西陵峡所覆盖的区域，这是古今学术界普遍认同的狭义的三峡概念。

在使用"三峡"概念问题上，本书基本依据"小三峡"之说，将主要研究范围确定在瞿塘峡、巫峡、西陵峡及其南北支流所覆盖的区域，即今湖北宜昌市、恩施土家族苗族自治州、神农架林区以及重庆东北部奉节、巫山、巫溪三县。如图 1-1 所示。

图 1-1　三峡区域政区示意图

三国时期，三峡西端奉节、巫山、巫溪一带长期是吴蜀分界线，双方军队凭险据守，基本维持军事同盟关系。而三峡东段宜昌等地，东连荆州腹地（今湖北荆州市），北邻襄阳重镇（今湖北襄阳市），南接湘西武陵（今湖南常德市），军事价值极高，是魏、蜀、吴三方长期争夺的战略焦点，许多重大战役如魏蜀当阳之战、吴蜀麦城之战、吴蜀夷陵之战、吴魏百里洲之战、晋吴火烧铁锁之战，等等，均发生于此地，留下了大量三国英雄的足迹和故事。因而，湖北宜昌市、重庆奉节县等地尤其是宜昌境内的三国地名将是本书重点考察的对象。

从全国范围来看，湖北、四川、河南是三国地名最为集中的三个省份，其中，四川三国地名主要属于蜀汉地名，河南三国地名主要属于曹魏地名，湖北三国地名则以蜀汉地名为主，东吴地名次之，另有若干曹魏地名和刘表荆州地名。其次是江苏、浙江、陕西、河北、重庆等省市，其中，江苏、浙江的三国地名主要属于东吴地名，重庆的主要属于蜀汉地名，陕西、河北的以蜀汉地名为主，曹魏地名次之。再次是湖南、山东、甘肃、山西、江西、云南、贵州、北京、辽宁等地区的三国地名，其中，云贵地区的主要属于蜀汉地名，江西的主要属于东吴地名，其他地区则多元混杂。

就目前搜集的材料和粗略统计的数据来看，整个三峡区域内的三国地名和遗迹共计 425 个（含一地多名和同名异地）。其中，以湖北宜昌市三国地名和三国文化遗迹最为集中，多达 353 个，除了五峰县基本未见严格意义上的三国地名和三国遗迹外，其他市县均有若干三国地名和三国遗迹。其中，当阳市、宜昌市直辖区和长阳县又最为集中，当阳市有 89 个，宜昌直辖区 82 个，长阳县 57 个，三地共计高达 229 个。其他宜都市 37 个，远安县 36 个，枝江市 32 个，秭归县 10 个，兴山县 8 个，五峰县 2 个，共计 125 个。重庆东北三县三国地名和三国遗迹也较为集中，奉节县 36 个，巫山县 9 个，巫溪县 4 个，共计 49 个。恩施土家族苗族自治州和神龙架林区三国地名和三国遗迹相对较少，恩施土家族苗族自治州各市县总计有 19 个，神农架林区总计 4 个。如图 1-2 所示。

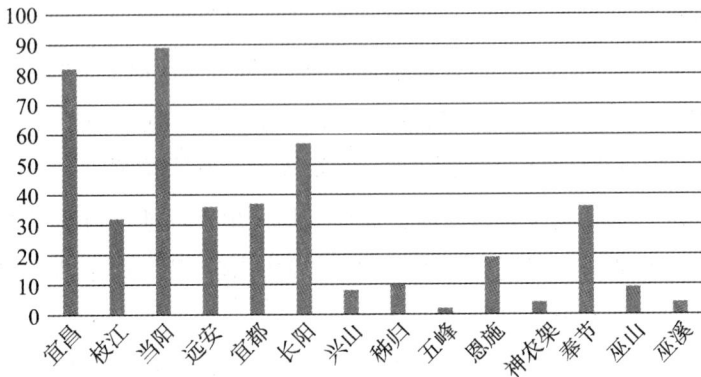

图 1-2　三峡区域三国地名数量示意图

　　在三峡地区各类三国地名中，又以蜀汉地名数量最多，占总数的 85%
以上。重庆东北三县三国地名基本属于蜀汉地名；湖北宜昌市直辖区三国
地名较为复杂，既有蜀汉地名，也有东吴地名，还有曹魏地名，总体上以
蜀汉地名为主；当阳市三国地名基本属于蜀汉地名，其中关公地名及遗迹
特别集中；长阳县三国地名则以与猇亭之战相关的地名占比较大；湖北远
安县三国地名基本属于关公地名和遗迹，个别为曹魏地名；宜都市三国地
名中，蜀汉地名与东吴地名各占半壁江山；枝江市、兴山县等市县以蜀汉
地名为主，秭归县三国地名则以东吴地名为主。

　　兹需特别说明的是，三峡地区各市县的三国地名数量千百年来常常处
于动态之中，并非固定不变，将来还会发生程度不同的变动。这主要受两
个方面因素的制约：其一，行政区划的变迁造成地名归属变化。比如：今
宜昌市猇亭区宋元明清时期隶属宜都县，中华人民共和国成立后曾划归枝
江县，现今直属宜昌市，其范围内的三国地名在明清近代编纂的宜都、枝
江、东湖（清代称宜昌为东湖县）三县县志中皆有著录。又如清光绪十年
（1884）编纂《兴山县志》（以下简称光绪版《兴山县志》）卷八《山志》
载曰："八里垭山：案《一统志》'葱坪：在兴山县西北，地多葱，相传诸

葛亮曾驻师于此。'今葱坪隶房县，与八里垭连界。"① 说明晚清以前八里
垭山下的三国地名葱坪属于兴山县辖地，最迟在晚清时已改属湖北房县，
而今又归属湖北神农架林区。随着不同时代行政区划的变动，部分三国地
名的归属地自然出现变化。其二，意识形态和文化理念的发展变化导致各
地三国地名尤其是民间传说三国地名消长不一。三峡地区有些市县今天看
来三国地名较为稀少，但很可能在古代数量可观，千百年来因为思想意识
和文化观念等方面的原因而渐渐被人们忽略、遗忘而消失。比如秭归县在
三国时期曾经是蜀汉宜都郡郡治地，三国末期又是吴国建平郡郡治地，还
是夷陵之战的重要战场之一，张飞、孟达、刘备、张南、冯习、吴班、陆
逊、陆抗、李异、刘阿、孙桓、吾彦等三国名将名士都在秭归境内有过驻
兵或作战的丰富经历，尤其是东吴政权管辖秭归长达六十余年，许多吴国
名将名士踏遍了秭归的山山水水，魏晋时期三峡民间应流传着若干关于他
们的地名故事。但由于宋元以来民间一直存在着"拥刘反曹贬孙"的思想
意识，加上秭归是伟大诗人屈原的故里，文人学士们对于屈原关注和研究
的热度远高于对于三国人物事件的兴趣，以致今天三国地名故事在秭归境
内极少流传（蜀汉地名故事亦不多见）。又如蜀汉宜都太守孟达、曹魏新
城太守州泰等三国名将名士与兴山、秭归等地都有着密切的联系，光绪版
《兴山县志》卷十六《兵事志》云："建安中孟达从秭归北攻房陵，延禧中
魏陈泰袭秭归、房城，皆必取道兴山。"② "陈泰"，应作"州泰"。依据常
理魏晋隋唐之世兴山、秭归等地民间应有关于孟达、州泰等人的地名故
事，但至宋元明清时期"拥刘反曹"思想一直深刻地影响着广大士人和百
姓，而孟达叛蜀，州泰为魏将，故而有关他们的地名故事渐渐被兴山、秭
归等地民间忽略而消失不闻。与之相反，有些地方又不断出现新的三国地
名，二十世纪八十年代以后随着"三国文化热"的升温，当阳、宜昌、枝

① 《中国地方志集成·湖北府县志辑》影印本第 54 册，江苏古籍出版社 2001 年
版，第 36~37 页。

② 《中国地方志集成·湖北府县志辑》影印本第 54 册，江苏古籍出版社 2001 年
版，第 62 页。

江、远安等市县曾是蜀汉人物活动频繁之地，因而民间又逐渐产生了若干新的关于刘备、关羽、赵云、张飞、诸葛亮等蜀汉英雄的地名故事。随着时代政治、经济、文化的不断发展变化，各地民间传说三国地名还会产生此消彼长的现象。

第二章　宜昌市区三国历史地名

宜昌，古称"夷陵"，春秋战国时为夷陵邑，秦汉时为南郡夷陵县，三国时为宜都郡西陵县，六朝时改称宜州、拓州、硖州等，唐宋时为峡州，明代为夷陵州，清代升为宜昌府，今为湖北省宜昌市。宜昌地处湖北西南部，其北与襄阳市和神农架林区交界，东与荆门市相邻，东南连接荆州市，南与湖南省常德市石门县交界，西南连接恩施自治州。宜昌为鄂西经济交通之重镇，下辖五区及八市县，五区为西陵区、夷陵区、伍家岗区、猇亭区、点军区，八市县为当阳市、枝江市、宜都市、长阳县、五峰县、秭归县、兴山县、远安县。

在宜昌市直辖的五区之中，点军区位于江南，西陵、伍家岗、猇亭三区位于长江东北岸，夷陵区面积最大，跨越大江南北，但大部分区域位于长江北岸，唯所辖三斗坪镇位于长江南岸。今市政府驻西陵区。如图2-1所示。

宜昌地处三峡东段，长江自西北向东南横穿中部，清江自西向东横穿南部汇入长江，香溪、黄柏河、沮河、漳河等支流纵贯北部，自北向南或自西北向东南汇入长江，自古为兵家必争之地，素有"川鄂咽喉""楚之西塞"之称。东汉末年，宜昌隶属荆州南郡，郡治江陵县（今湖北荆州市）。建安十三年（208），曹操南下荆州，割南郡枝江以西地区设立临江郡，郡治夷陵县东南（今湖北宜昌市东郊）。建安十五年（210），刘备控制临江郡，改临江郡为宜都郡。建安二十四年（219），孙权夺取宜都郡，沿用宜都郡名，改夷陵县为西陵县，郡治西陵县（今湖北宜昌市西陵区）。

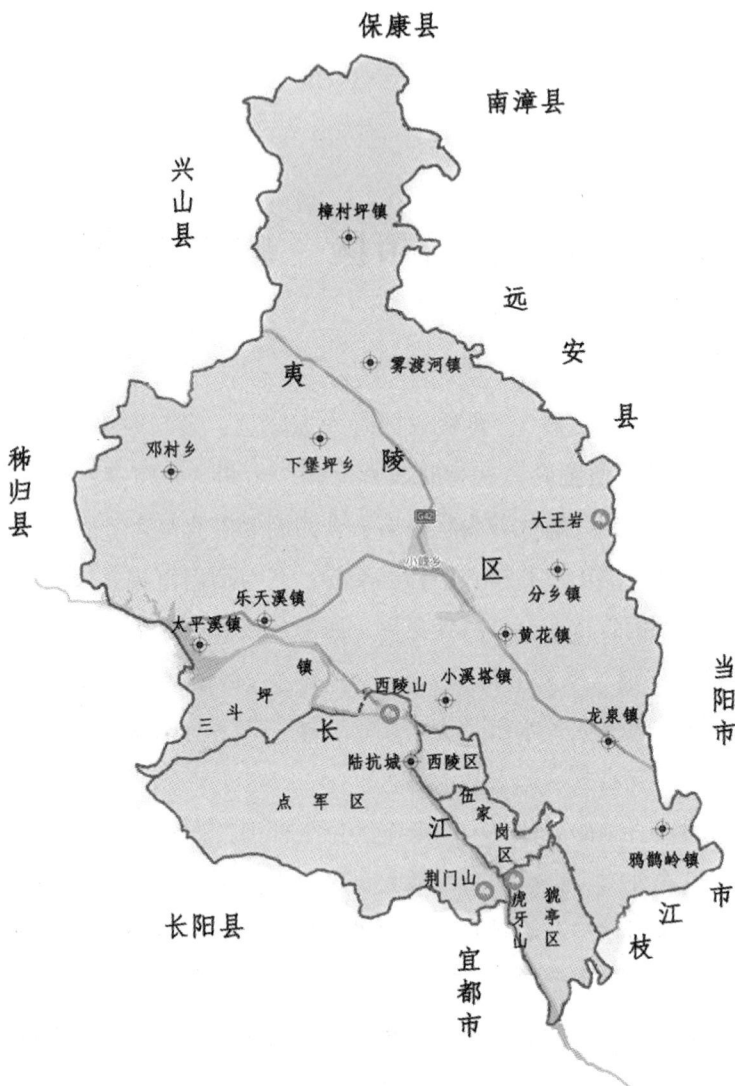

图 2-1　宜昌市直辖区镇及部分三国地名方位示意图

宜昌实为汉末三国兵家拼死争夺的战略要地，正如清人顾祖禹所说："距三峡之口，介重湖之尾。战国时为楚重地……三国时为吴、蜀之要害。"①

① 顾祖禹：《读史方舆纪要》，中华书局 2005 年版，第 3678~3679 页。

诚然，宜昌是三国英雄激情表演的人生舞台，在汉末三国近百年间，大多数三国名人都到过宜昌，或在宜昌征战，或路过宜昌，或在宜昌做官任职，著名的当阳之战、夷陵之战、百里洲之战、西陵平叛之战、火烧铁锁之战，等等，均发生在宜昌境内，使宜昌成为名副其实的三国文化之乡。硝烟弥漫的战争，英雄拼搏的足迹，加之文学家的激情描写，为宜昌留下了复杂众多的各类三国地名和遗迹。

一、三国时期设置或更名的政区名

作为三峡门户之城的夷陵县，三国时期长期为宜都郡郡治所在地，自然成为群雄关注和争夺的焦点之一，曹魏、蜀汉、东吴三大政治军事集团都想控制三峡东大门以图发展壮大，为此产生了不少新置或更名的郡县乡亭。这些新郡县乡亭由不同政治集团设置或更名，客观地反映了三国各方势力此消彼长的历史变迁。

临江

临江，郡名，汉末曹操所置，郡治旧址位于今宜昌市伍家岗区与猇亭区交界一带，西北距宜昌市政府所在地约 20 公里。

今编《湖北省宜昌市地名志》释"临江坪"云："为临江平地，故名。又传为东汉曾置临江郡于此。"[①]

按：《晋书·地理志》云："后汉献帝建安十三年，魏武尽得荆州之地，分南郡以北立襄阳郡，又分南阳西界立南乡郡，分枝江以西立临江郡。"[②] 汉末建安十三年（208）秋，曹操亲率大军南下荆州，荆州牧刘表病逝，其子刘琮率众投降，荆州南阳郡、南郡等地尽归曹操，曹操分南郡枝江以西地区置临江郡，涵盖今湖北省宜昌市中西部和恩施自治州中北部

---

① 湖北省宜昌市地名委员会编：《湖北省宜昌市地名志》（内部资料），1982 年，第 178 页。

② 房玄龄等：《晋书》卷十五，中华书局 2000 年版，第 292 页。

及重庆市东北角巫山县等地。"临江郡"之名，应来自楚汉之际的临江国。司马迁《史记·项羽本纪》载曰："义帝柱国共敖将兵击南郡，功多，因立敖为临江王，都江陵。"① 义帝，名熊心，乃楚怀王后裔。南郡，秦灭楚国后所置，辖今湖北省中西部等地。柱国，又称"上柱国"，楚国最高武官名，权位仅次于令尹。项羽在楚汉之际分封诸侯，义帝的上柱国共敖因攻打秦朝南郡立下诸多战功而被封为临江王，以江陵县（今湖北荆州市）为王都。汉朝建立后临江王为刘氏子孙，至汉景帝时，封废皇太子刘荣为临江王，后刘荣因犯罪自杀，国除，再改为南郡。

今宜昌市伍家区与猇亭区交界处，有临江坪、临江溪、临江铺等地名。根据明清方志记载，临江坪一带曾建有临江城，为临江郡郡治所在地，距离荆门虎牙西塞仅数里。清乾隆二十八年（1763）编修《东湖县志》（以下简称乾隆版《东湖县志》）卷八《古迹志》曰："临江城：《一统志》云，在夷陵州南三十里，魏武帝所筑，梁置临江郡及县，后周置临州，隋州郡俱废。旧志亦云，在州南三十里。……今邑临江铺，在城南三十里，犹沿旧称，与《一统志》所载适合，必非无据。"② 清同治三年（1864）编纂《宜昌府志》（以下简称同治版《宜昌府志》）卷二《古迹》有类似说法。所言"铺"，即驿站。明清建驿站取名"临江"，与汉末临江郡、临江城有关。曹操所置临江郡只存在了不足两年时间，所建临江城规模不会很大，也可能是在旧有建筑基础上进行修葺而成。但可以肯定的是，临江郡地处长江两岸，拥有西塞、夷山等多处著名险关要隘，故而曹操命名"临江郡"，实含有"临江据险以控巴楚"之意，显示了其非凡的战略家的眼光和战略意图。

宜都

宜都，郡名，汉末刘备改临江郡为宜都郡，今为湖北宜都市市名，宜

---

① 司马迁：《史记》卷七，中华书局 2000 年版，第 224 页。

② 宜昌市地方志编纂委员会校注：《东湖县志》，方志出版社 2017 年版，第 108 页。

都市城区西北距宜昌市政府所在地约 52 公里。

《宋书·州郡三》云："魏武平荆州，分南郡枝江以西为临江郡，建安十五年，刘备改为宜都。"①

按：建安十五年（210），刘备据有临江郡，改郡名为"宜都"。建安二十四年（219），孙权夺取宜都郡，继续沿用宜都郡之名，至隋朝开皇七年（587）废宜都郡置夷陵郡，宜都郡名存在了 377 年。

刘备改郡名为"宜都"，与夷道县县名有关。秦汉荆州南郡西部有夷道县，地处长江南岸，与江北夷陵县隔江相望，夷水（又称清江）自西向东流入长江，夷道县城处于长江和清江交汇处附近，水陆交通便利，县城之西修建了著名"夷道"，即通往西南蛮夷之地的重要通道，又紧邻荆门虎牙西塞，战略价值极高。刘备取"夷道"的谐音，改临江郡为"宜都郡"，包含了"适宜建都""适宜都镇""利于昌大"等意义，并任命其心腹大将张飞出任首任宜都太守，最初郡治也设在夷道县，以此不难看出刘备图谋蜀汉集团发展壮大，以求吉祥如意的心理。曹操曾以许昌、长安、洛阳、谯、邺为曹魏之五都，如果刘备长期控制宜都郡，确有可能以夷道县或夷陵县为蜀汉都城之一。

西陵

西陵，县名，吴主孙权改夷陵县为西陵县，今为宜昌市西陵区区名，亦是宜昌市政府驻地。

《三国志·吴主传》载曰："黄武元年正月，陆逊部将军宋谦等攻蜀五屯，皆破之，……是岁改夷陵为西陵。"②

按：吴黄武元年即蜀汉章武二年（222），这一年孙权遣大都督陆逊在宜都郡抵御刘备进攻，陆逊大获全胜，孙权便将宜都郡郡治设在夷陵县，并改夷陵县为"西陵县"。实际上，早在西汉初期，西汉政府就在今鄂东

---

① 沈约：《宋书》卷三十七，中华书局 2000 年版，第 738 页。
② 陈寿：《三国志》卷四十七，裴松之注本，中华书局 2000 年版，第 832～833 页。

江北地区设置了西陵县，县治在今湖北武汉市新洲区境内，管辖今武汉市江北新洲、黄陂等区及今湖北红安、麻城、团风等县市部分区域。东汉承西汉建制，西陵县依旧在今鄂东江北地区。至汉末赤壁之战后，曹、孙、刘三家分治荆州，江北西陵县大部分区域被曹魏控制，小部分归东吴控制，隶属吴置蕲春郡。《三国志·甘宁传》载，建安二十年（215），孙权又特设西陵郡，拜大将甘宁为西陵太守，"领阳新、下雉两县"①，大致范围涵盖今鄂东黄石市所辖区域及今咸宁市东南部部分区域，位于长江南岸。从此，"西陵"这个地名并存于今鄂东江北地区和鄂东江南地区。建安二十四年（219）至章武二年（222），在偷袭荆州之战、猇亭之战等著名大战取得胜利之后，吴国势力范围一直延伸至三峡腹地的巫县（今重庆市巫山县），而夷陵县则成为吴国西部政治军事中心，孙权为此改夷陵县为西陵县，又在西陵县特设西陵督，即将吴国西部"战区司令部"设在西陵县。与此同时，孙权撤销原鄂东西陵郡。可见，"西陵"这个地名又由鄂东重镇黄石市迁移至一千余里之外的鄂西重镇宜昌市。

今宜昌市有西陵街、西陵一路、西陵二路等街道名。今编《湖北省宜昌县地名志》云："据《东湖县志》载：三国时代吴黄武元年改夷陵为西陵，街道以此命名。"② 西陵街应是明清以来出现的街道名，得名于孙权改夷陵县为西陵县，在今宜昌市夷陵区政府驻地小溪塔镇上；而宜昌市西陵区有西陵一路、西陵二路等街区，均得名于孙权改名的西陵县。

猇亭

猇亭，亭名，应为刘备新置或更名的基层行政区划，今为宜昌市猇亭区区名，猇亭区位于宜昌市政府所在地东南约32公里处，东南与枝江市相邻，东北与夷陵区鸦鹊岭镇接壤，西北与伍家岗区相连，西南与宜都市红花套镇隔江相望。

---

① 陈寿：《三国志》卷五十五，裴松之注本，中华书局 2000 年版，第 956 页。
② 宜昌县地名领导小组编：《湖北省宜昌县地名志》（内部资料），1982 年，第 19 页。

今编《湖北省宜都县地名志》云："古老背古称猇亭，一名兴善坊，又名虎脑背，亦称古楼背。……闻名中外的彝陵之战（亦称猇亭之战）就发生于这里。公元222年，东吴都督陆逊以四万之众，在此大破蜀主刘备，火烧连营七百里，歼灭蜀军八万余人。"①

按：作为著名的三国古战场，猇亭今天很难确指具体位置。清代乾隆以前，今猇亭区中心地带称"古老背"，又名"虎脑背"，亦称"古楼背"，又名"兴善坊"，将虎脑背指为古猇亭是清代康乾以后的看法。这种看法与魏晋原始史籍记载不符。《三国志》之《先主传》《黄权传》等文献明确记载刘备所率蜀军主力在江南，并驻营于"夷道猇亭"。汉代夷道县辖区在长江南岸，王莽时期改为江南县，南北朝时改为宜都县。也就是说，汉夷道县（后称宜都县）辖区不涵盖江北古老背（今宜昌猇亭区一带）。关于古战场猇亭的方位问题，详见后文考述。兹仅考述猇亭的来历。

史籍明载：猇亭是三国时期刘备与吴军对峙数月、陆逊大举反攻的地方。古代的"亭"，有三个基本含义：（1）基层行政区划，大于里，小于乡，一般十里为一亭，十亭为一乡；（2）邮亭，供行人停留食宿的处所；（3）窥视敌人、察看敌情的哨所。刘备驻营的猇亭，可能是一基层行政单位，也有可能就是一处邮亭兼军事关卡。

猇亭的"猇"字，在古汉语中有两个基本含义：一是虎吼声，一是犬吠声，故而字形便由"犬"和"虎"合并而成。宜昌民间故事讲述"猇亭"的来历云：张飞做宜都太守时视察虎牙滩下江滨一带地形，见此地十分险要，便令工匠修亭作记。亭子竣工之后，工匠在楹柱上雕刻了一个似虎又似犬的动物图案，并解释此物叫"猇"。张飞听后十分高兴，便令工匠刻上"猇亭"二字。猇亭因此得名。

这个民间传说多半是明清以后地方文士附会的故事，表达了猇亭百姓对于三国虎威将军张飞的欣赏与爱戴。实际的情况恐怕与刘备的关联更为

---

① 宜都县地名领导小组编：《湖北省宜都县地名志》（内部资料），1982年，第36页。

紧密，猇亭应是刘备迁移地名的结果。古代迁移地名是一种十分普遍的现象，如早期楚人曾将他们最初的立足之地——丹水之滨的丹阳（今河南淅川县境内）向南迁移到湖北宜昌多地，秭归、枝江等县市都曾出现过"丹阳"之名，而江苏丹阳亦是楚人东迁的印记。又如古鄂国最早在今山西南部，后向南迁移至今河南南阳市，建立鄂侯国（秦汉时为西鄂县，今南阳市鄂城寺一带乃其故地）；后又向东南迁移至今鄂东建立鄂国，春秋时期被楚王熊渠所灭，仍保留"鄂"名；秦汉时称鄂县，今为湖北鄂州市。可见古人南北东西迁徙不定，习惯将原用地名迁移至新居之地以示不忘先祖故土。我们不妨将这类地名称之为"移位地名"或"迁移地名"。

《三国志·先主传》起首曰："先主姓刘，讳备，字玄德，涿郡涿县人，汉景帝子中山靖王胜之后也。"① 载明刘备直系祖先是西汉中山靖王刘胜。汉景帝有十几个皇子，刘胜是九皇子，与七皇子赵王刘彭祖是同母兄弟。《汉书·景十三王传》曰："孝景皇帝十四男。……贾夫人生赵敬肃王彭祖、中山靖王胜。"② 刘备既然承认中山靖王刘胜为先祖，则刘胜胞兄赵王刘彭祖自然也是先祖，而刘彭祖之子刘起封于"猇"，即侯国猇。猇国在何处呢？《大清一统志》卷一百二十七载曰："猇县故城：在章丘县北。汉征和元年，封赵敬肃王子起为侯国，属济南郡。后汉省。苏林曰：今东朝阳有猇亭。"③ 征和元年是汉武帝年号，即公元前92年。赵敬肃王即刘彭祖，汉武帝刘彻之兄，初封广川王，后封赵王，谥号"敬肃"，其子刘起封侯于猇，后废侯国置县，故称"猇县故城"。至东汉时，猇县（侯国）被废，降级为猇亭，隶属青州济南国东朝阳县（今山东淄博市邹平县）。

刘备早年参与镇压黄巾起义和军阀争夺地盘的战争，频繁活动、转战于冀州、青州、徐州等地，即今河北、山东、江苏等省市，熟知猇国（猇县、猇亭）的来历和意义，无疑会产生一种故祖之地的神圣感。《三国

---

① 陈寿：《三国志》卷三十二，裴松之注本，中华书局2000年版，第649页。
② 班固：《汉书》卷五十三，裴松之注本，中华书局2000年版，第1839页。
③ 《大清一统志》，见《四库全书》第476册，上海古籍出版社1987年版，第503页。

志·先主传》载曰："大将军何进遣都尉毌丘毅诣丹杨募兵，先主与俱行，至下邳遇贼，力战有功，除为下密丞。复去官。后为高唐尉，迁为令。为贼所破，往奔中郎将公孙瓒，瓒表为别部司马，使与青州刺史田楷以拒冀州牧袁绍。数有战功，试守平原令，后领平原相。……袁绍攻公孙瓒，先主与田楷东屯齐。"① 下密、高唐、平原、齐国及东朝阳等地，均属东汉青州辖区。下密县，隶属青州北海国，即今山东东北部昌邑市，位于猇亭（隶属青州济南国）之东约 150 公里；高唐县，隶属青州平原郡，即今山东西北部高唐县，位于猇亭之西约 150 公里；平原县，青州平原郡驻地，即今山东西北部平原县，位于猇亭之西北约 130 公里；齐，指齐国故都临淄（今山东淄博市临淄区），东汉为青州刺史驻地，位于猇亭之东约 60 公里。毫无疑问，刘备早年足迹几乎遍及整个青州，位于青州中部的猇亭是其熟知和敬拜之地。晚年刘备长期征战荆州、益州，远离故乡，思念亲旧，他将北方先祖故地之名迁移至南方实属人之常情。

　　刘备迁徙"猇亭"之名有敬拜先祖故地的因素，但与其浓烈的迷信心理和特殊嗜好更加密切。两汉时期流行谶纬学说，即鼓吹祥瑞吉兆对于未来命运的预示。刘备非常迷信谶纬之说，他有一大嗜好，就是喜欢更改地名，以图吉利祥瑞。赤壁之战后刘备驻军荆州南郡孱陵县，特改县名为"公安"。为什么要改为"公安"呢？刘备当时身为汉朝左将军，别人尊称他为"左公"，他改县名为"公安"，取"左公平安"之意。刘备控制曹操所立临江郡后，又改名为宜都郡，包含了"适宜都镇""利于昌大""适宜建都"等意义。后来刘备惨败于夷陵，仓皇逃回巴东郡鱼复县（今重庆奉节县）白帝城，又将鱼复县改为永安县，其寝宫亦改名为永安宫，"永安"即永远平安的意思。经刘备更名或新置的郡县名至少有十数处，如公安、宜都、永安、汉丰、汉寿、汉德、上安、常安，等等。足见刘备对于谶纬学说的迷信，这种喜欢以吉祥词语取地名的心理始终伴随着刘备一生。

---

　　① 陈寿：《三国志》卷三十二，裴松之注本，中华书局 2000 年版，第 649~650 页。

陈寿《三国志》分《魏书》《吴书》《蜀书》三大部分，《魏书》《吴书》的材料主要来自魏国、吴国史官之手，蜀国无史官，《蜀书》的材料主要采录蜀汉档案。猇亭之名首见于《蜀书》记述夷道猇亭之战时，而《魏书》《吴书》叙述这一事件从未提及猇亭，只使用宜都、夷陵、西陵、夷道等地名，充分说明猇亭乃是蜀汉所置地名，极有可能是刘备在猇亭之战中的临时更名。比刘备年辈略晚的苏林，是魏国非常著名的博学大家。苏林在给《汉书·地理志》中"猇：侯国，莽曰利成"一句作注释时说："音爻。今东朝阳有猇亭。"① 博学广闻的苏林注《汉书》只提及青州东朝阳县的猇亭，却未提及荆州夷道县的猇亭，说明魏国人对于猇亭之战的主战场猇亭十分陌生，他们甚至根本就未曾听说过陆逊火烧连营的地方叫"猇亭"，也从侧面证明了荆州猇亭源于刘备迁移地名的可能性。刘备迁移"猇亭"很难找到史料依据，但综合上述情况我们可以做出较为合理的推断：此亭本是前线一座邮亭或瞭望亭，刘备更名为"猇亭"。之所以更名"猇亭"，与古代三峡地区多虎有关，更与刘备喜欢图吉利的心态有关，他在夷道前线视察军营时，听闻老虎吼声而猛然间想起青州猇亭，便心血来潮将此亭改名为"猇亭"，取"猛虎下山""猛虎夺食""虎虎生风"等吉祥的含义以壮军威。

但可叹惜的是，喜欢谶纬学说的刘备希望自己一生平安、事事顺心，结果却是常常事与愿违。他改"公安"，改"宜都"，期望荆州能够长治久安、事业兴旺昌盛，但不到十年便大意失荆州；他盛怒之下亲自统率大军杀到夷道县，迁移"猇亭"之名希图借助虎威、虎气一举夺回关羽丢失的荆州，不料被陆逊打得几乎片甲不留；他只身逃回白帝城，改鱼复县为"永安"，祝愿从此永远平安，谁知才过了半年竟命归黄泉。作为一代仁君，刘备忧念国事，宽厚待民，其人品令人敬重，其悲剧令人同情。而作为一名政治家，刘备则难称优秀，其太过迷信所谓"祥瑞之兆""吉利之言"是解决不了实际问题的。曹操、孙权也存有迷信心理，但较之刘备，

---

① 班固：《汉书》卷二十八上，中华书局 2000 年版，第 1270 页。

他们更讲究政治决策，更崇尚智慧谋略，更相信实力和人才兴邦，因而他们的成功更为显赫。

二、以三国人物命名的三国地名和遗迹

三国时期，西陵县（今宜昌市西陵区）作为宜都郡郡治的时间最长，是各个政治军事集团高度关注的战略重镇，许多名将名士如甘宁、张飞、刘封、陆逊、陆抗、步骘、步协、步阐、留宪、成据，等等，都曾统领重兵驻守过西陵，留下了一些以其姓名命名的军事城堡，如步阐城、陆抗城、刘封城等。

步骘城、步阐城

步骘城，古城名；步阐城，亦古城名，又称步阐垒、步阐故城。垒，即城旁军事营垒。步骘城、步阐城旧址在今宜昌市西陵区葛洲坝一带，现古城遗迹不存，难以确指具体位置。

乾隆版《东湖县志》卷八《古迹志》曰："步骘城：在下牢溪前。蜀汉延熙七年，吴孙权以骘为都督守西陵所筑。"[1] 又曰："步阐城：在下牢溪前。吴凤凰元年，步阐为西陵督所筑。"[2] 同治版《宜昌府志》卷二《古迹》有类似记载。

按：下牢溪为长江北岸一条小支流，位于今宜昌市西陵区西陵峡口附近，流经著名景区三游洞外而入长江。蜀汉延熙七年即吴国赤乌七年，即公元244年，吴国凤凰元年即公元272年。《东湖县志》《宜昌府志》均说公元244年步骘筑步骘城，公元272年步阐筑步阐城。其实，步骘城、步阐城实为一城，最初为吴西陵督步骘所筑，其子步阐继任西陵督据守此城

---

[1] 宜昌市地方志编纂委员会校注：《东湖县志》，方志出版社2017年版，第108页。

[2] 宜昌市地方志编纂委员会校注：《东湖县志》，方志出版社2017年版，第108页。

时有所扩建。但步骘城并不建在下牢溪边，而是建在宜昌市西陵区葛洲坝上。《水经注》卷三十四《江水》云："江水出峡，东南流迳故城洲，洲附北岸，洲头曰郭洲，长二里，广一里，上有步阐故城，方圆称洲，周回略满。故城洲上，城周五里，吴西陵督步骘所筑也。孙晧凤凰元年，骘息，阐复为西陵督，据此城降晋，晋遣太傅羊祜接援，未至，为陆抗所陷也。"①《三国志·步骘传》载：吴西陵督步骘死后，其长子步协继为西陵督，步协死后，次子步阐继为西陵督，至吴凤凰元年（272），步阐被召为绕帐督（相当于保安司令），"阐累世在西陵，卒被征命，自以失职，又惧有谗祸，于是据城降晋。"②

故城洲，又称郭洲、葛洲等，即今宜昌葛洲坝。葛洲坝的来历民间传说有二：一说洲上原多郭、邹二姓，故名郭邹坝，后因谐音逐渐演变为葛洲坝。另一说言两位勇士在川江上运木材以修建寺庙，不料在西陵峡口遇上水妖，发生一场恶战，导致运木船只在沙洲上搁浅，故名"搁舟"。后因谐音而称郭洲或葛洲。后一说言遇水妖恶战当然纯属迷信，但可能更近实情，因为江水从狭窄的西陵峡口奔涌而下，携带大量泥沙而来，在峡口外宽阔的江中逐渐淤积成浅水沙洲，船夫经验不足者，容易造成船只搁浅，故称搁舟，但船夫们嫌"搁舟"二字不吉利，故演变为"郭洲"和"葛洲"。

《湖北省宜昌市地名志》释"葛洲坝"云："位于市区西北部，原是长江中的一个小洲岛。小洲略呈梭子形，长约2公里，宽约0.5公里，面积约0.6平方公里。其北端石矶正对西陵峡口，东隔二江与西坝相望。……据《东湖县志》记载，三国东吴赤乌七年（244），吴西陵都督步骘曾在洲上筑步骘城；凤凰元年（272），其子步阐继为西陵都督，据此城降晋，故又名步阐城。"③《大清一统志》卷二百七十三曰："步阐垒：即东湖县治，

---

① 郦道元：《水经注》，陈桥驿校证本，中华书局2007年版，第793～794页。
② 陈寿：《三国志》卷五十二，裴松之注本，中华书局2000年版，第916页。
③ 湖北省宜昌市地名委员会编：《湖北省宜昌市地名志》（内部资料），1982年，第30页。

亦称步阐故城。《水经注》：郭洲上有步阐故城。"① 可见，步阐所据步骘城，又称步阐城、步阐垒、步阐故城，应为西陵新城，此新城无疑为吴国西陵督驻地。西陵县为吴国战略重地，西陵督肩负据险守城之责，如果建在狭隘窄小的下牢溪边，则难以发挥重大作用。而葛洲坝地处大江之中，位于西陵峡口外，既可控制长江水道，又靠近大江东北岸的西陵故城（即原夷陵城，东汉三国夷陵城应位于今宜昌市西陵区前坪村一带，与葛洲坝紧邻），能够起到相互呼应的作用。因此，吴名将步骘将城池建在郭洲（今葛洲坝）上合乎情理。

今有学者考证葛洲坝有"今葛洲坝"与"古郭洲坝"之别，古郭洲坝位于今葛洲坝东北岸，即清代东湖县县城，步阐城在古郭洲坝地界上："步阐故城的方位大致应该在樵湖岭一线以西、市一中（西陵二路）以北至三江大桥以南之间的方位内。"② 此说是否属实，有待进一步考古发现和资料考证。

陆抗城

陆抗城，古城名，旧址在今宜昌市西陵区境内，位于西陵区著名的西塞坝上，今不存遗迹，东南距宜昌市政府所在地约 2 公里。

乾隆版《东湖县志》卷八《古迹志》载："陆抗城：即今西塞坝地。《一统志》载，在县西五里赤溪，其址尚存。《水经》载：'江水又东，迳故城北（宋本作陆抗故城北）'。注亦云：'所谓陆抗城也，城即山为墉，四面天险，即此。盖陆抗讨步阐时所筑。'"③ 明弘治九年（1496）编纂《夷陵州志》（以下简称弘治版《夷陵州志》）卷二及同治版《宜昌府志》

---

① 《大清一统志》，见《四库全书》第 480 册，上海古籍出版社 1987 年版，第 337 页。

② 刘开美：《夷陵古城变迁中的步阐垒考》，《三峡大学学报》2007 年第 1 期，第 16 页。

③ 宜昌市地方志编纂委员会校注：《东湖县志》，方志出版社 2017 年版，第 108 页。

卷二均有类似记载。

按：《东湖县志》所说"《一统志》"，指明人李贤等编修《明一统志》，《明一统志》卷六十二载曰："赤溪：在夷陵州西北五里。昔陆抗讨步阐筑城之所，东合大江。"[1] 此处"东合大江"的"大江"，是指宜昌西塞坝东侧的长江水道。西塞坝是一块较大的江中陆洲，它使长江分流而下，宜昌民间称其西侧江流为"一江"，称其东侧江流为"三江"，称西塞坝与葛洲坝之间的江流为"二江"。《三国志·陆逊传》记载其子陆抗平叛事曰："凤凰元年，西陵督步阐据城以叛，遣使降晋。抗闻之，日部分诸军，令将军左奕、吾彦、蔡贡等径赴西陵，敕军营更筑严围，自赤溪至故市，内以围阐，外以御寇。……抗遂陷西陵城，诛夷阐族及其大将吏。"[2] 所记"故市"当指西陵故城（原夷陵旧城），位于长江东北岸。陆抗从赤溪到故市筑垒围城，阻断了步阐城与西晋军队的水陆通道，最终攻破了步阐城，步阐等被灭族。乾隆版《东湖县志》言陆抗城在西塞坝上，西塞坝，今习称"西坝"。《湖北省宜昌市地名志》释"西坝"云："位于市区西北部的大江中，其西侧即著名的葛洲坝，东侧为三江。面积约2.06平方公里。西坝古称西塞坝，也叫西塞洲。因洲在城西，又因夷陵为楚之西塞，西坝因此得名。"[3] 按实际地形和范围，西坝与葛洲坝紧邻，葛洲坝在西坝之西北侧，陆抗为了攻破建在葛洲坝上的西陵新城（步阐城），将军事城堡建在紧邻葛洲坝的西塞坝（今西坝）上，切合历史实情。

刘封城

刘封城，古城名，旧址在今宜昌市西陵区境内，位于西陵峡口旁著名的三游洞景区中，东南距宜昌市政府所在地约12公里，今仅残存部分

---

[1]　李贤等：《明一统志》，见《四库全书》第473册，上海古籍出版社1987年版，第290页。

[2]　陈寿：《三国志》卷五十八，裴松之注本，中华书局2000年版，第1001～1002页。

[3]　湖北省宜昌市地名委员会编：《湖北省宜昌市地名志》（内部资料），1982年，第61页。

石基。

乾隆版《东湖县志》卷八《古迹志》载："刘封城：在县西北二十里三游洞顶。汉昭烈帝章武初封守宜都郡所筑。"① 弘治版《夷陵州志》卷七有类似记载，只是《夷陵州志》作"刘锋城"，显然是编者笔误或抄录错误。

按："三游洞"是唐宋以后的名称，但三游洞地处西陵峡口之侧，刘封在此处建城堡，实负镇守峡口之职责。但明清方志的说法不可信。蜀汉章武年间不足三年，即公元221年至223年，无论哪一年，刘封不可能据守宜都郡。因为建安二十四年（219）刘封率部从汉中沿汉水顺流而下攻占上庸郡（今湖北竹山县等地），成为上庸地区的最高长官。建安二十五年（220），魏将夏侯尚、徐晃攻上庸，刘封兵败逃回成都，被刘备赐死，已经死去的刘封不可能于章武初年（221）来镇守宜都郡夷陵县，而且此时西陵峡峡口也早已被东吴陆逊控制，刘封岂能跑到西陵峡口来筑城？

但刘封城的存在应是事实。刘封，本长沙刘氏之外甥，原姓寇，刘备至荆州后收其为养子，赐姓刘。《三国志·刘封传》载，建安十八年（213），"封年二十余，有武艺，气力过人，将兵俱与诸葛亮、张飞等溯流西上，所在战克。益州既定，以封为副军中郎将"②。同年，刘备任命孟达出任宜都太守。建安二十四年（219），孟达奉命自秭归北上攻占房陵县（今湖北房县），又与刘封会师上庸（今湖北竹山县）。即是说，从公元213年至公元220年这八年中，刘封是不可能来宜都郡筑城驻守的。而刘封在公元213年之前驻守在何处呢？史籍并无记载。但刘封驻守宜都郡夷陵县的可能性极大，因为刘备心腹大将张飞自建安十五年至建安十七年（210—212）出任宜都太守两年有余，作为刘备的年少养子，刘封被派往张飞帐下历练，让他镇守西陵峡口是非常自然的事。由此可知，刘封城应是张飞出任宜都太守期间所建。

① 宜昌市地方志编纂委员会校注：《东湖县志》，方志出版社2017年版，第107页。

② 陈寿：《三国志》卷四十，裴松之注本，中华书局2000年版，第735页。

三、因历史事件而闻名的三国地名

作为宜都郡郡治之地，夷陵县亦即西陵县（今宜昌市）战略价值极高，三国前期是吴、蜀两大政治军事集团拼死争夺的焦点，三国后期又成了吴、晋两大政治军事集团屡屡交锋的战场，因而留下了不少与三国历史事件相关联的三国地名。

西陵山、夷陵山

西陵山、夷陵山，皆山名，在今宜昌市西陵区西北郊，泛指南津关至营盘岗之间的山头，东南距宜昌市政府所在地约12公里。

弘治版《夷陵州志》卷二《山川》曰："西陵山：在州西北二十五里，蜀江之险始此。《方舆胜览》：一名夷陵山。《吴志》云：陆逊破刘备，逊屯夷陵，守峡口以备蜀，即此山是也。"[1] 乾隆版《东湖县志》卷六有类似记载。

按：祝穆《方舆胜览》卷二十九曰："夷陵山，一名西陵峡，在夷陵县西北二十五里。《吴志》云：陆逊破刘备，还屯夷陵，守峡口以备蜀，即此山是也。"[2] 南宋学者祝穆认为夷陵山即是西陵峡，又说陆逊打败刘备后据守夷陵山"备蜀"。这颇有些令人混淆不清，一是《三国志·吴主传》明确记载吴军偷袭荆州成功之后，陆逊奉命夺取夷陵、夷道、秭归等县，然后率主力屯驻夷陵县，守峡口以防备蜀军报复，而祝穆之言容易让人误认为陆逊在猇亭之战火烧刘备连营之后据守夷陵山；二是祝穆认为夷陵山又名西陵峡，似乎纯属一种个人推测，因为山是山，峡是峡，一般不会混称，故而明代夷陵地方学者编写《夷陵州志》时便认为《方舆胜览》所言

---

[1]　宜昌市地方志办公室等整理：弘治版《夷陵州志》，鄂宜内图字2008第77号，第8页。

[2]　祝穆：《方舆胜览》，见《四库全书》第471册，上海古籍出版社1987年版，第793页。

"一名西陵峡"当是"一名西陵山"之笔误而加以更正。然而，北宋学者王存等在《元丰九域志》卷六之"峡州"条下，明确将"夷陵山"和"西陵山"列为峡州的两处古迹①。看来至少在宋代，"西陵山"又名"夷陵山"的说法可信度不高。

但可以肯定的是，陆逊调兵遣将驻防之山位于西陵峡口附近。东汉末年著名学者应劭注释《汉书·地理志》中荆州南郡之"夷陵县"时曰："夷山在西北。"② 应劭说夷陵县名源自其西北之夷山，那么这座夷山一定非常重要，夷陵县西北正是西陵峡口的方向。可见，夷山地处西陵峡口附近，战略地位十分重要，陆逊驻守夷山一带的可能性极大。乾隆版《东湖县志》卷六《山川志》亦指出，西陵山"相传即古夷山，前汉《地理志》应劭曰：夷山在西北，曰夷山，故曰夷陵"③。至明清时期，官府在夷山西端修建关口名"南津关"，故而夷山又常称南津关，今宜昌百姓更熟知南津关，而"夷山"之名渐渐消失。笔者推测，吴将陆逊所守峡口之山即是夷山，两汉夷陵县民间习称"夷陵山"，自孙权改夷陵县为西陵县后，民间又习称"西陵山"；宋代学者无法详细了解夷陵民间称呼的演变情况，于是便出现了各种混淆说法。

赤矶、赤溪

赤矶，石滩名；赤溪，溪名。均在今宜昌市西陵区境内，现溪流已消失，早已被城区道路所覆盖，难以确指具体位置。

乾隆版《东湖县志》卷六《山川志》曰："赤矶：在县西北五里，步阐筑城之所。"④ 弘治版《夷陵州志》卷二《山川》曰："赤溪：在州西北

① 王存等：《元丰九域志》，见《四库全书》第 471 册，上海古籍出版社 1987 年版，第 156 页。

② 班固：《汉书》卷二十八上，中华书局 2000 年版，第 1261 页。

③ 宜昌市地方志编纂委员会校注：《东湖县志》，方志出版社 2017 年版，第 77 页。

④ 宜昌市地方志编纂委员会校注：《东湖县志》，方志出版社 2017 年版，第 86 页。

五里，昔吴陆抗封步阐筑城之所。"①

　　按：依据《东湖县志》所云，则赤矶似乎在今宜昌市葛洲坝上。笔者以为，赤矶应是《三国志·陆抗传》提及的"赤溪"入江口处的称呼，位于今葛洲坝之东北岸。"矶"，指水中积石或水边突出的岩石、石滩。步阐筑城处的赤矶与陆抗封堵步阐处的赤溪方位、距离一样，说明两者关系紧密。乾隆版《东湖县志》卷六《山川志》释"赤溪"云："在州北门外三里，雷思霈云：'州北二十里有丹山，丹水出焉，南入此溪，故曰赤溪。'"② 雷思霈是明代宜昌籍著名学者和诗人，他认为赤溪之名，源自丹山红色土质经雨水冲洗而形成的丹水。那么，丹水长期浸染入江口处的岩石、石滩，亦使其呈现红色，故称赤矶。赤矶江对面便是步阐城所在地，这与《三国志》所载陆抗围步阐城事件十分吻合。

荆门城、荆门虎牙西塞

　　荆门城，古城名，旧址在今宜昌市点军区境内长江南岸荆门山上，北偏西距离宜昌市政府所在地约28公里，今古城遗迹不存。

　　荆门虎牙西塞，古要塞名，通称"楚之西塞"，简称"西塞"，今有宜昌长江公路大桥横跨荆门、虎牙二山之间，二山尚存古塞残迹。

　　同治版《宜昌府志》卷二《古迹》载："荆门城：在荆门山上，江山险厄，因置城于此控守。胡三省《通鉴》注、《后汉书》注皆曰：在今峡州彝陵县东南、宜都县西北，今犹有故城基址在山上。"③ 乾隆版《东湖县志》卷八有类似记载，足见《宜昌府志》抄录《东湖县志》而略有改字。

---

① 宜昌市地方志办公室等整理：弘治版《夷陵州志》，鄂宜内图字2008第77号，第11页。

② 宜昌市地方志编纂委员会校注：《东湖县志》，方志出版社2017年版，第92页。

③ 《中国地方志集成·湖北府县志辑》影印本第49册，江苏古籍出版社2001年版，第108页。

按：此处"彝陵县"，即"夷陵县"。清代为了弱化民族歧视色彩，特将"夷陵"写作"彝陵"，因为"夷"字有"蛮夷"之嫌。荆门城，因荆门山而得名。长江宜昌江段大体呈西北至东南流向，荆门山位于长江西南岸，与长江东北岸的虎牙山隔江对峙，历来被视为楚国西塞。《后汉书·郡国四》曰："夷陵：有荆门、虎牙山。"① 《后汉书》在"夷陵县"下之所以独独提及荆门山和虎牙山，是因为二山具有非同寻常的地位与价值。盛宏之《荆州记》卷一《南郡》曰："郡西沿江六十里，南岸有山，名曰'荆门'，北岸有山，名曰'虎牙'。二山相对，楚之西塞也。"② 郦道元《水经注》卷三十四亦曰："江水又东历荆门、虎牙之间，荆门在南，上合下开，暗彻山南，有门像。虎牙在北，石壁色红，间有白文，类牙形，并以物像受名。此二山，楚之西塞也。"③ 古人所说的"江南"与"江北"，是就长江总体方位而言的，并非一种明确指向。可见，自春秋战国以来，荆门、虎牙二山就是楚国西部地区极其重要的江关要塞，荆门城是建在荆门山上的著名军事城堡。

今天长江东北岸的虎牙山隶属宜昌市猇亭区，而长江西南岸的荆门山由十二碚即十二座大石头样的尖峰山包组成，现以仙人溪（长江西南岸小支流，自西南向东北流入长江，现已淤塞无法行船）为界，仙人溪之东南数碚隶属宜都市，仙人溪之西北数碚隶属宜昌点军区。荆门山十二碚中临江耸立、地势最险峻的山包位于仙人溪之西北，属于点军区艾家镇地界。

在古代分裂割据时期，荆门虎牙西塞便是敌对双方重兵争夺的战略要地。据《后汉书》之《岑彭列传》《公孙述列传》等文献记载，东汉初期，割据巴蜀地区的军阀公孙述遣大将田戎与任满率数万人东进，"拔夷道、夷陵，据荆门、虎牙。横江水起浮桥、斗楼，立攒杜绝水道，结营山上，以拒汉兵"④。东汉征南大将军岑彭自江陵西进，双方在西塞一带对峙

---

① 范晔：《后汉书》志第二十二，中华书局 2000 年版，第 2371 页。

② 盛宏之：《荆州记》，谭麟点注本，武汉大学出版社 1992 年版，第 16 页。

③ 郦道元：《水经注》，陈桥驿校证本，中华书局 2007 年版，第 794 页。

④ 范晔：《后汉书》卷十七，中华书局 2000 年版，第 437 页。

了三年，最后岑彭火烧浮桥，激战荆门、虎牙，斩杀任满，田戎败逃巴蜀。这说明至迟在东汉初年，荆门山一带便建有相当规模的军事城堡。笔者曾亲身考察过荆门山，乘船从江中看十二碚，山势极陡，山顶耸立，似无法容人。但从山背后山道登上山顶，则显现十数亩开阔的平整之地，俯视大江则一览无余，此应是古人修建荆门城的旧址之一，历代文献中荆门、荆门城、虎牙山、虎牙滩等地名出现频率达数千次，反映了古人在西塞一带活动极其频繁。

《三国志》之《吴主传》《陆逊传》等文献记载，建安二十四年（219），吴宜都太守陆逊"别取宜都，获秭归、枝江、夷道，还屯夷陵，守峡口以备蜀"①，即陆逊驻守三峡峡口一带以应对刘备复仇。今天人们普遍认为三峡峡口在宜昌西郊的南津关，其实，古人常将荆门虎牙西塞视为三峡峡口与楚蜀门户。如唐人李白《渡荆门送别》："渡远荆门外，来从楚国游。山随平野尽，江入大荒流。"王昌龄《卢溪别人》云："武陵溪口驻扁舟，溪水随君向北流。行至荆门上三峡，莫将孤月对猿愁。"宋人苏轼《咏荆门》云："游人出三峡，楚地尽平川。北客随南广，吴樯开蜀船。"范成大《虎牙滩》云："翠莽楚甸穷，黄流蜀江下。一滩今始尝，三峡此其亚。"明人钟惺《群山万壑赴荆门》云："兹为楚蜀门，喉舌古今存。……众灵难自住，三峡尔何尊！"清人王又新《虎牙滩》云："入峡第一滩，虎踞牙张露。半江掠鼎沸，不见浮鸥鹭。"可见，陆逊"守峡口"固然会在夷山（南津关）一带布防，但扼守荆门虎牙西塞更是重中之重，西塞江滨地带应是东吴水军大本营所在地。蜀汉章武二年（222）正月，即吴黄武元年正月，蜀汉水军顺流而下，一举夺取了夷山（南津关）附近的夷陵城及城外江滨地带。刘备原计划从水路进攻吴军夺取荆门虎牙西塞，但在蜀汉水军占领夷陵城后不久，撤至西塞一带布防的吴军进行了一次局部反击，"黄武元年春正月，陆逊部将军宋谦等攻蜀五屯，皆破之，

---

① 陈寿：《三国志》卷四十七，裴松之注本，中华书局 2000 年版，第 829 页。

斩其将"①，给蜀军以极大的震慑，迫使刘备放弃水路而改陆路作为主攻方向，从而逐渐陷入了被动局面。当陆逊在猇亭火烧连营、刘备全线溃退之时，东吴水军主力亦自西塞大举出击，迅速攻破了蜀军占据的夷陵城，并切断了蜀汉江北诸军的退路，迫使蜀将黄权降魏："吴将军陆议乘流断围，南军败绩，先主引退。而道隔绝，权不得还，故率将所领降于魏。"② 可见，尽管《三国志》没有明确记载陆逊在蜀军攻占夷陵城之后屯兵何处，但荆门虎牙西塞一带无疑是吴军最后的防线，荆门城等地是陆逊屯兵重地之一。

到了三国末期，荆门虎牙西塞成为晋、吴水军激战的重要战场。《晋书·王濬传》载："太康元年正月，濬发自成都。……吴人于江险碛要害之处，并以铁锁横截之，又作铁锥长丈余，暗置江中，以逆距船。……濬乃作大筏数十，亦方百余步，缚草为人，被甲持杖，令善水者以筏先行，筏遇铁锥，锥辄著筏去。又作火炬，长十余丈，大数十围，灌以麻油，在船前遇锁，燃炬烧之，须臾，融液断绝，于是船无所碍。二月庚申，克吴西陵，获其镇南将军留宪、征南将军成据、宜都太守虞忠。壬戌，克荆门、夷道二城，获监军陆晏。"③ 陆晏是陆逊之长孙、陆抗之长子，驻守在西塞荆门城一带，可惜陆氏祖孙驻守荆门虎牙西塞的结局竟是天壤之别！可见，荆门城和荆门虎牙西塞虽非始建于三国时期，却是三国英雄拼死争夺的一处江滨要塞，留下了许多三国英雄的足迹。

本章考述了宜昌市直辖区内的三国历史地名和三国遗迹，共计 14 个（含一地多名者），都是古代历史地理文献记载过的地名，属于可信可证的三国地名。其中，东吴地名 10 个，蜀汉地名 3 个，曹魏地名 1 个，与吴国统辖宜昌时间最长、蜀汉次之、曹魏最短的历史相吻合。这些地名大多为行政区名和军事城堡名，深刻地反映了宜昌市区在汉末三国时期的重要性与非同寻常的军事价值。

---

① 陈寿：《三国志》卷四十七，裴松之注本，中华书局 2000 年版，第 832 页。
② 陈寿：《三国志》卷四十三，裴松之注本，中华书局 2000 年版，第 773 页。
③ 房玄龄等：《晋书》卷四十二，中华书局 2000 年版，第 796 页。

第三章　宜昌市区民间传说三国地名

三国历史上，许多名将和名士都与宜昌有着密切的联系，或在宜昌任过官职，或曾路过宜昌，或在宜昌征战过，在宜昌这片土地上留下了若干行踪足迹，加之历史小说《三国演义》的深刻影响，故而在宜昌民间产生了大量关联三国英雄的地名故事。既有蜀汉英雄地名和遗迹，也有东吴英雄地名和遗迹，唯罕见有关曹魏人物的地名传说。

一、民间传说东吴地名和遗迹

自建安二十四年（219）吴将陆逊夺取蜀汉宜都郡，直至西晋太康元年（280）王濬灭吴，东吴政权控制以今宜昌市为中心的三峡地区长达六十余年。宜昌民间传说有关东吴人物的地名和遗迹，大多不见载于早期历史地理文献，也并无小说名著《三国演义》影响的痕迹，却与三国历史事件关联较为紧密，具有一定的历史可信度。

陆逊擂鼓台

陆逊擂鼓台，台名，在今宜昌市猇亭区境内，位于猇亭区政府所在地附近，今遗迹不存，难以确指具体位置。

清同治四年（1865）编修《宜都县志》（以下简称同治版《宜都县志》）卷一《地理古迹》云："鼓城：在猇亭滨江，俗传张翼德曾于此擂鼓，又传有台，为陆逊筑。"①

按：蜀将张飞字益德，言张飞字"翼德"乃《三国演义》等文学作品的说法，俗传张飞在虎脑背滨江鼓城擂鼓，应是民间附会地名。但陆逊在猇亭之战期间确有可能在虎脑背滨江一带布防，并筑台操练水军，因为这一带最有可能是东吴水军基地。（参见第一章"荆门城与荆门虎牙西塞"条和第八章"藏军河"条）

邓家沱

邓家沱，原名屯甲沱，军营名，旧址在今宜昌市西陵区境内，位于西坝片区中段，东南距今宜昌市政府所在地约2公里，今遗迹不存。

乾隆版《东湖县志》卷六《山川志》曰："屯甲沱：在西坝，去城五里，相传晋陆抗屯甲处，俗讹邓家沱。"② 同治版《宜昌府志》卷二亦有相似记载。

按：晋陆抗，应作"吴陆抗"。《湖北省宜昌市地名志》云："屯甲沱：位于西坝中部，泛指西坝四路西端临江一带。相传三国时，吴将陆抗讨伐步阐，曾在此屯兵，故名，当地群众后传为邓家沱。"③ 所指方位十分明确。古代宜昌民间传言陆抗在屯甲沱屯兵，说明屯甲沱很可能是当年吴军统帅陆抗大营所在地，其方位与《三国志》等魏晋史籍记录陆抗平叛处基本相符，故而"屯甲沱"虽然不见载于魏晋史籍，但它应是一处与历史事件、历史人物紧密关联的真实存在的三国地名。

十里红

十里红，江岸名，亦村落名，在今宜昌市点军区境内，位于江南卷桥

① 宜都市党史地方志办整理：同治版《宜都县志》，湖北人民出版社2014年版，第71页。
② 宜昌市地方志编纂委员会校注：《东湖县志》，方志出版社2017年版，第97页。
③ 湖北省宜昌市地名委员会编：《湖北省宜昌市地名志》（内部资料），1982年，第61页。

河渡口至磨基山森林公园之间的长江岸边，距离点军区政府所在地约 1.5 公里。

根据点军区几位民俗文化学者的走访调查，"十里红"的得名有五种说法：一是因地理特征得名，点军区江滨许多山体的土壤呈现红色，故名。二是因江南满山红叶而得名。三是因"石榴红"谐音变化而来。四是因风水传说得名。乾隆版《东湖县志》卷六《山川志》曰："纱帽山：在县西十里紫阳山下，有明少宰王篆祖基，相传明知州杨春震坏其砂臂，山脉遂衰。"① 民间传说王篆及其家族地位显赫，得益于祖坟葬在纱帽山的一块蜈蚣地上。夷陵知州杨春震因为与王家有矛盾，便故意让人用桐木钉死了蜈蚣，一霎时，血水涌出，直流大江之中，竟达十里之遥，民间便有"挖断纱帽山，血流十里红"的传说。五是因三国夷陵大战而得名。当地传说吴都督陆逊火烧刘备连营，点军江边十里都可看到满天红光，刘备仓皇从江南古蜀道逃跑回蜀地。又传说是陆逊围剿蜀军，杀了许多蜀军士兵，士兵的鲜血染红了江水，红色的江水竟达十里之外，故名"十里红"。

按：上述五种说法，唯第五种说法可信度较高。在江汉地区长江两岸，红色土壤普遍存在，远远不止十里江段，"十里红"不会因红色山体而得名。满山红叶和石榴红也不会是"十里红"得名的缘由，因为秋天满山红叶的现象处处皆是，而石榴树一般不会种在水盛浪急的长江岸边。至于知州杨春震钉死蜈蚣的迷信说法更不可信，蜈蚣的血怎么也染不红十里江水。第五种说法中，说陆逊火烧连营，刘备看见江边十里红光而得名"十里红"，亦显得牵强附会。说蜀汉士兵的鲜血染红十里江水，故而得名"十里红"。此说与历史事件颇为吻合。《三国志》之《先主传》《吴主传》《陆逊传》等文献记载：蜀汉章武二年（222）正月，刘备率步卒主力进驻秭归县（今秭归县归州镇）后，命令将军吴班、陈式率蜀汉水军顺流而下攻占夷陵城，"将军吴班、陈式水军屯夷陵，夹江东西岸"②。说明蜀汉水

---

① 宜昌市地方志编纂委员会校注：《东湖县志》，方志出版社 2017 年版，第 78 页。

② 陈寿：《三国志》卷三十二，裴松之注本，中华书局 2000 年版，第 663 页。

军在章武二年（222）正月间，凭借顺流而下的优势一举夺取了夷陵城以及大约二十里的江滨地带。所谓"夹江东西岸"，是指夷陵城下游约二十里的江段。两汉时期夷陵城在今宜昌西陵区前坪村境内，此地三面环水，一面依山，西南临江，支流黄柏河（古称西河）从北、东两个方向环绕山丘流入长江，实为古人建城的理想之地。夷陵县境内的长江大体呈西北向东南流向，而自西陵峡口至点军区卷桥河渡口处的江段大约长二十里，呈自北向南流向，卷桥河渡口以下则主要呈西北向东南流向。可见，蜀将吴班、陈式水军除了占据夷陵城之外，还"夹江"两岸驻营而同吴军对峙。但就在蜀汉水军"夹江东西岸"立足未稳之时，陆逊便发起了一次局部反击战。《三国志·吴主传》载："黄武元年春正月，陆逊部将军宋谦等攻蜀五屯，皆破之，斩其将。"① 吴黄武元年正月，即蜀汉章武二年（222）正月，正是吴班、陈式所率蜀汉水军攻占夷陵城之后夹江东西岸驻营期间。此战虽然是一次局部反击战，但蜀军损失较大：五营兵力大约万人被歼灭（按：《三国志·吴主传》等文献记载刘备前后分五十余营，总兵力在十万至十二万上下，五营兵力共计一万余人），营寨统兵将佐大多被斩杀。因为这场战役发生在长江两岸江滨地带，故而血流江中染红十里江水不足为怪，"十里红"当得名于此。由此可见，"十里红"虽不见载于魏晋史籍，却具有一定的历史可信度。

马鞍山

马鞍山，山名，亦村落名，在今宜昌市夷陵区境内，具体位置历来说法不一。

祝穆《方舆胜览》卷二十九曰："马鞍山：在夷陵县。《通鉴》：'陆逊攻刘备，备升马鞍山，陈兵自绕，即此山。'"② 弘治版《夷陵州志》卷二《山川》云："马鞍山：在州西北三十里，汉昭烈为陆逊

---

① 陈寿：《三国志》卷四十七，裴松之注本，中华书局 2000 年版，第 832 页。
② 祝穆：《方舆胜览》，见《四库全书》第 471 册，上海古籍出版社 1987 年版，第 793 页。

□□□□□□陈兵自绕即此。"① 乾隆版《东湖县志》卷六《山川志》云："马鞍山：在罗惹铺，县北八十里。汉昭烈屯猇亭，为陆逊所败，升夷陵之马鞍山，烧铠而断石门，陈兵自绕，即此。"② 近人臧励龢主编《中国古今地名大辞典》亦云："马鞍山：在湖北宜昌县西北六十里。《三国吴志陆逊传》：黄武元年，刘备率大众来至夷陵界，逊破其四十余营，备升马鞍山，陈兵自绕。"③

按：自宋人祝穆始多认为刘备所升马鞍山位于长江之北夷陵县界，今学术界多沿用此说，而所言马鞍山距离夷陵县县城之里程又颇多差异。马鞍山因山形似马鞍而得名，村以马鞍山而名。以马鞍名山者比比皆是，仅三峡区域内的马鞍山就多达数十座。祝穆等古今学者所言陆逊破刘备之马鞍山的方位，与《三国志》等魏晋原始史籍记录不符。《三国志》之《先主传》《黄权传》等传记皆记录刘备主力在长江之南夷道县与陆逊主力对峙，刘备在夷道县猇亭战败，不可能北渡长江再逃至夷陵县西北的马鞍山。夷陵西北马鞍山被指为陆逊破刘备大军处，当是祝穆根据民间传闻而得出的缺乏依据的结论，而后世历史地理文献多沿袭此误说。可见，马鞍山是三国历史地名，但夷陵马鞍山有张冠李戴之嫌。刘备兵败之马鞍山，详见后文，兹不赘言。

打鼓场、飞子垭

打鼓场，土场名，亦村落名，在今宜昌市夷陵区三斗坪镇境内，位于三斗坪镇政府所在地西南约3公里处。《湖北省宜昌县地名志》云："打鼓场：……传说吴国曾在此地擂鼓练兵，故名打鼓场。"④

---

① 宜昌市地方志办公室等整理：弘治版《夷陵州志》，鄂宜内图字 2008 第 77号，第 7 页。

② 宜昌市地方志编纂委员会校注：《东湖县志》，方志出版社 2017 年版，第 80 页。

③ 臧励龢主编：《中国古今地名大辞典》，香港商务印书馆分馆 1982 年版，第767 页。

④ 宜昌县地名领导小组编：《湖北省宜昌县地名志》（内部资料），1982 年，第286 页。

飞子垭，山垭名，亦村落名，在今宜昌市夷陵区三斗坪镇境内，位于三斗坪镇政府所在地东南约 8 公里处。《湖北省宜昌县地名志》云："传说历史上吴国有一将军率兵在此作战，突有一石子飞来落在垭口，故称飞子垭。"①

按：这两个地名故事均未指明具体关联的三国人物。在中国古代历史上，只有孙权建立的吴国有过在三峡地区作战的记录，故而所说地名当与三国东吴将军有关联。吴国曾控制三峡航道六十余年，今宜昌夷陵区三斗坪镇位于长江南岸，地处西陵峡腹地，为三国宜都郡战略要地，应是吴国水军重点防区之一，打鼓场、飞子垭等地确有可能是当年吴军练兵、瞭望的场所。但"打鼓场"之名在民间广泛存在，三斗坪镇打鼓场是否因吴军练兵而得名，缺乏文献依据。而民间传说"飞子垭"因吴国将军率兵作战时一石子飞来而得名，亦颇显牵强，难以令人信服。

周公瑾墓

周公瑾墓，墓名，在今宜昌市猇亭区境内，西北距猇亭区政府所在地约 7 公里，具体位置不详。

清康熙三十六年（1697）编修《宜都县志》（以下简称康熙版《宜都县志》）卷二《建置志》载曰："都督周公瑾墓：相传在云池，今失其处。"②

按：康熙版《宜都县志》言古老背云池附近有周瑜墓。云池，滨江堰塘名，今猇亭区有云池街道办。陈寿《三国志》记载十分明确：建安十四年（209），吴将甘宁夺取夷陵城（今宜昌西陵区西北郊），魏将曹仁派大军围攻夷陵城，甘宁求救于周瑜，周瑜亲率吴水军主力溯江而上援救甘宁，击退魏军，并乘胜从北岸攻击曹仁，最终迫使曹仁北撤襄阳。今宜昌

---

① 宜昌县地名领导小组编：《湖北省宜昌县地名志》（内部资料），1982 年，第488 页。

② 宜都市党史地方志办公室整理：康熙版《宜都县志》，湖北人民出版社 2013年版，第 58 页。

猇亭区云池街道滨江处应是周瑜军队足迹所到之地。大约在建安十五年（210）冬，周瑜病逝于巴丘（今湖南岳阳市），死后归葬芜湖（今安徽芜湖市）。可见，猇亭区云池吴都督周公瑾墓应是后人附会的三国遗迹，即便三国时期建有墓穴，也只是一处衣冠冢。

二、民间传说蜀汉地名和遗迹

宜昌民间传说三国地名和三国遗迹中，蜀汉英雄地名和遗迹占据较大比重。但大多数地名、遗迹既不见载于早期历史地理著作，也与三国人物活动轨迹和三国事件发生的时间不符，它们应是后世蜀汉英雄崇拜现象盛行于民间的产物，是由《三国演义》等文学作品衍生的三国地名和文化遗迹，历史可信度不高，但反映了三国文化在中国民间的巨大影响力，唯少数地名和遗迹具有一定的历史可信度。

张飞擂鼓台

张飞擂鼓台，台名，在今宜昌市西陵区西北郊三游洞景区内，旧址处有巨型张飞擂鼓石像，建于二十世纪八十年代，东南距宜昌市政府所在地约13公里。

乾隆版《东湖县志》卷八《古迹志》曰："张飞擂鼓台：在三游洞顶，土人传飞守郡日督兵于此。今故垒犹存。"[1] 又同书卷六《山川志》云："擂鼓台：二，一在河西铺；一在峡口，相传汉张飞擂鼓于此。"[2] 同治版《宜昌府志》卷二《古迹》亦有类似记载。

按：《三国志·张飞传》载："先主既定江南，以飞为宜都太守、征虏

---

[1] 宜昌市地方志编纂委员会校注：《东湖县志》，方志出版社2017年版，第109页。

[2] 宜昌市地方志编纂委员会校注：《东湖县志》，方志出版社2017年版，第87页。

将军，封新亭侯。"① 可见，虎将张飞担任了蜀汉宜都郡的首任太守，时间应是建安十五年（210）刘备平定武陵、长沙、零陵、桂阳等江南四郡之后。那么，宜都郡郡治设在何处呢？笔者认为有三：一是江南夷道县（今湖北宜都市）。《水经注》卷三十四注释"江水又东南过夷道县北"一句云："魏武分南郡置临江郡，刘备改曰宜都。郡治在县东，四百步故城，吴丞相陆逊所筑也。"② 所言"县东"，即夷道县城之东。说明刘备最初将宜都郡郡治建在夷道县城之东，后来陆逊对郡城进行了扩建，旧址即今宜都市清江入江口附近的陆城。二是江北夷陵县。夷陵县东扼楚之西塞，西控西陵峡口，实为门户之城，战略地位更加重要，蜀汉宜都郡治夷陵县虽不见载于魏晋历史地理文献，但出于有效控制三峡水道的战略考虑，刘备、张飞迁移郡治存在极大可能性，后来陆逊出任宜都太守期间，主要经营和驻守的地方也是夷陵。三是秭归县（今湖北秭归县归州镇）。刘备占领荆州大部分郡县后，谋划进占益州，宜都郡与益州紧邻，张飞进驻三峡腹地秭归县，为蜀汉集团夺取益州打前站。《三国志·先主传》注引《献帝春秋》云："（刘备）使关羽屯江陵，张飞屯秭归。"③《三国志·刘封传》又载："蜀平后，以达为宜都太守。建安二十四年，命达从秭归北攻房陵。"④ 孟达继张飞之后任宜都太守，郡治所在地也是秭归。秭归县治（今秭归县归州镇）地处长江三峡腹地，东连夷陵，西通巴蜀，又与上夔道（通往巴蜀的栈道和石道）连接，水陆较为便利，是刘备西进益州的前沿码头。而蜀汉军队入川，走水路较为直接，但峡江水道难行，士兵必须熟悉逆水行舟的相关知识。今宜昌市三游洞景区内的张飞擂鼓台遗址，下临险峻的西陵峡峡口，有可能是张飞据守夷陵和准备进驻秭归城之前操练水军的指挥台，是一处具有一定历史可信度的三国遗迹。

① 陈寿：《三国志》卷三十六，裴松之注本，中华书局 2000 年版，第 700 页。
② 郦道元：《水经注》，陈桥驿校证本，中华书局 2007 年版，第 795 页。
③ 陈寿：《三国志》卷三十二，裴松之注本，中华书局 2000 年版，第 656 页。
④ 陈寿：《三国志》卷四十，裴松之注本，中华书局 2000 年版，第 735 页。

张飞鼓城

鼓城，楼台名，在今宜昌市猇亭区境内，位于猇亭区政府所在地附近，今遗迹不存，难以确指具体位置。

康熙版《宜都县志》卷二《建置志》云："鼓城：在虎脑背滨江，相传张翼德曾于此擂鼓。"① 《湖广通志》卷七十七在"宜都县"条下云："鼓城：在虎脑背滨江，相传张飞旧迹。"② 同治版《宜都县志》卷一《地理古迹》亦有类似记载。

按：蜀将张飞出任宜都太守三年有余，主要驻扎于秭归县（今秭归县归州镇），在夷陵县（今宜昌西陵区西郊）亦有过短期驻营，今西陵峡口南津关有张飞擂鼓台，传为张飞操练水军的号令台。而宜昌虎脑背在当时处在宜都郡大后方，张飞驻营秭归县，目的是为蜀汉集团西进巴蜀夺取益州做准备，他在虎脑背建造鼓楼、操练兵马的可能性不大。如前所述，张飞字益德，字"翼德"乃小说之词，张飞鼓城应是民间附会的三国遗迹。

武侯祠、武侯碑

武侯祠，祠堂名；武侯碑，石碑名。在今宜昌市夷陵区三斗坪镇境内，位于长江南岸黄牛峡中黄陵庙旁，西南距三斗坪镇政府所在地约4.5公里，东距宜昌市城区约41公里。

乾隆版《东湖县志》卷六《山川志》载："黄牛峡：在县西九十里，巨石排空，惊涛拍岸，峡中最险处也。汉诸葛亮立祠祀黄牛之神。《碑记》云：'犹有董工开道之势。古传所载，黄龙助禹开江治水，九载而成功，信不诬也。'后人于庙侧立武侯祠。"③ 又同书卷八《古迹志》云："武侯

---

① 宜都市党史地方志办公室整理：康熙版《宜都县志》，湖北人民出版社2013年版，第56页。

② 《湖广通志》，见《四库全书》第534册，上海古籍出版社1987年版，第37页。

③ 宜昌市地方志编纂委员会校注：《东湖县志》，方志出版社2017年版，第88页。

碑：在黄牛峡庙前右隅，上覆以亭，石色白泽，作六隅形，锐上丰下，迥殊今制。相传即亮遗笔，惜汉隶已失，好事者重加镌刻，顿失旧观。"① 同治版《宜昌府志》卷二《古迹》亦有相同记载。

按：武侯祠、武侯碑实为两处三国文化遗迹，而非严格意义上的三国地名。人们将长江西陵峡自黄陵庙至南沱一段峡江称作"黄牛峡"。黄牛峡西端的黄陵庙，又称黄牛庙、黄牛祠、黄牛灵应庙等，坐落于长江南岸的黄牛岩山麓。早在东周时期即流传着黄牛神协助大禹治水的神话传说，寺庙当是后人为祭祀黄牛神和大禹所建，称黄牛庙。宜昌民间相传三国诸葛亮率师入蜀时重建此庙，并撰写《黄牛庙记》一文，刻于石碑之上，后人称为"武侯碑"，一直保留至今。人们又在黄牛庙旁建了一座祭祀诸葛亮的祠堂，称为"武侯祠"。

考之陈寿《三国志》，其《诸葛亮传》等文献记载，建安十八年（213），"先主自葭萌还攻璋，亮与张飞、赵云等率众溯江，分定郡县，与先主共围成都"②。可见诸葛亮等人入川路径是由长江水道溯江而上的，可以肯定诸葛亮等人的船队确实经过了黄牛峡，诸葛亮等人确有可能临时登岸祭祀大禹和黄牛神，但当时军情紧急，诸葛亮重修黄牛庙的可能性不大，即使他有心修葺庙宇，最多委托地方官吏办理此事。蜀汉建兴十二年（235），诸葛亮病逝于北伐前线，大军返回成都后，后主刘禅追谥诸葛亮为"忠武侯"。诸葛亮死后赢得了广大民众的崇敬，人们习惯用"武侯"或"诸葛武侯"来尊称诸葛亮，武侯崇拜渐兴于世，唐宋以后武侯崇拜之风更是朝野盛行。但古代夷陵人民在西陵峡黄牛庙旁修建"武侯祠"，不会早于北宋中期。欧阳修在夷陵任县令，曾游览黄牛庙，作《黄牛峡祠》一诗，诗中并未提及"武侯祠"，说明黄牛庙旁修建"武侯祠"当晚于北宋，很有可能是建于《三国演义》在民间广为传播之后即明清建筑物。至于黄牛庙前所谓"武侯碑"，古今学者们多认为实为明清文人假托诸葛亮

① 宜昌市地方志编纂委员会校注：《东湖县志》，方志出版社2017年版，第112页。

② 陈寿：《三国志》卷三十五，裴松之注本，中华书局2000年版，第681页。

之名而撰，兹不赘述。

武侯遗笔

武侯遗笔，三国文化遗迹名，在夷陵县甘泉寺里，甘泉寺原址在今宜昌市点军区境内，位于长江之滨，南距点军区政府所在地约6公里。

乾隆版《东湖县志》卷八《古迹志》云："武侯遗笔：在甘泉寺石壁，刻'忠孝廉节'四大字，旧志云诸葛亮书。"[1] 同治版《宜昌府志》卷二《古迹》有类似说法。

按：宜昌点军区甘泉寺旧址位于长江南岸卷桥河入江口处，与江北岸镇川阁隔江相对。宜昌民间传说云：东汉著名孝子姜诗，巴蜀广汉郡雒县（今四川德阳市）人，曾流落夷陵县，在长江南岸结庐而居，对年迈老母十分孝顺。一年冬天姜母重病，需要用鱼做药引子疗病，但天寒地冻，江面尽为厚冰覆盖。姜诗为捕鱼治疗母病，便倒身卧冰，不一会儿，厚冰融化，两尾红鲤鱼越出冰面投入姜诗怀中，姜母因此得救。夷陵人民为了表彰姜诗的孝德，便在其居住地附近修建了一座甘泉寺。姜诗曾因孝行受到东汉政府的表彰，元人郭守正等人编录《二十四孝》，姜诗名列其中。但史籍并无姜诗一家流落夷陵县并结庐而居的记述，姜诗长江卧冰获鲤孝敬老母当是元明时期孝文化盛行之后夷陵民间百姓随意附会的故事。而传说诸葛亮曾为甘泉寺题词，则更是寺庙僧众的有意附会，不过是借诸葛亮的显赫声望以抬高甘泉寺的地位而已。对此，乾隆版《东湖县志》卷八已有辨析："武侯遗笔：……此迹疑亦昔人所摹刻者，且汉以前用隶字，晋始有楷书。今此四字皆今文，又无题识，其非亮手书可知。"[2]

插旗冲、标池、普溪、诸葛庙河

插旗冲，山冲名，亦村落名，在今宜昌市夷陵区分乡镇境内，位于分

---

[1]　宜昌市地方志编纂委员会校注：《东湖县志》，方志出版社2017年版，第112页。

[2]　宜昌市地方志编纂委员会校注：《东湖县志》，方志出版社2017年版，第112页。

乡镇政府所在地北约 19 公里处。《湖北省宜昌县地名志》载："插旗冲：……相传三国时代，诸葛亮率兵作战，曾在此冲插过军旗，故名。"①

标池，水池名，亦村落名，在今宜昌市夷陵区分乡镇境内，位于分乡镇政府所在地东北约 11 公里处，与远安县花林寺镇交界。《湖北省宜昌县地名志》载："相传三国时代诸葛亮曾在此处池中浸泡过马草，名曰漂池，后演变为标池。"②

普溪，溪流名，亦村落名，在今宜昌市夷陵区分乡镇境内，位于分乡镇政府所在地东北约 3 公里处。《湖北省宜昌县地名志》载："（普溪）靠近宜保公路和普溪河大桥。相传三国时期，诸葛亮率兵出征，曾在此补过军旗，名曰补旗，后演变为普溪。"③

诸葛庙河，河流名，亦村落名，在今宜昌市夷陵区分乡镇境内，位于分乡镇政府所在地北约 18 公里处。《湖北省宜昌县地名志》载："三国时代诸葛亮治蜀有功，被誉为'功盖三分国，名成八阵图'。其后，人们怀念他，曾在此河边修庙一座，名曰诸葛亮庙。村名由此派生。"④ 此处提及的"功盖三分国，名成八阵图"，乃是唐代大诗人杜甫所作《八阵图》一诗中的著名诗句。

按：插旗冲、标池、普溪、诸葛庙河等地名皆同诸葛亮相关联，普溪，今习称普溪河。考之《三国志》之《诸葛亮传》《先主传》等文献记载，诸葛亮在刘备死前从未独立统兵征战，也从未在夷陵县（今宜昌市）担任官职或驻营。诸葛亮自隆中（今湖北襄阳市西南郊）出山辅佐刘备，时刘备依附刘表，诸葛亮不过是刘备的军师（相当于参谋）。建安十三年

---

① 宜昌县地名领导小组编：《湖北省宜昌县地名志》（内部资料），1982 年，第 180 页。

② 宜昌县地名领导小组编：《湖北省宜昌县地名志》（内部资料），1982 年，第 191 页。

③ 宜昌县地名领导小组编：《湖北省宜昌县地名志》（内部资料），1982 年，第 198 页。

④ 宜昌县地名领导小组编：《湖北省宜昌县地名志》（内部资料），1982 年，第 181 页。

（208）秋，曹操大军南下荆州，荆州牧刘琮投降，曹操占领南郡，进军江夏郡；同年冬，孙、刘联手在赤壁击败曹军。建安十四年（209）初，曹操北归，留下曹仁驻守南郡，周瑜率吴军主力进攻江陵、夷陵等地，关羽率蜀汉水军在汉江一带策应周瑜，双方交战一年才迫使曹仁北撤襄阳。在周瑜、关羽与曹仁作战的同时，"先主遂收江南，以亮为军师中郎将，使督零陵、桂阳、长沙三郡，调其赋税，以充军实"①。裴松之注《诸葛亮传》时引《零陵先贤传》曰："亮时住临烝。"② 汉临烝县，即今湖南省衡阳市。说明建安十四年至十五年（209—210）期间，诸葛亮主要负责江南三郡之政务，屯驻临烝县（今湖南衡阳市），为刘备集团征收赋税，筹措军粮器械。大约在建安十五年（210）下半年，孙权要求与刘备共同夺取益州，刘备一方面予以劝阻，一方面加强军事部署以防生变。裴松之注《先主传》时引《献帝春秋》曰："权不听，遣孙瑜率水军住夏口。备不听军过，谓瑜曰：'汝欲取蜀，吾当被发入山，不失信于天下也。'使关羽屯江陵，张飞屯秭归，诸葛亮据南郡，备自住孱陵。权知备意，因召瑜还。"③ 此处"南郡"，指南郡郡治江陵城；"孱陵"，即公安城。刘备让诸葛亮据南郡江陵、关羽亦屯驻江陵，实属分工不同，即诸葛亮负责南郡政务，关羽负责南郡防务。可见，诸葛亮是在建安十五年至十六年（210—211）期间孙刘关系开始紧张时被调回南郡的。建安十六年（211）秋冬，刘备率部西入益州，诸葛亮与关羽等镇守荆州，北拒曹操，东防孙权，公务繁忙，责任重大，应不会擅离南郡江陵县到宜都郡夷陵县北部山区去浸泡马草。大约两年之后即建安十八年（213）冬，诸葛亮、张飞、赵云等奉命入川，从此再也没有回过荆州。由此可知，插旗冲、标池、普溪等三国地名和遗迹都是后世民间崇拜诸葛亮而附会出来的，尤其是诸葛庙河，则更明显是后世诸葛亮崇拜的产物。

---

① 陈寿：《三国志》卷三十五，裴松之注本，中华书局2000年版，第680页。
② 陈寿：《三国志》卷三十五，裴松之注本，中华书局2000年版，第680页。
③ 陈寿：《三国志》卷三十二，裴松之注本，中华书局2000年版，第656页。

大王岩、大旺坪、下堡坪

大王岩，山名，亦村落名，在今宜昌市夷陵区分乡镇境内，位于分乡镇政府所在地东北约 15 公里处。《湖北省宜昌县地名志》云："大王岩……原名打望岩，传说东汉末年刘备统兵入蜀路过这里，曾派人在山上打望（放哨），后演变称大王岩。山势高耸，向西一面悬崖陡壁，在大王岩东侧有一巨石，书有'歇马处'三字，相传是刘备歇马的地方。"①

大旺坪，山坪名，亦村落名，在今宜昌市夷陵区分乡镇境内，位于分乡镇政府所在地北约 11 公里处。《湖北省宜昌县地名志》云："大旺坪：……原名打望坪，相传三国时代曾在此坪设哨打望，后演变为大旺坪。"②

下堡坪，山坪名，今为乡名，位于今宜昌市夷陵区中西部，东南距夷陵区政府驻地小溪塔镇约 80 公里。《湖北省宜昌县地名志》云："下堡坪原是一个很古老的山村小镇，相传在三国时代，刘备领兵作战曾从此经过，有人问他何处去？当时他正乘马由山岭走来，因答：下堡坪去。而后，人们就借他的话把村镇命名为下堡坪。"③

按：大王岩、大旺坪、下堡坪三个地名均与刘备入蜀相关，所流传的故事难免存在附会成分，但与刘备第一次入蜀行经路线大体吻合。大旺坪由打望坪演变而来，地名故事虽然没有提及三国时代何人到过此坪，但打望坪与大王岩距离很近，在此设哨打望的当是刘备军队。"打望"，鄂西方言，站在高处瞭望之意。《三国志·先主传》载，建安十六年（211），曹操遣钟繇等讨伐汉中张鲁，益州牧刘璋忧心曹操拿下张鲁后进而攻占巴蜀，便盛情邀请刘备入川抵御曹军。"先主留诸葛亮、关羽等据荆州，将

---

① 宜昌县地名领导小组编：《湖北省宜昌县地名志》（内部资料），1982 年，第173 页。

② 宜昌县地名领导小组编：《湖北省宜昌县地名志》（内部资料），1982 年，第189 页。

③ 宜昌县地名领导小组编：《湖北省宜昌县地名志》（内部资料），1982 年，第81 页。

步卒数万人入益州。至涪，璋自出迎，相见甚欢。"① 涪，涪县，即今四川绵阳市，位于四川成都市之北约 150 公里。又《三国志·刘二牧传》载：刘璋遣法正等请刘备入蜀，"敕在所供奉先主，先主入境如归。先主至江州，北由垫江水诣涪，去成都三百六十里，是岁建安十六年也"②。所谓"敕在所供奉"，即刘璋下令各地向刘备军队提供粮食、器械、舟船等物资供其使用；"北由垫江水诣涪"，即从江州（今重庆市区）沿着垫江北上至垫江县（今重庆合川区），再沿涪水水道向西北至涪县；垫江，古代将垫江县（今重庆合川区）以下流入长江的江段称为垫江；涪水，即今涪江，三国时涪江上游称涪水，下游称汉水，涪江在垫江县（今重庆合川区）汇入西汉水（今称嘉陵江），再流至江州（今重庆市区）汇入长江。

由此两处记录可知：刘备第一次入蜀至江州（今重庆市区）以后走水路至涪县（今四川绵阳市），在涪县受到刘璋热情接待，这段线路是十分清楚的。但刘备自荆州公安县（今湖北公安县）至江州走的是怎样的线路呢？史籍并无具体记载。笔者根据史料提供的线索和三峡地理特征作如下推测：1. 刘备率数万步卒先走江北陆路至秭归县（今湖北秭归县归州镇），大体线路是从荆州江陵县（今湖北荆州市）出发，北至当阳县（今湖北当阳市河溶镇），再向西北走夷陵道（夷陵县至当阳县、临沮县等地的驿道），经今宜昌市夷陵区分乡镇一带至夷陵区下堡坪乡和雾渡河镇一带，再向西北经今兴山县水月寺镇高岚村一带，沿高岚河谷至今兴山县峡口镇一带，再沿香溪河谷南下至今秭归县归州镇（两汉三国秭归县城）。2. 刘备兵马至秭归县城（今归州镇）后，一部分步卒和马匹器械由刘璋派来的舟船走水道运载至江州鱼复县（今重庆市奉节县），一部分步卒沿上夔道（江北栈道和石道）行至鱼复县。3. 从鱼复县至江州，江水相对平缓，便于行舟，陆路亦较便利，刘备兵马至鱼复县后，当水陆并进抵达江州（今

①　陈寿：《三国志》卷三十二，裴松之注本，中华书局 2000 年版，第 656 页。
②　陈寿：《三国志》卷三十一，裴松之注本，中华书局 2000 年版，第 646 页。

重庆市区）。

刘备率部入蜀之所以选择先走陆路再水陆并进，主要有三个原因：一是三峡中西陵峡最险，素来有"瞿塘雄、巫峡秀、西陵险"之说，逆水行舟走西陵峡入蜀，既耗时长又冒峡江风涛之险，宋人陆游《入蜀记》曾记述从江陵逆水行舟经西陵峡至归州（今秭归归州镇）耗时十六七天之久。刘备先走江北陆路至秭归县城（今归州镇），虽然路程略远，但不光可以避开西陵峡大部分险要江段，还耗时少。二是走西陵峡水道需要大量船只运兵，而蜀汉集团当时并不具备这一条件。建安十六年（211）是蜀汉集团立足荆州的第三年，经过赤壁之战、南郡拉锯战、南征四郡等战争，蜀汉集团在荆州刚刚站稳脚跟，除关羽统辖数千水军和数量极其有限的船只负责荆州防务外，实无能力从长江水道运送数万军队入蜀。三是刘备有意通过此次行军来熟悉荆州、益州的山川地形。《三国志·先主传》注引《吴书》记载，刘备入蜀前，益州别驾从事张松、军议校尉法正等人有心投靠刘备，"备前见张松，后得法正，皆厚以恩德接纳，尽其殷勤之欢。因问蜀中阔狭、兵器府库人马众寡，及诸要害道里远近，松等具言之，又画地图山川处所，由是尽知益州虚实也"①。张松等人将益州山川画成地图送给了有心夺取巴蜀之地的刘备，但对"诸要害道里远近"要做到了如指掌，还需要通过实地行军来验证。

由刘备首次入蜀行走的大体线路可知：今宜昌分乡镇民间传说的大王岩、大旺坪、下堡坪等地名，可能是当年刘备西行入川时留下的足迹印记，具有一定的历史可信度。

梅山

梅山，山名，亦村落名，在今宜昌市夷陵区鸦鹊岭镇境内，位于鸦鹊岭镇政府所在地西偏南约10公里处。

《湖北省宜昌县地名志》云："相传三国时代吴蜀彝陵之战，刘备进军

---

① 陈寿：《三国志》卷三十二，裴松之注本，中华书局2000年版，第656页。

猇亭（今古老背）过此，正逢满山梅花盛开，故名梅山。"①

按：《三国志·先主传》载："（章武二年）二月，先主自秭归率诸军进军，缘山截岭，于夷道猇亭驻营，自佷山通武陵，遣侍中马良安慰五溪蛮夷，咸相率响应。镇北将军黄权督江北诸军，与吴军相拒于夷陵道。"②《三国志·黄权传》亦载："权谏曰：'吴人悍战，又水军顺流，进易退难，臣请为先驱以尝寇，陛下宜为后镇。'先主不从，以权为镇北将军，督江北军以防魏师。先主自在江南。"③ 梅花一般在冬春季开花，刘备大军在春天二月间从秭归县（今秭归归州镇）出发东进，与梅花开花时节吻合。但刘备大军是从秭归南渡长江至江南夷道县驻营于猇亭一带的，而梅山位于江北，刘备大军如何从江南渡江至北岸再向猇亭进军的？这个说法显然与魏晋史籍记录不符。

那么，是不是蜀汉镇北将军黄权的军队到了梅山一带呢？黄权率江北诸军部署在夷陵道一线，"夷陵道"是古代夷陵城通往当阳（今当阳市等地）、临沮（今远安县等地）和襄阳（今襄阳市）等地的驿道，其大体线路是从今宜昌市西陵区夜明珠、石板铺一带至夷陵区峰宝山、龙泉镇一带，再至当阳而前往临沮、襄阳等地，这一线路为清代官修骡马大道，它应是在两汉"夷陵道"的基础上修建的。④ 黄权进驻夷陵道的主要任务是牵制当阳一线的吴军和防止临沮一线的魏军从侧后夹击蜀军，他是决不会贸然向南进军猇亭的。可见，梅山得名于蜀汉大军进军古老背时路过梅花盛开的山下，实属民间百姓附会的故事，不足为信。

上马墩、下马墩

上马墩、下马墩，皆石墩名，在今宜昌市猇亭区境内，位于猇亭区政

① 宜昌县地名领导小组编：《湖北省宜昌县地名志》（内部资料），1982 年，第423 页。

② 陈寿：《三国志》卷三十二，裴松之注本，中华书局 2000 年版，第 663 页。

③ 陈寿：《三国志》卷四十三，裴松之注本，中华书局 2000 年版，第 773 页。

④ 参见宜昌县地方志编纂委员会编纂：《宜昌县志》，冶金工业出版社 1993 年版，第 287 页。

府所在地东南约 3 公里处。

今编《西塞烽烟》收集的民间传说云：刘备驻营猇亭，其御营前立有两块石墩，一名"上马墩"，一名"下马墩"，以便于刘备上马下马。原本只有一块石墩，另一块石墩是由刘备坐骑的卢化成。刘备驻营于江滨，为避盛夏暑气，便下令移营山林之中。但刘备坐骑的卢不愿进入林中，挣断缰绳奔驰到江边，绕着那块乳白石墩奔跑不止。几天后的卢失踪了，众将士到处寻找，在那块乳白石墩的旁边找到了另一块乳白石墩，这就是的卢所化。后人便将这两块石墩叫做"上马墩"和"下马墩"。当年的卢通人性，不愿进山林，是想以死苦谏刘备，希望能阻止刘备落入陆逊陷阱而遭火烧连营之灾。①

按：说刘备坐骑的卢以死谏阻刘备移营山林，刘备不明深意，终于落得个火烧连营的悲惨结局，这显然是宜昌民间创作的文学故事。《三国演义》描写诸葛亮看见刘备移营山林分布图之后大为震惊，预感蜀军将全军覆没，便令马良急速返回前线让刘备改变作战计划和迁移驻营之地，但为时已晚，吴军燃烧的火焰冲天而起，刘备只落得个仓惶逃命。上马墩和下马墩的故事当由小说的生动描写衍生而来。

纱帽山

纱帽山，山名，在今宜昌市猇亭区境内，位于猇亭区政府所在地东南约 7 公里处。

《西塞烽烟》收集的民间传说云：刘备为报关羽之仇，大举伐吴，顺江而下，直抵猇亭，安营扎寨，与陆逊对峙。一天，刘备巡视军营，前往冯习营寨，来到一座高山上，瞭望下游吴军军营。突然吹来一阵狂风，将刘备的皇冠吹落一丈开外。刘备大惊问道："吹落皇冠是何不祥之兆？"群臣面面相觑。一名近臣连忙上前解释说："此乃吉祥之兆。大军势如狂飙，摧枯拉朽，锐不可挡。陛下皇冠飘落之处，恰好指向吴军屯兵之地，这正

---

① 参见杨君主编：《西塞烽烟》，北京燕山出版社 1993 年版，第 78 页。

说明陛下显威于吴,吴军必将大败!"其实,皇冠被吹落,实显刘备兵败的不祥之兆。陆逊看准时机,一把大火烧得刘备仓皇奔逃。因刘备皇冠落于此山之巅,而此山又形似帽子,于是后人便称此山为"纱帽山"①。

按:《三国演义》第八十四回描写道:"却说先主正在御营寻思破吴之计,忽见帐前中军旗幡无风自倒。乃问程畿曰:'此为何兆?'畿曰:'今夜莫非吴兵劫营?'先主曰:'昨夜杀尽,安敢再来?'畿曰:'倘是陆逊骄敌,奈何?'"结果陆逊当夜发起了规模巨大的火攻战。宜昌民间关于纱帽山显示凶兆的传说故事,应是受《三国演义》故事情节的启发而衍生出来的。

云池

云池,水池名,在今宜昌市猇亭区境内,位于猇亭区政府所在地东南约7公里处。

《西塞烽烟》收集的民间传说云:陆逊火烧连营,刘备仓惶奔逃,赵云率领一彪人马杀到猇亭下马槽,遥望一片火海,知道刘备性命危急,便快马冲上赵王山顶,望见蜀军被重重包围。赵云一手执长枪,一手挥"青钉"宝剑,乱戳乱砍,杀出一条血路,救出刘备后,又挥军掩杀,来到一条河边。正当他勒转马头时,"青钉"宝剑突然飞出剑鞘,落在一块大青石旁,众将士莫不惊诧万分。赵云跳下战马,持剑挖掘泥沙,顷刻间形成了一个水池。赵云便在大青石上磨起剑来。大青石被磨去了半截,池水也用干了,宝剑磨得锋利无比。赵云插剑入鞘,飞身上马,追赶刘备护驾去了。后人将赵云掘地为池、磨剑青石的地方称作"云池"②。

按:云池传说很显然是个浪漫的文学故事。《三国志·赵云传》注引《云别传》曰:"先主不听,遂东征,留云督江州。先主失利于秭归,云进兵至永安,吴军已退。"③赵云极力谏阻伐吴,因此刘备并未让赵云参战,

---

① 参见杨君主编:《西塞烽烟》,北京燕山出版社1993年版,第63~64页。
② 参见杨君主编:《西塞烽烟》,北京燕山出版社1993年版,第60~62页。
③ 陈寿:《三国志》卷三十六,裴松之注本,中华书局2000年版,第705页。

而是令他镇守江州（今重庆市区）。当刘备兵败猇亭、吴军乘胜追击至秭归（今秭归归州镇）一带时，赵云得到消息立即从江州出发前往救援，但当他赶到永安（今重庆奉节县）时，刘备已经回到白帝城，东吴亦已撤兵。也就是说历史上赵云并未到过猇亭前线，何来宜昌猇亭区云池磨剑？赵云救驾事，出自《三国演义》第八十四回的虚构，其佩剑云"青釭"亦出自小说的艺术加工。弘治版《夷陵州志》卷二《山川》之"宜都"条曰："云池：在县北五十里大江中，水涸乃现，中富鱼虾，民籍其利。"[1]乾隆版《东湖县志》卷六《山川志》云："云池：在县南八十里，居大江之中，水涸则见。"[2] 同治版《宜昌府志》卷二亦有相同记述。春夏盛水时节云池淹没于江水之中，秋冬枯水季节形成了滨江池塘，上有云气蒸腾，故名"云池"。今编《长阳县地名志》亦载长阳县境内叫"云池"的地名："村中一水池，天变时，如有云盖池必有雨，村以此得名。"[3] 这本是江河、湖泊及山区池塘周边在一定气候条件下发生的一种自然景观，鄂西山区十分常见。在《三国演义》极力讴歌蜀汉君臣逐渐形成蜀汉英雄崇拜之风后，宜昌人民将"云池"之名附会到他们敬爱的蜀汉名将赵云身上，并虚构了神奇的磨剑故事。

红溪港

红溪港，港湾名，在今宜昌市猇亭区境内，位于猇亭区政府所在地东南约2公里处。

《西塞烽烟》收集的民间传说云：红溪港内有神兵，本是赵王山上赵王天子的亲兵。赵王天子被玉帝逐出天庭，投胎人间，临行之时赐给了他十万天兵，以便日后拯救人间劫难。赵王天子因投错胎而气死，其十万天

---

[1] 宜昌市地方志办公室等整理：弘治版《夷陵州志》，鄂宜内图字2008第77号，第17页。

[2] 宜昌市地方志编纂委员会校注：《东湖县志》，方志出版社2017年版，第99页。

[3] 长阳县地名志领导小组编：《长阳县地名志》（内部资料），1982年，第345页。

兵也跟着自尽，十万天兵的血水汇成了一道七八里长的红色溪流，冲入长江，形成了一处红色港湾，故名红溪港。红溪港内还有部分假死的神兵，后来渐渐苏醒，就留在了红溪港。他们相信总会有一天，赵王天子的兵马会路过这里，带走他们去争天下的。果然，直到蜀汉章武二年（222）的夏天，赵王山上出现了一支军马，军旗上飘扬着一个醒目的"赵"字。神兵们以为赵王天子来了，就一齐呐喊着杀出港湾，随着"赵"字大旗呼啸而去。原来从赵王山上杀来的大将正是名将赵子龙，他正急速驰援被困马鞍山的刘备。神兵们紧跟"赵"字大旗，望见潮水般涌来的吴兵，便施展呼风击石法，打得吴兵哭爹喊娘，仓惶败退。惶恐不安的刘备等人看见如此情景，大为惊诧，看到赵云身后红尘滚滚，似有千军万马，刘备顿时醒悟，大叫："天助我也！"便指挥残余军马，随赵云一起杀出重围，直奔白帝城去了。①

按：红溪港的得名，当与港口周围红色土质有关，在雨水长期冲刷、浸泡下常常呈现褐红色水流，故名。无须多加辨析，红溪港传说颇多道教神仙色彩，乃是《三国演义》流行之后道教徒为了宣扬道教神法而糅合三国英雄赵云故事的结果，实为明清近代以来民间附会的三国地名。

滚银坡

滚银坡，山坡名，在今宜昌市猇亭区境内，位于猇亭区政府所在地东南约5公里处。

《湖北省宜都县地名志》云："滚银坡：……在莲渡庵村东北1公里，东与枝江县境接界。据传，三国时，蜀吴之战，蜀大败而逃，一差役肩挑银担逃跑，连白银滚下山坡，故名。"② 杨君主编《西塞烽烟》收集的民间故事略有差异：刘备初战猇亭，便杀掉了仇人范强、张达，刀剐了叛徒糜芳、傅士仁，还射杀了东吴大将甘宁。逼得孙权起用了儒生陆逊为

---

① 参见杨君主编：《西塞烽烟》，北京燕山出版社1993年版，第74~77页。
② 宜都县地名领导小组编：《湖北省宜都县地名志》（内部资料），1982年，第43页。

大都督，采取固守要塞以逸待劳之策，使得蜀军在猇亭一带再难前进。双方对峙了数月，蜀军军饷粮草迫在眉睫。于是，刘备下令筹运军饷。一群蜀军士卒马驮担挑，押运军饷来到一座山坡下，累得直喘粗气。在军曹严厉的催赶下，军士们奋力爬坡，不料临近山顶时，捆绑军饷的绳索突然崩断了，顷刻间，白花花的银子顺坡滚落。"滚银坡"之名由此而来。①

按：滚银坡显然是由《三国演义》衍生的三国地名，民间随意附会的成分十分明显。一是该地名故事提及了刘备处死范强、张达，活剐糜芳、傅士仁，射杀甘宁等情节，均见于《三国演义》，而历史上这些人皆非死于刘备之手，亦非死于猇亭之战中。二是该地名故事说蜀军士兵运送白花花的银子来补充军饷不足为信，三国时代使用通行的五铢钱，青铜铸成，白银作为货币流通大约始于唐代以后，熟知三国历史的罗贯中在《三国演义》中也从未描写三国军队使用银子做军饷。

石板冲

石板冲，山冲名，亦村落名，在今宜昌市猇亭区境内，位于猇亭区政府所在地东约3公里处。

《西塞烽烟》收集的民间故事云：刘备屯兵猇亭时在猇亭之东的一处山冲里建有一条又宽又长的石板路，故名"石板冲"。石板冲的石板路是猇亭通往安福寺的粮道，刘备为何要修建这条粮道呢？因为刘备大军在猇亭一住便是数月，粮草需求量巨大，何处可以供应粮草呢？猇亭上游的夷陵城囤积有粮，但被东吴孙桓固守，迟迟攻不下来；猇亭下游为吴军把守，水陆交通被切断，只有东面是蜀军的大后方，安福寺、鸦雀岭等地有充足的粮草，而石板冲又是连接猇亭和安福寺等地最为便捷的山冲，故而修建石板路以解决蜀军粮草问题。刘备下令赵融、廖淳二将负责召募民工，修建石板路。而石板冲不产青石，只有到西陵峡口处采石，然后用船

---

① 参见杨君主编：《西塞烽烟》，北京燕山出版社1993年版，第65~66页。

装载运至猇亭，再抬至石板冲。可惜的是，这条石板路尚未竣工，刘备大军就被陆逊的一把大火烧得七零八落，逃回白帝城去了。石板路虽未修完，但石板冲之名称却流传至今。①

　　按：石板冲故事多有不合情理处，显然是民间文学虚构所致，无疑产生于《三国演义》流行之后。一是《三国志·陆逊传》明确记载孙桓固守的城池为江南夷道城："孙桓别讨备前锋于夷道，为备所围。"②《三国演义》错写成江北夷陵城（历史上吴军大反攻前夷陵城一直由蜀汉水军控制），石板冲传说故事言孙桓固守"夷陵城"，与《三国演义》相同。二是石板冲故事说石板材料是从西陵峡峡口附近用船运至古老背的，说明从峡口至古老背长约七十里的水道被蜀军控制，也就是说荆门虎牙西塞亦被蜀军掌控，否则长江航道无法畅通无阻。既然蜀军已经掌控西塞江关，便可从水路一鼓作气顺流而下攻占宜都城，吴军已无险可守，刘备大军完全没有必要呆在古老背一带与吴军对峙、消耗粮草。而且，故事说蜀军从西陵峡口船运石料来古老背，同时又说吴军切断了水路交通，彼此相互矛盾。三是石板冲故事说东面安福寺、鸦雀岭一带是蜀军大后方。安福寺镇位于今枝江市西部，与今宜昌市猇亭区交界；鸦雀岭镇位于安福寺之北，其东与当阳交界，前往当阳和枝江较为便捷。如果此处是蜀军大后方，那么刘备为何不选择从鸦雀岭和安福寺一带向东直接攻击当阳、枝江？还要莫名其妙地从东边安福寺运粮到西边古老背来与陆逊瞎折腾呢？可见，有关石板冲的传说故事严重缺乏历史真实性，无疑是明清近代以来蜀汉文化影响下的产物。

马鬃岭

　　马鬃岭，山岭名，在今宜昌市猇亭区境内，位于猇亭区政府所在地北约6公里处。

---

① 参见杨君主编：《西塞烽烟》，北京燕山出版社1993年版，第71~73页。
② 陈寿：《三国志》卷五十八，裴松之注本，中华书局2000年版，第996页。

《西塞烽烟》收集的民间传说云：吴蜀猇亭之战时，刘备被困马鞍山，突围后朝西败逃，陆逊乘胜追击。混战之际，蛮王沙摩柯率领蛮兵杀至黄龙寺前的十里长岭，以掩护刘备西逃。蛮兵被冲散，沙摩柯只身拼杀，寻找失散的蛮兵，其坐骑是一匹苗族的枣红马，高健雄壮。在拼杀寻找中，沙摩柯一连砍杀了百余名吴军士卒，又遇东吴大将周泰，二人大战了二十回合，周泰体力不支，拖刀便走。沙将军奋力追赶，却不料被吴军暗箭射中，枣红马一声嘶叫，人仰马翻，沙将军命归黄泉。一支蛮兵杀来，夺得了沙将军的尸首，那中箭受伤的枣红马一直伏在沙将军尸首旁，泪水不断，最终亦闭目而死。蛮兵将士就地埋葬了沙摩柯及其坐骑枣红马。后来，一位白发宿儒来到此处凭吊古人，触景伤情，便将这十里长岭取名为"马鬃岭"，又简称"马岭"。①

按：《三国志·陆逊传》记载，陆逊下令发起火攻，"一尔势成，通率诸军同时俱攻，斩张南、冯习及胡王沙摩柯等首，破其四十余营。"② 可见，沙摩柯是"胡王"，应是一位西北羌胡部族首领，而非西南蛮夷部族首领。而且猇亭火攻时胡王沙摩柯和冯习、张南等蜀将便被斩杀，即历史人物胡王沙摩柯死于刘备被困马鞍山之前。《三国演义》第八十四回描写刘备从马鞍山突围之后，蛮族首领沙摩柯等蜀将还在前线苦战，"时有蛮王沙摩柯匹马奔走，正逢周泰，战二十余合，被泰所杀"。显然，马鬃岭的传说故事由此衍生而来。而且，三国时期尚未形成"苗族"族群，指沙摩柯为苗族首领，说明此地名传说无疑产生于明清之后亦即《三国演义》流行之后。

傅彤墓、马良墓

傅彤墓，马良墓，皆坟墓名，传说在今宜昌市猇亭区境内，位于猇亭区政府所在地东南约4公里处的马鞍山下。

---

① 参见杨君主编：《西塞烽烟》，北京燕山出版社1993年版，第79~81页。
② 陈寿：《三国志》卷五十八，裴松之注本，中华书局2000年版，第995页。

《西塞烽烟》收集的民间传说云：陆逊火烧猇亭，刘备仓惶夺路而逃，吴军围住刘备，四面夹攻。正在危急时分，蜀将张苞、傅彤领兵从天而降，救了刘备，他们护着刘备向西撤退，前面一山挡路，形似马鞍，叫马鞍山。张苞、傅彤保护刘备上了马鞍山后，吴军便将山围了个水泄不通，四下放火烧山，火势凶猛。情势十分危急时分，关兴杀上山来救驾，恳请刘备速奔白帝城。刘备说纵然下得马鞍山，也难免一死。身边勇将傅彤立刻跪下奏道："臣愿以死断后保驾，不退贼兵，决不见陛下！"于是，关兴在前，张苞、刘备居中，傅彤断后，趁黑夜冲下马鞍山。断后的傅彤陷入重围，拒绝降吴，恶斗不退，直至吐血身亡。陆逊深为傅彤气节感动，亲手厚葬傅彤于马鞍山下。①

民间传说又云：古老背有马良墓。蜀汉侍中马良跟随刘备一起东征伐吴，见杀害关羽、张飞的几位仇人均被刘备处死，而东吴又遣使求和，表示愿意归还荆州，便力劝刘备乘机收兵联吴抗魏。但刘备执意要灭掉东吴，调兵遣将与吴国都督陆逊对峙于猇亭。马良深感不安，便请求刘备将蜀军驻营布阵态势画成图本，呈送诸葛亮察看定夺。刘备遣马良送图本赶到东川面见诸葛亮后，诸葛亮看后长叹一声："汉朝气数休矣！"等到马良赶回猇亭时，蜀军早已溃不成军。马良最终遇害于猇亭，据说其墓就在今猇亭区古老背一带。②

按：无论是傅彤墓，还是马良墓，皆为民间附会的三国文化遗迹。历史上蜀汉名士马良、名将傅彤（《华阳国志》《三国演义》等讹作"傅肜"）均死于猇亭之战，但其墓地均应在江南，其具体位置无从寻踪。宜昌民间故事叙说张苞、关兴、傅彤等人救驾的故事，显然来自《三国演义》第八十四回的描写。刘备令傅彤（当作"傅肜"）断后，史有其事，但张苞、关兴参加夷陵之战则是《三国演义》的虚构。傅彤断后战死，吴军紧追刘备不舍，战事匆匆，陆逊也不可能亲手厚葬傅彤于马鞍山下。而

---

① 参见杨君主编：《西塞烽烟》，北京燕山出版社1993年版，第67~70页。
② 参见杨君主编：《西塞烽烟》，北京燕山出版社1993年版，第82~84页。

历史上马良奉命出使武陵郡五溪蛮夷部落，是从江南佷山县（今长阳县都镇湾镇）出发前往湘西的，山高水远，交通不便，不可能在湘西至川东再至鄂西这两千里之遥的路途上来回奔波。马良受刘备派遣从江南佷山县（今长阳县都镇湾镇）前往湘西联络蛮夷部落共同伐吴，任务完成后再从湘西返回江南夷道猇亭前线向刘备复命，他为何要穿越吴军防线北渡长江到古老背去战死呢？可见，今宜昌民间关于马良墓、傅肜墓的传说实是由《三国演义》衍生而来的三国地名故事。

桃子冲

桃子冲，山冲名，原名逃出冲，在今宜昌市猇亭区境内，位于猇亭区政府所在地东南约4公里处。

《湖北省宜都县地名志》云："桃子冲：又名逃出冲……据传，三国时蜀吴之战，刘备率蜀军驻扎猇亭，摆下七百里兵营与吴抗衡，被吴国大将陆逊火烧七百里营寨。大乱之中，蜀国一大将在两山间被围，最后拼死一战，杀出一条血路，带领人马逃出此冲，故名逃出冲，后因口语演变为桃子冲。"①

按：宜昌民间关于桃子冲的故事，虽然没有指明哪位蜀军将领从此山冲逃走，但不难看到《三国演义》对于这个地名故事的影响。《三国志》记述了刘备主力在江南与陆逊主力发生过激战，也记述了吴蜀水军在西陵峡口一带的大战，但并未记述江北古老背一带发生过战事。而《三国演义》第八十四回则描写刘备七十五大军在长江两岸扎营，陆逊发起火攻之后，蜀军江北、江南大营同时着火，"先主急上马，奔冯习营，习营中火光连天而起。江南江北，照耀如同白日。……吴军又四下放火，军士乱窜，先主惊慌"。在罗贯中笔下，吴蜀双方激战于长江两岸，溃败的蜀军将士在大江南北两岸四散奔逃，逃出冲位于长江北岸江

---

① 宜都县地名领导小组编：《湖北省宜都县地名志》（内部资料），1982年，第41~42页。

滨地带，蜀军大小将佐被围困于山冲，夺命奔逃，正是《三国演义》描述的蜀军狼狈情景。足见"桃子冲"是由小说影响所衍生的三国地名。

三、民间传说关公地名和遗迹

关羽字云长，河东郡解县（今山西运城市）人，蜀汉前将军，死后追谥"壮缪侯"。《三国志·刘晔传》载刘晔之言云："刘备，人杰也。……诸葛亮明于治而为相，关羽、张飞勇冠三军而为将。"① 《三国志·周瑜传》载周瑜上疏云："刘备以枭雄之姿，而有关羽、张飞熊虎之将，必非久屈为人用者。"② 陈寿又在《三国志·关张马黄赵传》中评曰："关羽、张飞皆称万人之敌，为世虎臣！"③ 可见，作为三国名将，关羽绝非浪得虚名。六朝隋唐时期，勇将常以"关张"自名，而宗教界亦开始神化关羽，关公崇拜渐兴于世。宋元时期，统治者不断封拜关羽，民间则将关羽等蜀汉人物视为民族英豪，关公崇拜渐趋昌盛。而至明清时期，《三国演义》广为流传，关羽声望愈加显赫，统治者又将关羽封为"伏魔大帝""关圣帝君"等，关公崇拜走向高潮，关帝庙遍及五湖四海。于是，全国各地尤其是关羽当年镇守的荆楚地区，以关羽为主体的关公地名故事大量涌现。在今宜昌市直辖区境内，民间传说的关公地名较为常见，又主要集中在夷陵区。

（一）夷陵区樟村坪镇关公地名

樟村坪镇位于今夷陵区的北部，西与兴山县水月寺镇相邻，南与夷陵区雾渡河镇连界，东与远安县嫘祖镇相接，北与襄阳市保康县接壤，是夷陵区最北部乡镇，南距夷陵区政府所在地约130公里。

---

① 陈寿：《三国志》卷十四，裴松之注本，中华书局2000年版，第335页。
② 陈寿：《三国志》卷五十四，裴松之注本，中华书局2000年版，第934页。
③ 陈寿：《三国志》卷三十六，裴松之注本，中华书局2000年版，第706页。

关坪

关坪,坪名,亦村落名,在今宜昌市夷陵区樟村坪镇境内,位于樟村坪镇政府所在地西北约 10 公里处。

《湖北省宜昌县地名志》云:"关坪:40 人。据传三国时关羽曾路过此坪,并下鞍歇过,故名关坪。"①

按:关羽独立镇守荆州八年,荆州宜都郡(含今宜昌市大部、恩施自治州大部、重庆东北部等地)属于其辖区,今宜昌市夷陵区当是关羽足迹所到之地,但关坪是否因关羽足迹所至而得名?则实不足为据。因为关羽生前走过的地方很多,仅仅因其路过某地便以其姓氏来命名的可能性极低。关坪之名最初既有可能因此处临近关卡而名,也有可能与关姓村民居住此地相关,至明清时期关公信仰盛行,民间便将关坪附会到关羽身上。

回马坡

回马坡,山坡名,亦村落名,在今宜昌市夷陵区樟村坪镇境内,位于北部边界,与保康县接壤,南距樟村坪政府所在地约 20 余公里。

《湖北省宜昌县地名志》云:"回马坡:180 人。据传三国时关羽乘马至此,因断了缰绳便勒马而回,故名回马坡。"②

按:今回马坡村以山坡名得名。说回马坡因关羽乘马断了缰绳便勒马而回得名,实不足为信。考之陈寿《三国志》,关羽于建安二十四年(219)兵败麦城,向西北逃去,在夹石(今远安县洋坪镇境内)遇阻勒马而回被俘,民间称夹石为"回马坡"。今樟村坪镇的回马坡与远安县洋坪镇的回马坡相距不远,大概是受远安县洋坪镇回马坡传说的影响,民间便以关羽故事来解释此处回马坡得名的缘由,显然是关公文化盛行的产物。

---

① 宜昌县地名领导小组编:《湖北省宜昌县地名志》(内部资料),1982 年,第 36 页。

② 宜昌县地名领导小组编:《湖北省宜昌县地名志》(内部资料),1982 年,第 31 页。

走马岭、望旗山

走马岭，山岭名，亦村落名，在今宜昌夷陵区樟村坪镇境内，位于樟村坪镇政府所在地东北约 6 公里处。《湖北省宜昌县地名志》曰："走马岭：位于樟村坪公社驻地东北走马岭大队境内，海拔 1165 米。此山四面陡峭，山顶较平，相传三国时期关羽曾骑马路过此岭。"①

望旗山，山名，亦村落名，在今宜昌夷陵区樟村坪镇境内，位于樟村坪镇政府所在地东北约 13 公里处，与走马岭相距不远。《湖北省宜昌县地名志》载："望旗山：170 人。相传三国时关羽曾在此山晒过军旗，并望待晒干，故名望旗山。"②

按：民间普遍喜欢将"走马岭""望旗山""插旗岗"之类的地名与关羽关联起来。传说走马岭得名于关羽骑马路过，实难为信据。以常理推测，走马岭应得名于山岭地形适合纵马奔驰，即适宜训练战马在山地奔跑与作战。又地名"望旗山"，故事却说关羽晒军旗，名"晒旗山"更合情理。望旗山、晒旗山等近似地名很多，是否因关羽晒旗而得名，无从考证。将走马岭、望旗山等地名与关羽联系在一起，多半是明清时期关公崇拜的产物。

（二）夷陵区雾渡河镇关公地名

雾渡河镇位于今夷陵区北部偏西，其北与樟村坪镇相接，西北与兴山县水月寺镇交界，西南与邓村乡相邻，南与下堡坪乡相邻，东南与黄花镇、分乡镇相邻，东与远安县接壤。今沪蓉高速公路从雾渡河镇政府所在地附近穿过。

---

① 宜昌县地名领导小组编：《湖北省宜昌县地名志》（内部资料），1982 年，第 544 页。

② 宜昌县地名领导小组编：《湖北省宜昌县地名志》（内部资料），1982 年，第 37 页。

雾渡河

雾渡河，河名，亦为村落名，现为镇名，南偏东距夷陵区政府所在约64公里。

《湖北省宜昌县地名志》云："雾渡河：……相传关羽的兵马在此趁雾渡河，故名雾渡河。"①

按：《三国志·关羽传》载曰："先主收江南诸郡，乃封拜元勋，以羽为襄阳太守、荡寇将军，驻江北。"② 又《三国志·乐进传》载曰："后从平荆州，留屯襄阳，击关羽、苏非等，皆走之，南郡诸县山谷蛮夷诣进降。又讨刘备临沮长杜普、旌阳长梁大，皆大破之。后从征孙权，假进节。"③ 刘备"收江南诸郡"的时间是在建安十四年（209）。建安十五年（210），刘备经过协商从东吴集团借得南郡之地（实为江陵、当阳、枝江、夷陵等部分县地），封关羽为襄阳太守"驻江北"，其意是让关羽负责南郡江北地区军务。建安十六年（211），刘备率数万军队入益州，留下诸葛亮、关羽等镇守荆州，诸葛亮主管政务，关羽主管军事，仍"驻江北"。那么，关羽最初两三年时间于"江北"同曹军作战，其主要活动区域在何处呢？从《乐进传》的记载看，关羽主要活动于江陵、当阳等县之西北，即夷陵、临沮等县地。所谓"南郡诸县山谷蛮夷"，是指南郡西北部山区亲近并投靠蜀汉集团的少数民族部落。"临沮长"，即临沮县长；"旌阳长"，即旌阳县长。旌阳县应是刘备新置县，大体位于今枝江市西北部、当阳市西部一带，与临沮县（今远安县等地）相接。乐进是曹操在赤壁之战后留在襄阳驻防的大将，负责阻止蜀汉军队向北推进，他与关羽在南郡西北部山区有过多次交锋，并阻扼了关羽向北推进的势头。建安十七年（212）冬，曹操征伐孙权于淮南，乐进离开襄阳随征淮南。这说明在建安

---

① 宜昌县地名领导小组编：《湖北省宜昌县地名志》（内部资料），1982年，第59页。

② 陈寿：《三国志》卷三十六，裴松之注本，中华书局2000年版，第698页。

③ 陈寿：《三国志》卷十七，裴松之注本，中华书局2000年版，第392页。

十四年至建安十七年（209—212）期间，关羽在夷陵县北部及东北部地区有过频繁的军事行动，其主要对手正是曹操五大名将之一的乐进，故而今宜昌夷陵区东部与北部地区雾渡河镇、樟村坪镇、黄花镇、分乡镇、龙泉镇、鸦鹊岭镇等乡镇留下了大量的关公地名故事，这些地名故事大部分源自明清时期的民间附会，但历史上关羽足迹遍及这一区域是民间附会的基础，毕竟关羽在这一带的战斗经历被夷陵人民代代相传下来，到了关公文化日渐兴盛的宋元明清时代，许多地名便自然而然地附会到关羽身上。

在笔者看来，雾渡河是一处历史可信度较高的三国地名。历史小说经典之作《三国演义》神化了关羽的坐骑和兵器，即日行千里的赤兔马和斩敌快如旋风的青龙偃月刀，对于关公文化的兴盛起到了推波助澜的作用，自《三国演义》以后民间百姓往往喜欢在关羽坐骑与兵器上做文章，将许多带"马"字或"刀"字的地名同关羽扯上联系。但雾渡河故事较为独特，主要讲述了关羽的一次军事行踪，与《三国演义》的文学描写没有雷同之处，却与历史上关羽的足迹相吻合，它可能源自代代相承的民间历史记忆，至少早于元明时代。

马槽驿

马槽驿，古驿站名，亦村落名，现称"清江坪"，在今夷陵区雾渡河镇境内，位于雾渡河镇政府所在地北偏东约 2 公里处。

《湖北省宜昌县地名志》云："马槽驿：传说关羽率兵作战时，其传递文书的士卒曾在此暂住喂马，故名马槽驿。"①

按：马槽驿村因古驿站得名。马槽驿当为一处临时小驿站，主要为战马提供食草和休息的地方，它确有可能是关羽在军事行动中临时建造的小驿站，负责传递消息和输送战马。只是因为年代久远间传说出现讹误，应是关羽军队传递军令的文书们骑着快马至驿站又即刻换马离去，来来去

---

① 宜昌县地名领导小组编：《湖北省宜昌县地名志》（内部资料），1982 年，第597 页。

去十分频繁，故称之为马槽驿，是一处具有一定历史可信度的三国地名。

交战垭、黄旗垭、拥马岗

交战垭，山垭名，亦村落名，在今夷陵区雾渡河镇境内，位于雾渡河镇政府所在地东北约 6 公里处，与远安县交界。《湖北省宜昌县地名志》云："交战垭位于宜昌县北部、雾渡河公社交战垭大队境内……相传三国时代，关云长曾领兵在此垭与曹兵交战，故名交战垭。此外，附近的拥马岗、黄旗垭、马卧泥等地名，均和交战垭同出于一个时期。据史书记载，魏、蜀、吴三国鼎立时期，俗称'百年戎马三分国'。在此期间，刘备派关云长带兵镇守荆州、夷陵一线，时间比较长，几乎全部是在战争中度过的，直至他麦城丧命。"①

黄旗垭，山垭名，亦村落名，在今宜昌市夷陵区雾渡河镇境内，位于雾渡河镇政府所在地东北约 5 公里处，与交战垭相邻。《湖北省宜昌县地名志》云："黄旗垭：140 人。相传三国时期关羽率兵在此山垭作战时，插过一面黄色的旗子，故名黄旗垭。"②

拥马岗，山岗名，亦村落名，在今宜昌市夷陵区雾渡河镇境内，位于雾渡河镇政府所在地东北约 5.5 公里处，紧邻交战垭、黄旗垭等地。《湖北省宜昌县地名志》载曰："拥马岗：110 人。相传关羽的战马曾聚集于此岗，故名拥马岗。"③

按：交战垭、黄旗垭、拥马岗一带是丘陵至高山的过渡地带，有丘陵交错形成的山垭，也有溪流交汇形成的山谷平地，是冷兵器时代作战的适宜场所。民间传说交战垭、黄旗垭得名于关羽曾领兵在此山垭与曹兵交战，可能源于代代相传的历史记忆，与《三国志》等史籍记录关羽与乐进

---

① 宜昌县地名领导小组编：《湖北省宜昌县地名志》（内部资料），1982 年，第 529 页。

② 宜昌县地名领导小组编：《湖北省宜昌县地名志》（内部资料），1982 年，第 71 页。

③ 宜昌县地名领导小组编：《湖北省宜昌县地名志》（内部资料），1982 年，第 68 页。

长期交锋的区域相吻合。而民间传说拥马岗因关羽的战马聚集此岗而得名，显然是指关羽所率骑兵，关羽骑兵聚集此山岗大概出于集中作战、突击敌营的意图。从史籍记述看，关羽在镇守荆州期间常常向北部曹魏集团发起进攻战，他与乐进等名将交战互有胜负，但总体情况是关羽基本处于进攻态势而乐进则处于防守态势。尽管民间传说语焉不详，但交战垭、黄旗垭、拥马岗等地名故事较为客观地反映了三国时期关羽的军事行踪，具有一定的历史可信度，只是无法找到早期历史文献依据。

马卧泥、马卧泥冲

马卧泥，泥坑名，亦村落名；马卧泥冲，山冲名，亦村落名。均在今夷陵区雾渡河镇境内，位于雾渡河镇政府所在地北偏东约 10 公里处，北与樟村坪镇相连，东与远安县嫘祖镇交界。

《湖北省宜昌县地名志》云："相传三国时，关云长的兵马路过此地，一马陷入了泥坑，故名马卧泥。"① 又云："相传关云长的战马在此冲卧泥，故名马卧泥冲。"②

按：民间传说马卧泥村、马卧泥冲皆因关羽马匹陷入泥坑而得名，所不同的是前者指明陷入泥坑的是关羽兵马中的一匹马，后者指明是关羽的坐骑陷入泥坑。因马陷泥坑而得名马卧泥，其理可以成立，但是否因三国时期关羽行军军马陷入泥坑而得名，则难以考证，不能排除民间附会的成分。

小关冲、大关冲

小关冲，大关冲，皆山冲名，亦村落名，在今夷陵区雾渡河镇境内，位于雾渡河镇政府所在地东北约 11 公里处。

---

① 宜昌县地名领导小组编：《湖北省宜昌县地名志》（内部资料），1982 年，第 62 页。

② 宜昌县地名领导小组编：《湖北省宜昌县地名志》（内部资料），1982 年，第 66 页。

《湖北省宜昌县地名志》云："相传三国时关羽从此冲走过。此冲较小，故名小关冲。"① 又云："相传三国时关羽从此冲走过，因比小关冲大，故名大关冲。"②

按：大小关冲村皆以山冲得名。关羽在荆州征战了近二十年，独立镇守荆州八年，南郡、宜都郡、武陵郡、长沙郡等地是其主要活动区域，如前所述，宜昌夷陵区是关羽足迹所到之地，但关羽是否真的到过大关冲、小关冲？两处小地名是否因关羽足迹所至而得名？均难以确信。关羽平生走过的地方很多，因其经过而得名的可能性很小。从字面上看，大关冲、小关冲等地名最初既有可能因附近设有关卡而得名，也有可能与关姓村民居住此地相关联，至明清时期关公信仰盛行，民间百姓随意将这类村名附会到了关羽身上。

晒甲冲

晒甲冲，山冲名，亦村落名，在今夷陵区雾渡河镇境内，位于雾渡河镇政府所在地西北约 8.5 里处。

《湖北省宜昌县地名志》云："晒甲冲：传说三国时期，关云长率兵出征，路经此地，在此晒过盔甲，故名晒甲冲。"③

按：晒甲冲村以山冲得名。从地理方位上看，晒甲冲处于古代夷陵县通往秭归县的江北山道附近，关羽确有可能到过这一带，故而民间传说此山冲因关羽晒过盔甲而得名是有一定历史基础的。但荆楚各地民间传说中多有晒甲冲、晒甲山、松甲山、卸甲坪、掷甲山之类的关公地名，难以辨别其历史真实性，它们产生于明清时期关公崇拜兴盛之后的可能性更大。

---

① 宜昌县地名领导小组编：《湖北省宜昌县地名志》（内部资料），1982 年，第 68 页。

② 宜昌县地名领导小组编：《湖北省宜昌县地名志》（内部资料），1982 年，第 69 页。

③ 宜昌县地名领导小组编：《湖北省宜昌县地名志》（内部资料），1982 年，第 596 页。

（三）夷陵区下堡坪乡关公地名

下堡坪乡位于宜昌市夷陵区的中西部，北与雾渡河镇紧邻，东与黄花镇交界，南与乐天溪镇毗邻，西与邓村乡接壤，境内多山岗谷地。

关庙河

关庙河，河名，亦村落名，在今夷陵区下堡坪乡境内，位于下堡坪乡政府所在地东南约4公里处。

《湖北省宜昌县地名志》云：“关庙河：……相传三国时代，蜀汉名将关羽于麦城丧命后，人们为怀念他，曾在河旁修建关庙一座，村因此得名。”①

按：关羽兵败麦城发生在建安二十四年（219）。《三国志·潘璋传》载：“权征羽，璋与朱然断羽走道，到临沮，住夹石。璋部下司马马忠擒羽并羽子平、都督赵累等。”② 关羽撤退路线是自麦城（今当阳两河镇驻地）向西北走临沮县（今远安县等地），并未经过夷陵区下堡坪乡，史籍也未记录关羽与下堡坪有何特殊关联，故而关羽死后当地人民修建庙宇以纪念关羽的可能性不大，当属明清时期关公信仰兴盛之后的产物。

马鬃岭

马鬃岭，山岭名，亦村落名，在今夷陵区下堡坪乡境内，位于下堡坪乡政府所在地东南约2公里处。

《湖北省宜昌县地名志》云：“马鬃岭：……相传三国时期，关羽领兵作战，曾在此岭修剪过马鬃。”③

---

① 宜昌县地名领导小组编：《湖北省宜昌县地名志》（内部资料），1982年，第100页。
② 陈寿：《三国志》卷五十五，裴松之注本，中华书局2000年版，第960页。
③ 宜昌县地名领导小组编：《湖北省宜昌县地名志》（内部资料），1982年，第95页。

按：马鬃岭村以山岭得名。民间传说马鬃岭得名于关羽修剪马鬃，实不足为信。夷陵区多丘陵、高山，许多山岭长而窄，形似马的背脊，其上常常灌木丛生，远远望去与马鬃相似，故有多处叫"马鬃岭"的地方。将马鬃岭的得名与关羽联系在一起，显然是关公文化流行之后的产物。

系马桩

系马桩，石柱名，亦村落名，在今夷陵区下堡坪乡境内，位于下堡坪乡政府所在地东南约 6.5 公里处。

《湖北省宜昌县地名志》云："系马桩：90 人。相传三国时代，关羽曾在此村一个高大的石柱上栓过马，故名系马桩。"①

按：系马桩村因石柱而得名。民间传说系马桩得名于关羽系马，亦不足为据。真实的情况应是这里有一块天然石柱，适合过往行人歇息时系马于此，后来便以系马桩来命名附近的居民村，明清时期关公崇拜兴盛之后百姓便附会到关羽身上。

逢子溪

逢子溪，溪名，亦村落名，在今夷陵区下堡坪乡政府所在地附近，东南距夷陵区政府驻地小溪塔镇约 34 公里。

《湖北省宜昌县地名志》云："逢子溪：100 人。相传三国时代，关羽曾在此溪边遇见他的儿子，故名逢子溪。"②

按：民间传说逢子溪得名于关羽在溪边遇见其子，实不足为信。关羽及其长子关平长期患难相处，生死共命，父子感情深厚，《三国演义》将其父子关系描写得十分融洽，民间百姓非常同情关羽、关平同日被杀的不幸命运，因而在许多地名传说中往往将其深厚的父子情融入进去，表现了

---

① 宜昌县地名领导小组编：《湖北省宜昌县地名志》（内部资料），1982 年，第 99~100 页。

② 宜昌县地名领导小组编：《湖北省宜昌县地名志》（内部资料），1982 年，第 83 页。

普通民众对于关公父子的敬爱之情。

（四）夷陵区黄花镇关公地名

黄花镇位于宜昌市夷陵区的中偏东南部，西北与雾渡河镇交界，西与下堡坪乡相邻，南与小溪塔镇紧邻，东南与龙泉镇接壤，东北与分乡镇相连。黄花镇是距离夷陵区政府驻地小溪塔镇最近的乡镇，大约 15 公里路程。

走马岭

走马岭，山岭名，亦村落名，在今夷陵区黄花镇境内，位于黄花镇政府所在地北约 10 公里处。

《湖北省宜昌县地名志》云："传说关羽骑马从此岭经过，故名走马岭。"[1]

按：黄花镇走马岭村因山岭得名。民间传说走马岭因关羽骑马经过而得名，实不足为信。与前述樟村坪镇走马岭、雾渡河镇大小关冲等地名一样，应是明清时期民间百姓崇拜关羽，附会产生的三国地名。

马回坪

马回坪，山坪名，亦村落名，在今夷陵区黄花镇境内，位于黄花镇政府所在地西北约 22 公里处。

《湖北省宜昌县地名志》云："相传三国时，关羽率兵作战，在此坪勒马而回，故名马回坪。"[2]

按：黄花镇马回坪村因山坪得名。说马回坪因关羽在此作战勒马而回得名，亦不足为信。关羽在此处勒马而回，必定是作战遇到重大阻力或挫

---

[1] 宜昌县地名领导小组编：《湖北省宜昌县地名志》（内部资料），1982 年，第 156 页。

[2] 宜昌县地名领导小组编：《湖北省宜昌县地名志》（内部资料），1982 年，第 114 页。

折，否则勒马而回令人难以理解。因此，马回坪传说多半出自民间附会。马回坪的得名可能与此地地形有关，马回坪是一处山间坪地，下临小峰河，河谷深邃，两岸地势较为险峻，骑马走到坪地尽头便无路可走，必须折回另寻路径，故名马回坪。

呼子冲、寻子头

呼子冲，山冲名，亦村落名，在今夷陵区黄花镇境内，位于黄花镇政府所在地西北约 16 公里处。《湖北省宜昌县地名志》云："相传关羽在此冲下棋，因棋子失落，连呼三声，故名呼子冲。"①

寻子头，山头名，亦村名，在今夷陵区黄花镇境内，位于黄花镇政府所在地西北约 13 公里处，距离呼子冲不远。《湖北省宜昌县地名志》云："传说关羽在此山下棋，因棋子丢失，寻找过棋子，故名寻子头。"②

按：民间传说呼子冲得名于关羽下棋失落棋子而连呼三声，失落一枚棋子为何要莫名其妙地大呼三声？这实在不合情理，当是民间以讹传讹的附会之说。更大的可能是呼子冲得名于某位母亲或父亲在此山冲寻呼失落的儿子，古代夷陵地区林木茂密，常有虎豹豺狼出没，独自行走的老人孩子既容易迷路走失，也容易遇上虎豹豺狼被叼走，呼子冲当与寻呼走失的年幼儿子有关。后来关公崇拜兴盛于世，民间便将呼子冲故事附会到关羽身上，因时代久远而以讹传讹说成关羽下棋失落棋子。

寻子头传说与呼子冲故事一样不合情理，一来关羽在此山头下棋，一枚棋子丢失于地很容易找回；二来关羽下的应是围棋，围棋棋子很多，丢失一枚棋子无须大动干戈去寻找。故而寻子头得名的情况当与呼子冲类似，与村民寻找走失的儿了相关，将其附会到关羽身上显然是明清时代的产物。

---

① 宜昌县地名领导小组编：《湖北省宜昌县地名志》（内部资料），1982 年，第156 页。

② 宜昌县地名领导小组编：《湖北省宜昌县地名志》（内部资料），1982 年，第168 页。

（五）夷陵区分乡镇关公地名

分乡镇位于宜昌市夷陵区东部，东北与远安县花林寺镇交界，西北与雾渡河镇相连，西南与黄花镇接壤，东南与龙泉镇相邻。

歇马石

歇马石，岩石名，在今夷陵区分乡镇境内，位于分乡镇政府所在地东北约 15 公里处。

乾隆版《东湖县志》卷六曰："歇马石，在大王铺，傍大王岩左，书字于岩上，相传汉寿亭侯歇马处。"① 同治版《宜昌府志》卷二《山川》在"歇马石"下仅仅抄录了《东湖县志》中"相传汉寿亭侯歇马处"② 一句，别无余字。

按：所谓"傍大王岩左"，指歇马石在大王岩的东侧。乾隆版《东湖县志》卷四《疆域志》曰："大王铺：去城东北一百二十里，东北接远安界。"③ 可见歇马石当在今分乡镇东北部，距离远安县地界不远。民间传说歇马石乃是刘备当年入川时歇马的地方，此处又说歇马石因关羽歇马而得名，显然是将不同时期的人与事混淆到一起了，最大的可能性是关羽崇拜兴盛后民间百姓将刘备的传说故事又转换到关羽身上。

加马槽

加马槽，沟槽名，亦村落名，在今夷陵区分乡镇境内，位于分乡镇政府所在地北约 15 公里处。

《湖北省宜昌县地名志》云："加马槽：130 人。因此处有一条狭长的

---

① 宜昌市地方志编纂委员会校注：《东湖县志》，方志出版社 2017 年版，第 83 页。

② 《中国地方志集成·湖北府县志辑》影印本第 49 册，江苏古籍出版社 2001 年版，第 53 页。

③ 宜昌市地方志编纂委员会校注：《东湖县志》，方志出版社 2017 年版，第 46 页。

沟槽，传说三国时代关羽领兵过此，给马加过草料，故名加马槽。"①

按：加马槽村以沟槽得名。民间传说加马槽因关羽路过此沟并给马加过草料而得名，实不可确信。加马槽位于古代夷陵县通往临沮县的一条山道（今 223 省道）附近，确有可能是关羽当年行军作战足迹所到之地，但说加马槽得名于关羽给马加草料则显得牵强附会，它应是明清时期产生的三国地名。加马槽一带是古代一处花草丰美、草料丰富的天然牧马场，人们行至此处习惯下马休息以歇马牧马，加马槽当得名于此。

对马山

对马山，又名背马山，山名，亦村落名，在今宜昌市夷陵区分乡镇境内，位于夷陵区政府驻地小溪塔镇东北约 36 公里处，与夷陵区黄花镇邻近。

乾隆版《东湖县志》卷六载："对马山：在普溪铺，县东北九十里。……相传汉寿亭侯与吴吕蒙对马于此，因名。"② 同治版《宜昌府志》卷二有类似记载。

按：《东湖县志》说关羽与吕蒙对马于此，难明其意。关羽独立镇守荆州期间，亦是吕蒙升任东吴都督之时，吕蒙与关羽之间既有合作之举，也有相互对抗和彼此防范的行动。关、吕在对马山对马，是乘马交谈还是乘马对峙呢？根据民间传说，对马山又称"背马山"，乃关羽在此备马而得名，说明关羽曾在此山一带养马备战，那么，"对马山"的意思当是关羽备马以防范吕蒙的进攻，应作"备马山"，作"背马山"，当是民间笔误。对马山林深草茂，距离夷陵道不远，交通相对便利，乃养马蓄马、操练骑射的理想之地，它的确有可能是关羽镇守荆州时期的养马场和训马场。

---

① 宜昌县地名领导小组编：《湖北省宜昌县地名志》（内部资料），1982 年，第 185 页。

② 宜昌市地方志编纂委员会校注：《东湖县志》，方志出版社 2017 年版，第 80 页。

（六）夷陵区龙泉镇关公地名

龙泉镇位于宜昌市夷陵区东南部，西北与夷陵区驻地小溪塔镇相邻，北与分乡镇交界，东与当阳市王店镇接壤，东南与鸦鹊岭镇相连，西南与西陵区窑湾乡毗邻。

汉马岗

汉马岗，山岗名，亦村名，在今夷陵区龙泉镇境内，位于龙泉镇政府所在地北约 18 公里处。

《湖北省宜昌县地名志》云："汉马岗：130 人，系大队驻地。相传三国时，关云长率兵作战，路经此地山岗，战马在堰塘喝水被陷，故名陷马岗。长期以来，书写为汉马岗。现沿用此名。"①

按：民间传说关羽战马曾陷入山地堰塘，故有陷马岗之名。荆楚方言中陷入的"陷"字读音读作"hàn"，故讹写成"汉马岗"在情理之中。但陷马岗是否得名于关羽战马陷入泥塘，则无法证实，多半也是明清时期附会的产物。

跑马岗

跑马岗，山岗名，亦村落名，在今夷陵区龙泉镇境内，位于龙泉镇政府所在地北约 13 公里处。

《湖北省宜昌县地名志》云："据传三国时关羽在此山岗骑马奔驰，故名跑马岗。"②

按：跑马岗村因山岗得名。民间传说跑马岗源自关羽骑马奔驰于此山岗，实难令人确信。跑马岗、走马岗这类地名很普遍，仅宜昌市境内

---

① 宜昌县地名领导小组编：《湖北省宜昌县地名志》（内部资料），1982 年，第306 页。

② 宜昌县地名领导小组编：《湖北省宜昌县地名志》（内部资料），1982 年，第309 页。

就有近 10 处，将其与关羽关联起来，实为明清以来关公文化兴盛的产物。

烧饼坡

烧饼坡，山坡名，亦村名，在今夷陵区龙泉镇境内，位于龙泉镇政府所在地北偏东约 34 公里处。

《湖北省宜昌县地名志》云："烧饼坡：130 人，系大队驻地。相传关羽率兵作战，路经此地时，在此烙饼进餐，故名烧饼坡。"①

按：烧饼坡传说不足为信。烧饼源自西域，由西汉班超从西域带入中原，时称"胡饼"，唐代又称为"胡麻饼"，中唐大诗人白居易尚有《寄胡饼与杨万州》一诗云："胡麻饼样学京都，面脆油香新出炉，寄与饥馋杨大使，尝看得似辅兴无。"大约至宋元时期始称"烧饼"。可见，烧饼坡与关羽没有关联，当得名于此地人家做烧饼生意远近闻名而已。关羽军队于此烙饼的故事，实属明清近代以来关公文化盛行的产物。

营盘岗

营盘岗，山岗名，亦村落名，在今夷陵区龙泉镇境内，位于龙泉镇政府所在地西北约 11 公里处。

《湖北省宜昌县地名志》云："营盘岗：……海拔 700 米。据传三国时代关羽领兵作战，曾在此山扎过营，故名营盘岗。"②

按：营盘岗村以山岗得名。营盘岗一带处在两汉三国时期夷陵道附近，关羽到过此处的可能性较大，但营盘岗、营盘山、营盘岭、营盘冲等类似地名十分普遍，应是古代军队屯驻留下的痕迹，很难证明此处"营盘岗"即是关羽当年扎营地，多半是民间附会之词。

---

① 宜昌县地名领导小组编：《湖北省宜昌县地名志》（内部资料），1982 年，第 304~305 页。

② 宜昌县地名领导小组编：《湖北省宜昌县地名志》（内部资料），1982 年，第 554 页。

（七）夷陵区鸦鹊岭镇关公地名

鸦鹊岭镇位于今宜昌市夷陵区东南部，北与龙泉镇相邻，东北与当阳市王店镇交界，东南与枝江市安福寺镇交界，西南与猇亭区接壤，西部与伍家岗区相连。

下马溪

下马溪，溪名，亦村落名，在夷陵区鸦鹊岭镇境内，位于鸦鹊岭镇政府所在地西偏南约 10 公里处，临近猇亭区地界。

《湖北省宜昌县地名志》云："下马溪：380 人。相传三国时代，关云长路过此溪，曾下马涉水，故名下马溪。"①

按：民间传说言下马溪之名源自关羽下马涉水，实不足为信。与跑马岗、走马岭等地名一样，应是明清近代以来关公信仰盛行的产物。

海营店、海营冲

海营店，店铺名，亦村名，在夷陵区鸦鹊岭镇境内，位于鸦鹊岭镇政府所在地北偏西约 10 公里处。《湖北省宜昌县地名志》云："海营店：170人，系大队驻地。相传三国时代，关羽率领大军作战，曾在此扎营，并设有店铺，故名海营店。"②

海营冲，山冲名，亦村名，在夷陵区鸦鹊岭镇境内，位于鸦鹊岭镇政府所在地西北约 8 公里处，与海营店紧邻。《湖北省宜昌县地名志》云："海营冲：210 人，系大队驻地。相传三国时代，关羽曾率领大军作战在此冲扎过营，故名海营冲。"③

---

① 宜昌县地名领导小组编：《湖北省宜昌县地名志》（内部资料），1982 年，第 424 页。

② 宜昌县地名领导小组编：《湖北省宜昌县地名志》（内部资料），1982 年，第 410 页。

③ 宜昌县地名领导小组编：《湖北省宜昌县地名志》（内部资料），1982 年，第 410 页。

按：民间传说关羽扎营并开设店铺，故有"海营店""海营冲"之名，实不足为据。地名为何称作"海营"这样一个奇怪的名称？民间传说并未加以解释。海营店、海营冲远离海滨，亦非江滨，周边也没有大湖泊，以"海"字来命名必有缘故。清顺治三年（1646），漳州府平和县（今福建漳州市平和县）人黄梧投郑成功举起反清复明的大旗，因其智勇双全很快受到重用，为郑成功镇守海澄县（范围涵盖今福建厦门市海沧区、漳州市龙海县等地），成为手握重兵的义军骁将。顺治十三年（1656），黄梧等义军将领深感反清复明无望，便率众降清，清政府封黄梧为海澄公。但清政府担忧汉人投诚军队存在再举义旗的危险，便对投诚的明朝军队和反清义军，往往采取改兵归农的政策，将他们分散到指定的州县去垦荒耕种，安家为业。海澄公黄梧所部投降后被分散到河南、湖北等内地州县垦荒为农，当地居民渐渐熟悉了他们的来历，便将他们垦荒耕种和生活的地方称作"海营"。鸦鹊岭的海营店、海营冲等地名最有可能与海澄公部分兵士被遣散至夷陵县垦荒耕种相关联，实非关乎三国人物关羽。由此可见，海营店、海营冲等地名应是清代以来附会的三国地名。

（八）宜昌其他区镇关公地名

宜昌市直辖区内民间传说的关公地名主要集中于夷陵区，其他乡镇较为稀少，唯点军区和西陵区有少量关公地名和关公文化遗迹。

点军、点军坡碑刻

点军，土坡名，今为宜昌点军区区名，位于宜昌市长江南岸，南偏东距今点军区政府所在地约 1 公里。

点军坡碑刻，原为宜昌市一处三国文化古迹，在点军区境内，东距长江之滨约 700 米，现因扩建道路而拆迁。

《湖北省宜昌市地名志》云："点军坡：位于大江右岸城墙岭南端……相传三国时，蜀汉大将关羽曾在坡上点军，点军坡由此得名。据现存清光绪乙酉年（西元 1885 年）罗缙坤碑记所载：'汉寿亭侯点兵处，乾隆丙寅岁（1746）陈镇军纶所镌字也。其地上控巴夔，下制荆襄，为侯平生据险扼要立功之所……'"① 同书又载："城墙岭：位于点军公社穆家大队姚家湾东侧，西南距公社驻地约 750 米。据传岭上曾筑过城墙，还有人发现过古砖，故得此名。"②

按：所言"点军公社"，即今点军区；"穆家大队"，今属点军街道办辖区。从现存碑记看，点军坡碑刻立于清乾隆时期，是一处纪念关羽功勋的三国文化遗迹。建安十八年（213），刘备调诸葛亮、张飞、赵云等入川，令关羽镇守荆州，建安二十四年（219）年底至建安二十五年（220）年初，关羽兵败被杀，足见关羽独自镇守荆州近八年之久。关羽镇守荆州的八年中，来宜昌长江两岸察看地形、点兵布防的可能性很大，因为两汉三国时期，今宜昌点军区有一条自夷陵县长江南岸通往佷山县（今长阳县都镇湾镇）的驿道，大体线路是从今点军区江滨向西南经桥边镇，再经土城乡进入长阳县高家堰镇而至长阳县都镇湾。关羽在驿道要害处设置瞭望台并点兵点将驻守，无疑是出于军事上的需要。城墙岭上的城墙是否为关羽所建，不得而知。

今宜昌民间传闻点军坡的来历：刘备入川，留下关羽镇守荆襄，张飞作为后盾驻守夷陵。当时东吴、曹魏都觊觎荆襄，关羽为解决后顾之忧，特来夷陵巡防。他问宜都太守张飞："驻扎夷陵的兵马有多少？"张飞为了不让关羽担心，故意将四千人马说成两万。关羽不信，要亲自点检兵马人数。第二天，张飞在江南岸选择了一块坡地，请关羽点军核实。张飞让手下四千人马围绕此坡地转了五圈，于是足足出现了两万人，关羽便放心而去。

这个地名故事的真实性不大，因为在张飞担任宜都太守期间，关羽出

---

① 湖北省宜昌市地名委员会编：《湖北省宜昌市地名志》（内部资料），1982 年，第 266~267 页。

② 湖北省宜昌市地名委员会编：《湖北省宜昌市地名志》（内部资料），1982 年，第 197 页。

任襄阳太守，主要负责向北发展，与曹魏大将曹仁等争夺南郡北部地界，一来他没有精力来夷陵县长江南岸察看地形，二来那时他与张飞职位相当，并非张飞之上级，他无权过问张飞在夷陵的军事防务。故而，点军坡因关羽点军设防而得名应是关羽独立镇守荆州以后的事，具有较高的历史可信度，说点军坡得名于张飞请关羽点检兵马，不过是后世民间虚构的故事。

关庙垴

关庙垴，村落名，在今点军区境内，隶属点军街道办牛扎坪村，南距点军区政府所在地约 6 公里。

《湖北省宜昌市地名志》云：关庙垴，位于牛扎坪大队部西北约 700 米处。"据传，因这里曾建有关帝庙，故名。"①

按："垴"，方言，指山间平地，与"坪"意相近，而范围比坪小。宜昌丘陵地区有不少以"垴"命名的地名，如杨家垴、毛湖垴、顾家垴等。关庙垴因建有关帝庙而得名，说明此地名产生于关公崇拜之后，属于明清近代以来民间三国文化衍生的三国地名。

关公岭

关公岭，山岭名，亦村落名，在今点军区桥边镇境内，位于桥边镇政府所在地北约 3.5 公里处。

《湖北省宜昌县地名志》云："关公岭：140 人。相传三国时期，关羽从此岭走过，得名关公岭。"②

按：关公岭村以山岭得名。"公"，是古代对于有地位、有影响者的尊

---

① 湖北省宜昌市地名委员会编：《湖北省宜昌市地名志》（内部资料），1982 年，第 120 页。

② 宜昌县地名领导小组编：《湖北省宜昌县地名志》（内部资料），1982 年，第 345 页。

称，曹操在世时人多尊称为"曹公"，关羽被尊称为"关公"，是宋元以后尤其是明清时期的现象。关公岭既以"关公"命名，多半是明清时期民间关公信仰盛行之后产生的关公地名。

拖刀岭

拖刀岭，山岭名，在今宜昌西陵区窑湾乡境内，位于西陵区东北部三峡大坝专线高速公路附近，南距窑湾乡政府所在地约2公里。

《湖北省宜昌市地名志》云："拖刀岭：位于窑湾公社周家冲大队藤家湾北侧……相传，因蜀将关云长兵败后，曾拖刀由此而过，故名。"①

按：自赤壁之战后，关羽镇守荆州十余年，主要作战区域在南郡北部，即夷陵、临沮、当阳、编县、宜城、都国等县界（主要涵盖今宜昌市夷陵区、远安县、当阳市、襄阳市宜城县、荆门市钟祥县等地），宜昌西陵区并非关羽与乐进交战之地，其"兵败"也不会败在拖刀岭这个位置，因为如果乐进军队在这里打败关羽，则夷陵县、当阳县等南郡腹地不保，而史籍并无相关记载。建安二十四年（219）秋冬，关羽因吴人偷袭荆州而兵败于樊城，退回麦城（今当阳境内）据守，不久便遭吴军围困，突围后向西北撤退，在夹石（今远安县境内）被俘，被杀害于章乡（今远安县东南部和当阳市西北部）。这次关羽兵败亦未经过拖刀岭一带。可见，拖刀岭实为后世附会的三国地名。

本章考述的宜昌直辖区内民间传说三国地名和三国文化遗迹共计68处，其中，关公地名和遗迹计有37处，诸葛亮、刘备地名和遗迹各7处，其余三国英雄地名和遗迹共计18处，曹魏人物仅附带提及曹操，充分表现了"拥刘反曹贬吴"的基本倾向。在近70处民间传说三国地名和三国遗迹中，大约有三分之一具有较高的历史可信度，三分之二应出自附会，产

---

① 湖北省宜昌市地名委员会编：《湖北省宜昌市地名志》（内部资料），1982年，第197页。

生的时代大多不会早于明清，甚至可能产生于近现代人的文学虚构。但如前所述，这种文学虚构和附会现象亦真实地反映了民间百姓对于蜀汉英雄的崇拜之情，也反映了三国文化尤其是蜀汉文化对于中国民众的巨大影响力。

第四章　枝江市三国地名

枝江市位于宜昌市东南部，地处江汉平原西缘、荆山山脉南麓，东隔沮漳河与荆州市相望，南隔松滋河（又称南河，乃长江分流河道）与隶属荆州的松滋市毗邻，西南以长江为界与宜都市相连，西北与宜昌猇亭区、夷陵区鸦鹊岭镇交界，北与当阳市接壤。1996年升为县级市，马家店镇为今市政府驻地。

清同治五年（1866）编纂的《枝江县志》（以下简称同治版《枝江县志》）序言述及"枝江"得名的缘由云："以蜀江至此分为诸洲，至江陵而九十九洲，起自此间，如乔木之有条枚焉，故曰枝江。"① 所谓"条枚"，即枝干的意思；枚，树干。可见，枝江得名于长江流经此地而支流交错、洲渚遍布。春秋时期，枝江为罗国地，楚称丹阳。秦朝置南郡，枝江隶属南郡地。西汉初年置枝江县，县治沮中（即季家湖古城遗址，今属当阳市草埠湖镇），隶属南郡。东汉、三国时期均属南郡，刘备曾将枝江分为枝江、旌阳二县（一说孙权析枝江为二县）。东晋时期，荆州刺史桓冲渡江南，将荆州州治、枝江县治均移至江南百里洲上明城（今枝江百里洲镇）。南朝刘宋时省旌阳县入枝江县，齐、梁、陈、隋时隶属江陵总管府。唐肃宗时省枝江县入长宁县，唐代宗时废长宁县立枝江县于旧地，隶属江陵府。北宋神宗时省枝江县入松滋县，宋哲宗时复置枝江县；南宋高

---

① 枝江市档案局、枝江市史志办整理：同治版《枝江县志》，湖北人民出版社2017年版，第14页。

宗时改江陵府为荆南府，孝宗时复为江陵府，枝江县属江陵府；宋理宗时，枝江县治迁至斯洋洲（今松滋市老城镇）；宋度宗时，县治迁至江南下沱之白水镇（今宜都市枝城镇）。元代枝江县隶属河南江北行省中兴路。明代枝江县隶属荆州府，洪武年间曾短暂省枝江县入松滋县，不久复置枝江县。清代枝江县隶属荆州府，清末废府改道，枝江县先后隶属荆南道和荆宜道。民国时期实行省县两级制，枝江隶属湖北省。中华人民共和国成立后，枝江县隶属宜昌行政公署。1955 年至 1962 年，枝江县并入宜都县。1962 年恢复枝江县，县治马家店镇，枝城镇等地划归宜都县，原属宜都县的白洋镇、安福寺镇等地划归枝江县。1996 年 7 月，撤枝江县设立枝江市，隶属宜昌市。

从西汉初年设置枝江县以来，枝江县已有 2200 多年的建县史，乃宜昌境内历史悠久的千年古县之一。三国时期，隶属荆州南郡。

一、枝江市区三国地名

枝江市现下辖八镇一街道，即董市镇、顾家店镇、白洋镇、安福寺镇、仙女镇、问安镇、七星台镇、百里洲镇及马家店街道，市政府驻马家店街道。马家店街道位于枝江市中偏南部，地处长江北岸滨江处，西与董市镇紧邻，南与百里洲镇隔江相望，东与七星台镇相接，东北与问安镇毗邻，西北与仙女镇接壤。如图 4-1 所示。

拽车庙、张头岭

拽车庙，庙名，亦村落名；张头岭，山岭名。均在今马家店街道境内，位于马家店街道办西北约 3.5 公里处。

今编《湖北省枝江县地名志》云："这里原有一庙，名拽车庙，1866年《枝江县志》载：'昭烈入蜀，张桓侯为其拽车于此。'拽车庙，南临平畈，北依小山。"①

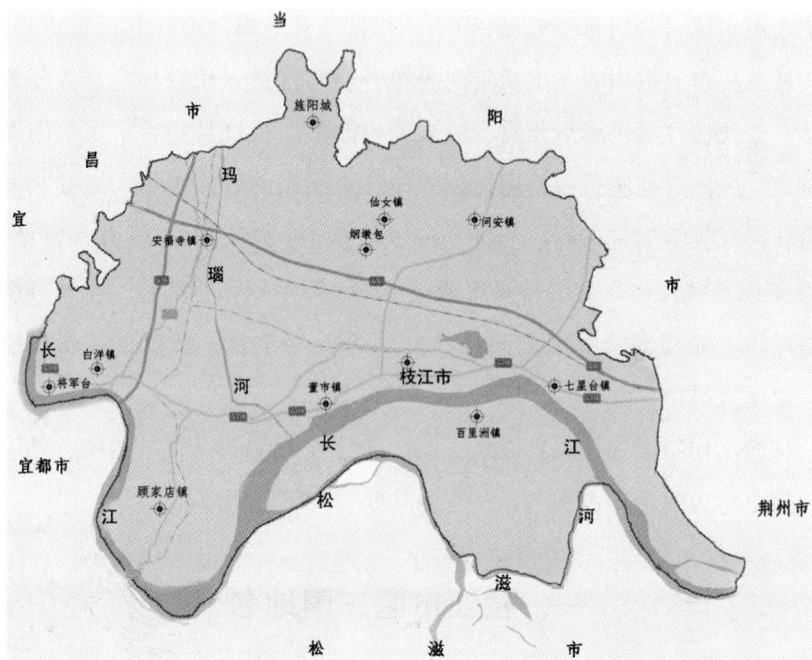

图4-1　枝江市乡镇及部分三国地名方位示意图

按：拽车庙村以庙得名，拽，古读音曳（yè），拉扯的意思。拽车庙依靠的"小山"，即张头岭。同治版《枝江县志》卷二曰："拽车庙：在董市东北八里，地名张头岭。相传昭烈入蜀，张桓侯为帝拽车于此。"② 今人黄道华在《九十九洲》中做了进一步解释："相传刘备与夫人乘车入川，行至一高坡，人困马乏，车轮下陷。危急之中，张飞滚鞍下马，抓住车辕大吼一声，将车拽上坡来。坡便成了三国传说胜地，坡上有了'拽车庙'，

---

① 枝江县地名领导小组编：《湖北省枝江县地名志》（内部资料），1982年，第234页。

② 枝江市档案局、枝江市史志办整理：同治版《枝江县志》，湖北人民出版社2017年版，第111页。

供张三爷的塑像。后面的无名山丘也叫'张头岭'。"① 刘备第一次入蜀应出发于公安、江陵，经枝江县入夷陵县，由夷陵县山道进入秭归县中北部（今兴山县南部），再沿香溪河岸至秭归县城（今秭归县归州镇），然后走江北上夔道至鱼复县（今重庆奉节县）进入巴蜀之地。刘备率部远征巴蜀，张飞身为宜都太守，为刘备送行一程，顺便巡察宜都郡辖区内的关隘要塞，这存在较大的可能性与合理性，故而拽车庙的故事虽然源自民间，但具有一定的历史可信度。

呼风庙

呼风庙，庙名，在今马家店街道境内，位于马家店街道办东北约6公里处的东湖西北岸，今不存遗迹。

《湖北省枝江县地名志》云："东湖西北岸有'呼风庙'，耸立于独立的龟形小包上，地势雄伟，每到夏天，南风吹拂，碧波荡漾，闲坐庙前，凉意爽人。相传三国时期关羽曾在此乘凉呼风，也是周仓为关羽牧马的驻处，后人立'呼风庙'以祀。"②

按：此是一处关公地名。同治版《枝江县志》卷五载曰："呼风庙：在江口西湖。周将军为汉寿亭侯牧马处。"③ 江口，即江口古镇，现并入马家店街道。西湖，今称东湖。周将军即周仓，汉寿亭侯即关羽。同治版《枝江县志》并未说明为何称为"呼风庙"，民间传说则言呼风庙源于南风吹佛而关羽"乘凉呼风"，后人便建造了呼风庙。黄道华《九十九洲》解释呼风庙来历更为清楚："（关羽）与周仓牧马，时值盛夏，暑热难当。二人扬鞭策马奔至东湖边，只见湖波浩淼，不觉长啸一声，顿时清风徐来，暑气荡尽。后人修了'呼风禅林'。据说每年盛夏，湖岸台地上的'呼风

---

① 黄道华：《九十九洲》，中国三峡出版社1996年版，第15页。

② 枝江县地名领导小组编：《湖北省枝江县地名志》（内部资料），1982年，第387页。

③ 枝江市档案局、枝江市史志办整理：同治版《枝江县志》，湖北人民出版社2017年版，第182页。

庙'，没有断过清风。"① 由此可见，呼风庙传说实为后世附会的三国地名
故事。一来周仓乃小说《三国演义》描写的著名人物，历史上是否存在周
仓其人虽然存在争议，但周仓不见载于《三国志》等早期史籍则是客观事
实，所以传闻周仓的相关故事基本不会早于宋元明清时期。二来呼风庙之
名明显源自自然现象，湖滨之地多水多风多树，盛夏之际，刮起南风来
"呼呼"有声，既清凉爽快，又令人兴奋欲迎风长啸，故人们在此修建了
呼风禅林，即呼风庙，至明清关公崇拜昌盛之年，民间百姓便将呼风庙附
会到关羽身上。

云盘湖

云盘湖，湖名，亦村落名，在今枝江城区长江北岸，位于马家店街道
办西约6公里处，南临董市镇，北至凤凰山。

《湖北省枝江县地名志》云："云盘湖系营盘湖的演化。营盘二字，据
说来自三国时代。相传曾在今日营盘湖大队西北田野，扎过中军帐，该地
有一遗址，圆形，高0.5米，直径10米，后人称此地为'营盘湖'。"②

按：云盘湖村名以湖而名。民间传说云盘湖之名来自三国时代驻扎军
营于此，但究竟是曹操军营？还是刘备军营抑或孙权军营？传说故事并无
明确指向。驻扎军营于某地，每个时代都有可能出现，故而"云盘湖"多
半是后世附会的三国地名。当然，不排除三国历史上此地的确驻扎过兵
马，只是民间已经失去了具体明晰的记忆而已。

二、问安镇三国地名

问安镇位于枝江市东北部，西与仙女镇毗邻，西南与市区马家店街道
相接，东南与七星台镇交界，东与荆州市马山镇接壤，东北与当阳市草埠

---

① 黄道华：《九十九洲》，中国三峡出版社1996年版，第15页。
② 枝江县地名领导小组编：《湖北省枝江县地名志》（内部资料），1982年，第
399页。

湖镇交界，北与当阳市半月镇紧邻，是枝江市三国地名较为集中的乡镇。

问安

问安，古寺庙名，今为镇名，位于枝江市东北部，处于江汉平原西部边缘，西南距枝江市城区约 23 公里。

《湖北省枝江县地名志》云："问安寺原名万安寺。传说三千年前，一个姓朱的寡妇于此建了一座庙，名'万安寺'。1866 年《枝江县志》载：'在江口后，相传汉昭烈驻营于此，关、张问安。'由此可知问安寺历史悠久。"①

按：同治版《枝江县志》确有刘备驻营万安寺而关羽、张飞问安的记载。然而佛教传入中国并被社会普遍接受则始于东汉，道教亦正式形成于东汉，而中国各地大规模建造宗教寺庙的现象则始于南北朝时期。枝江民间传说万安寺建造于三千多年前的西周时期不知其依据何在（远古中国人建宗祠以祭祀祖先、神灵，与后来佛寺道观有别）。那么，刘备是否曾在万安寺里驻扎过，而关羽、张飞前往问安因而得以改名"问安寺"呢？三国时期，南郡枝江县地接江陵、公安等重镇，刘备在南郡住了三四年之久，今枝江问安镇一带紧靠江陵，刘备带兵巡察驻扎于此而关张前往相见问安的可能性较大，但刘备驻营时未必已建有寺庙。真实的情况应是刘备、关羽、张飞三人曾在这一带相聚互问平安，后世普遍崇拜蜀汉英雄，民间便在此立寺祭祀。所以，民间关于问安寺的故事具有一定历史可信度，但问安寺的产生应不会早于六朝隋唐。

新草埠

新草埠，商铺名，亦村落名，在今问安镇境内，位于问安镇政府所在地东北约 8 公里处，与当阳市草埠湖镇交界。

---

① 枝江县地名领导小组编：《湖北省枝江县地名志》（内部资料），1982 年，第91 页。

《湖北省枝江县地名志》载云："当年刘备于新野战败，过江依附刘表，义弟关羽千里走单骑，护送皇嫂路过此处，无处借宿，便令士兵就地割草，生火就食，以草搭棚开铺，在此住宿一夜。后人感于关羽的'忠义'，便在他当年食宿处立庙，取名为草埠。"①

按：此是一处关公地名。中华人民共和国成立之前只有地名"草埠"，位于沮漳河畔，常生水患，水涨时形成大片湖池，水落后则遍地杂草丛生。草埠居民为避水患，便在草埠西边两里处的雷龚山上，开设商铺，亦名草埠，新开草埠人口愈来愈多。1954年，枝江、当阳两县调整边界，将原草埠地划归当阳县，新开草埠地归枝江县，这才有了新、老草埠之别。《湖北省枝江县地名志》认为草埠源于关羽搭棚开铺的说法不足为据。刘备依附刘表的最初几年，主要驻营于新野县（今河南南阳市新野县，紧邻湖北襄阳市）一带，当曹操大军南下荆州时，刘备向南撤退，至当阳长坂遭到大败，接着便率残部从今荆门市沙洋县东北汉津（汉水江滨渡口）渡过汉水去了夏口（今武汉市），这个时期何来关羽护送皇嫂到枝江县与刘备会合？这显然是将《三国演义》中"千里走单骑"的故事与民间传说杂糅在一起的附会之词。不过，关羽镇守荆州之时，确有在草埠一带收割杂草以备军需的可能性。黄道华《九十九洲》云："关羽率军活动在沮漳河一带，安营扎寨割草开铺"②，故有"草埠"之称。但民间传说又说后人在此地立庙以表彰关羽忠义而取名"草埠"，说明"草埠"之名并非产生于三国时代。可见，草埠的得名与三国历史有一定关联，但故事是随意附会的。

跑马堤

跑马堤，土堤名，亦村落名，在今问安镇境内，位于问安镇政府所在地东北约6公里处，北距新草埠约2公里。

---

① 枝江县地名领导小组编：《湖北省枝江县地名志》（内部资料），1982年，第103页。

② 黄道华：《九十九洲》，中国三峡出版社1996年版，第14页。

《湖北省枝江县地名志》云："跑马堤：位于新草埠南 2 公里，205 人。相传三国时关羽在此堤跑过马。"①

按：跑马堤村以土堤得名。这是一处关公地名，关羽走过的地方很多，不可能走一处就会留下一个地名。诸如跑马堤、走马堤、走马岗之类的关公地名比比皆是，后世附会的可能性极大。

驮子堰、垛子堰

驮子堰，堰塘名，亦村落名，垛子堰，驮子堰的别称，在今问安镇境内，位于问安镇政府所在地南偏东约 3 公里处，紧邻关庙山。

《湖北省枝江县地名志》云："驮子堰：位于关庙山东南 0.5 公里，270 人。此村有两口对称的堰塘，相传是三国时，刘、关、张经此下驮留下的痕迹。"②

按：枝江民间又称驮子堰为垛子堰。黄道华《九十九洲》云："刘关张兄弟三人张弓习射，隔堰塘放射垛的地方，叫做'垛子堰'。"③ 驮，音堕（duò），牲口驮的货物。垛子，墙上向外或向上突出的部分，如门垛子、城垛子等。驮子堰和垛子堰，写法不一，意义不同，说明民间传说随意性很强，当然不排除流传过程出现以讹传讹的现象。刘、关、张卸货物居然造成了两个堰塘，实不足为信据。比较而言，黄道华《九十九洲》收集的民间传说合乎情理。此地名故事无论合理与否，其后世民间附会的可能性很大。

白马垱

白马垱，土堤名，亦村落名，在今问安镇境内，位于问安镇政府所在

---

① 枝江县地名领导小组编：《湖北省枝江县地名志》（内部资料），1982 年，第 104 页。

② 枝江县地名领导小组编：《湖北省枝江县地名志》（内部资料），1982 年，第 112 页。

③ 黄道华：《九十九洲》，中国三峡出版社 1996 年版，第 14 页。

地南约 4 公里处。

《湖北省枝江县地名志》云："白马墙：位于问安寺南 4.5 公里，165 人。相传三国时，刘备骑白马在此墙喝过水。"① 黄道华《九十九洲》说得更为详尽明了："蜗居荆州时，刘备乘坐跳跃檀溪的白色的卢马巡游，到了一处柳暗花明、绿水荷风宜人之地，饮马之处就是'白马墙'。"②

按：白马墙村以堤得名。白马墙一带确实是刘备足迹所到之处，但白马墙是否得名于刘备坐骑的卢，则缺乏文献依据。魏晋史籍并未记载刘备坐骑的卢的颜色，《三国演义》叙述云："此马眼下有泪槽，额边生白点，名为'的卢'，骑则妨主。"这应是民间传刘备骑白马的来源。可见，枝江白马墙故事与小说《三国演义》存在关联，其文学性高于历史性，反映了民间百姓对于仁君刘备的亲敬之情。

关庙山

关庙山，古代文化遗址名，亦村名，在今问安镇境内，位于问安镇政府所在地南偏东约 2.5 公里处。

按：关庙山遗址是湖北省著名的长江中游新石器时代以大溪文化为主的遗址，距今 6000 年至 4000 年，是长江流域同时代文化遗址中面积最大、保存最完好、内涵最丰富、最具代表性的遗址。新中国成立以前，此处乃一片坟地，灌木丛生，其上原建有关公庙，有"龚家关庙"字样，高出四周水田三四米，故名"关庙山"。

枝江民间传说：关庙山一带以出贡米闻名，相传三国时期，刘备、关羽、张飞三兄弟在襄阳一带被曹操打败，关羽、张飞将刘备和甘、麋二夫人救出安置在万安寺避难。关、张在当地关庙山一带采购大米等生活用品供甘、麋二夫人享用。甘、麋二夫人见大米光泽晶亮、芳香扑鼻、柔软可口，连称"好米！好米！"又问道："此米产于何处？"关羽回答："此乃关

---

① 枝江县地名领导小组编：《湖北省枝江县地名志》（内部资料），1982 年，第 117 页。

② 黄道华：《九十九洲》，中国三峡出版社 1996 年版，第 14 页。

庙山前的谷米！这一带土地肥沃，气候适宜，水质甘美，实乃种谷良地！"
于是，甘、糜二夫人安居万安寺，一住便是数月，脸色逐渐变得红晕，精
神焕发。刘备见后喜笑颜开道："如此战乱，夫人何以养得如此娇艳美
丽？"甘、糜夫人齐声回答："有关庙山的米可以养颜，有万安寺的屋可以
安居，岂不美哉！"刘备欣喜若狂，誓言：有朝一日，做了皇帝，一定纳
为朝廷贡米。十年之后，刘备做了蜀国皇帝，果真命宰相诸葛亮在关庙山
一带征集皇粮作为朝廷贡米。

此传说故事实不足为据。一来关庙山因建有关公庙而得名，汉末关羽
镇守荆州时其口中居然说出"关庙山山前的谷米"的话来，岂不荒唐？二
来诸葛亮做蜀汉宰相时，关庙山一带早已隶属于吴国，诸葛亮岂能到吴国
辖区来征集皇粮？足见关庙山故事出自后人的随意附会。关庙山紧邻万安
寺，都与三国人物相关联，出产贡米之说不排除当地百姓为了宣传所长大
米品质优良而有意虚构刘关张故事的可能性。

三、仙女镇三国地名

仙女镇因有仙女庙而得名，位于枝江市北部，东与问安镇相邻，北与
当阳市半月镇交界，西与安福寺镇相接，南与马家店街道毗邻。仙女镇境
内的三国地名以关公地名占比最大。

旌阳

旌阳，县名，刘备新置县，大体涵盖今枝江市西北部、当阳市西南部
及宜昌市夷陵区鸦鹊岭镇东部等地，县治可能设在今仙女镇境内或安福寺
镇境内，因缺乏文献资料其具体位置无法确指。

《宋书·州郡三》曰："旌阳：文帝元嘉十八年省并枝江。二汉无旌
阳，见晋《太康地志》，疑是吴所立。"[1]

---

[1] 沈约：《宋书》卷三十七，中华书局 2000 年版，第 737 页。

按：沈约说旌阳县可能是吴国设立，但刘备置县的可能性更大。《三国志·乐进传》载曰："又讨刘备临沮长杜普、旌阳长梁大，皆大破之。"① 可见，乐进镇守襄阳与关羽在南郡北部激烈交战期间就已经有了一个叫"旌阳"的新县。如前所述，乐进击败刘备临沮县长杜普和旌阳县长梁大的时间在建安十五年至十七年之间（210—212）。建安十四年（209），周瑜率部在南郡江陵一带作战近一年才击败曹魏大将曹仁；建安十五年（210），吴军驻守南郡大约半年后就将江陵、枝江、当阳、夷陵等县借给刘备集团。这个短暂时间里东吴集团新置旌阳县的可能性不大，倒是刘备在建安十五年至十六年（210—211）期间有新置郡县的举措，如将临江郡改为宜都郡、分巫县西北部置北井县等，故而刘备最有可能在这个期间分枝江县北境置旌阳县。

烟墩包

烟墩包，古烽火台名，亦村落名，在今仙女镇境内，位于仙女镇政府所在地南偏西约 4 公里处，横跨汉宜高速公路南北两侧，距离长江不远。

《湖北省枝江县地名志》云："烟墩包：位于仙女庙西偏北 2.1 公里，195 人。相传三国时，关羽曾在此包上吸过烟。"②

按：说烟墩包得名于关羽吸烟，实乃荒唐之词。三国时期何有吸烟之俗？这无疑是现代民间想当然的说法。烟墩包，当是古代百姓对于烽火台的俗称。《三国志》等原始史籍记载关羽从公安县到枝江县沿江岸及附近区域建造了若干烽火台以作报警之用，是一套针对东吴水军从大江水道进攻的防卫体系。黄道华《九十九洲》云："（关羽）驻军传讯的烽火台，老百姓就叫作'烟墩包'。"③《三国志·吕蒙传》记载吕蒙偷袭荆州时首先对关羽的烽火台防护体系采取了智取之策："蒙至寻阳，尽伏精兵舠艫

---

① 陈寿：《三国志》卷十七，裴松之注本，中华书局 2000 年版，第 392 页。

② 枝江县地名领导小组编：《湖北省枝江县地名志》（内部资料），1982 年，第 80 页。

③ 黄道华：《九十九洲》，中国三峡出版社 1996 年版，第 15 页。

中，使白衣摇橹，作商贾人服，昼夜兼行，至羽所置江边屯候，尽收缚之，是故羽不闻知。"① 所说"江边屯候"，就是守卫烽火台的将士。时光过去了一千八百年，今枝江、荆州、公安等地依然留下了许多关羽所建烽火台的痕迹，当地百姓称为"烟墩包"，仙女镇烟墩包应是关羽当年所置众多烽火台残留的军事遗迹之一，具有较高的历史价值。

杨旗瑙、放鹰台

杨旗瑙，一作扬旗垴，山丘名，亦村落名，在今仙女镇境内，位于仙女镇政府所在地西偏北约 3 公里处。《湖北省枝江县地名志》云："杨旗瑙：位于周家庙西南 0.8 公里，145 人。1866 年《枝江县志》载：汉寿亭侯出猎，树旗于此。"②

放鹰台，台名，在今仙女镇境内，位于仙女镇政府所在地南约 1 公里处。黄道华《九十九洲》云："传说关羽在老周场练兵，青狮港有他驾鹰狩猎的'放鹰台'，挥旗号令的'扬旗垴'。"③

按：扬旗垴，同治版《枝江县志》卷二作"扬旗脑"；又云"放鹰台：与扬旗脑毗邻，相传汉寿亭侯出猎放鹰处"④。"扬旗脑""杨旗瑙"当作"扬旗垴"。"脑"，指田地的边角地方，往往处于视野不佳的偏僻处，不适合插旗或扬旗。"瑙"，玛瑙，一种玉石，古人常用来做贵重的装饰品，杨旗瑙，不明何意。"垴"，山岗、丘陵较为平坦的顶部，多用于地名，扬旗垴，即挥旗号令的山岗。古代枝江仙女镇一带多低矮丘陵，林密草深，适合打猎练兵，无疑是关羽当年足迹所到之处，但扬旗垴、扬旗山、放鹰台之类的地名十分普遍，有的出现晚于三国时代，有的出现则早于三国时代，很难确定今仙女镇境内的扬旗垴、放鹰台是否得名于关羽打猎练兵，

① 陈寿：《三国志》卷五十四，裴松之注本，中华书局 2000 年版，第 945 页。

② 枝江县地名领导小组编：《湖北省枝江县地名志》（内部资料），1982 年，第 71~72 页。

③ 黄道华：《九十九洲》，中国三峡出版社 1996 年版，第 15 页。

④ 枝江市档案局、枝江市史志办整理：同治版《枝江县志》，湖北人民出版社 2017 年版，第 110 页。

后世附会到关羽身上的可能性更大。

洗碗池、碗池庙

洗碗池，池塘名；碗池庙，庙名，又称阮家庙、瓦子庙等。均在今仙女镇境内，位于仙女镇政府所在地南约 4.5 公里处，西与烟墩包紧邻，处于汉宜高速公路南侧。

黄道华《九十九洲》云："（关羽）率军操演，见一池清水，便下令埋锅造饭，在池中洗碗，后人便修了碗池庙。这个地名的变迁很有趣。起初叫洗碗池，后叫碗池庙，再叫'阮家庙'，后来竟讹为'瓦庙子'了。"[1]

按：同治版《枝江县志》卷二载曰："洗碗池：在江北龚家湾，离县一百二十里。相传汉寿亭侯军士洗碗处，今有庙。"[2] 清代枝江县县治在江南枝城镇（今宜都市枝城镇），故言"洗碗池在江北龚家湾"。今枝江龚家湾有二：一在仙女镇南，一在问安镇南，同治版《枝江县志》究竟指何处？现难以确指。据枝江仙女镇民间传说云：三国时期，刘备与曹操在樊城大战而兵败逃窜，兄弟三人各自离散。关羽为寻找刘备、张飞，率部假降曹操，至龚家湾安营扎寨，习兵演武，暗中寻觅刘备。关羽一向带兵有方，为了不打扰当地百姓，下令士兵就地挖井，不到两米就出了水。因井口如碗状，加之关羽兵卒在此吃饭洗碗，便得名"洗碗池"。后人为了纪念关羽的功德，便在此井旁建了一座寺庙，叫洗碗庙，又叫碗池庙、碗庙子等。

综合这些传说看，由碗池庙讹为阮家庙、由碗庙子讹为瓦庙子无疑。但建安十三年（208）刘备被迫从樊城撤退，并未在此与曹操大战，只是在南下江陵途中于当阳长坂遭受曹军重创。而关羽被迫假意归降曹操是《三国演义》描写的故事，时间是建安五年（200），此后关羽从未有假降

---

① 黄道华：《九十九洲》，中国三峡出版社 1996 年版，第 14~15 页。

② 枝江市档案局、枝江市史志办整理：同治版《枝江县志》，湖北人民出版社 2017 年版，第 112 页。

曹操之事。可见，民间传说是将历史记载与文学描写杂糅在一起，颇多错
讹之处。不过，历史上"羽善待士卒"①，纪律严明，关羽军队在荆州百
姓中颇具威望，洗碗池的得名确有可能与关羽荆州兵自挖水井有关，只是
关羽本人未必亲至此地、亲历此事，关公文化兴盛之后百姓在井旁建庙以
纪念关羽功德。所以，洗碗池的故事固然颇多附会，但地名来历应有较高
的可信度。

青龙包、草鞋包、鸡公畈

青龙包、草鞋包，均山包名；鸡公畈，田畈名。均在今仙女镇境内，
位于仙女镇南郊一带。

黄道华《九十九洲》云："相传关羽见兄长在长坂坡大败，无处容身，
便打算筑城。并与张飞打赌说一夜之间他能从巫山神女峰挑一担神土，在
破堤口筑成皇城。没想到金湖的土地爷不高兴，半夜鸡叫，关羽一慌，泼
了一担土在金湖，过了一条山冲，把土箕在地上磕了一下，形成了大小两
个'青龙包'。后来发觉受骗，一气之下把土地爷的嘴打歪了。关羽围皇
城，还留下了丢草鞋的'草鞋包'；选的城址没有修成，只得叫'鸡公
畈'。"②

按：这类三国地名传说将关羽故事与道教神仙故事联系在一起，显然
具有浓重的文学想象和附会成分，无须多加辨析，当是明清近代以来衍生
的关公文化遗迹。

四、安福寺镇和白洋镇三国地名

安福寺镇位于枝江市西北部，东与仙女镇相邻，东南与董市镇毗连，
西南与白洋镇相接，西与宜昌市猇亭区接壤，西北与宜昌市夷陵区鸦鹊岭

---

① 陈寿：《三国志》卷三十六，裴松之注本，中华书局 2000 年版，第 700 页。
② 黄道华：《九十九洲》，中国三峡出版社 1996 年版，第 15 页。

镇相接，北与当阳市王店镇交界。白洋镇位于枝江市西部，东与董市镇相邻，东南与顾家店镇相邻，南与宜都市城区隔江相望，西与宜都市高坝洲镇隔江相望，西北角与宜昌市猇亭区交界，北与安福寺镇相接。安福寺镇三国地名以关公地名为主，白洋镇三国地名则主要是陆逊地名。

误儿期

误儿期，村落名，在今安福寺镇境内，位于安福寺镇政府所在地东南约3.5公里处。

《湖北省枝江县地名志》云："误儿期：位于安福寺东南3.7公里，210人。过去这里有一小店，相传三国时关羽曾歇宿于此，虚报敌情，召儿救助，误儿婚期。"[1] 黄道华《九十九洲》收集的民间传说则云："关羽忠心为国，在玛瑙河设防时，因军务紧急，连儿子的婚期也误了，地名至今仍叫'误儿期'。"[2]

按：关羽镇守荆州期间，在安福寺一带并未与东吴或曹魏军队形成紧张的军事态势，如果军情紧张复杂，也不会将儿子的婚期安排在这个时间内，故而虚报敌情、召儿救助之说不足为据。相比较而言，黄道华《九十九洲》收集的民间传说合乎情理，但多半是后世百姓为了赞扬关羽的赤胆忠心和勤于国事的品德而附会的动人故事。同一关公地名存在不同的说法，正是民间传于众口、以讹传讹的普遍现象的表现，也反映了民间百姓对于关羽父子及关公文化的热爱。

找儿岭

找儿岭，山岭名，在今枝江市安福寺镇境内，位于安福寺镇政府所在地北偏西约5公里处，北接宜昌市夷陵区鸦鹊岭镇。

《湖北省枝江县地名志》云："找儿岭：……相传关羽曾在此寻找过他

---

[1]　枝江县地名领导小组编：《湖北省枝江县地名志》（内部资料），1982年，第59页。

[2]　黄道华：《九十九洲》，中国三峡出版社1996年版，第15页。

的儿子，故名找儿岭。"①

按：关羽身为蜀汉荆州主官，长期镇守在江陵城，其子为何跑到这座偏僻的小山岭来？是失踪于此，还是驻守于此？民间传说并未说明。与呼子冲、逢子溪等关公地名一样，多半是后世百姓附会的说法，是民间崇拜关羽的情感的流露。

歪嘴土地、三拽板搭一拖板

歪嘴土地，土地庙名，亦村落名，俗称"三拽板搭一拖板"，今称"菜子坪村"。在今安福寺镇境内，位于安福寺镇政府所在地东北约3公里处。

黄道华《九十九洲》云："传说关羽镇荆州，汉水是北荆州城，南边也要造一座荆州城。选来选去，觉得在玛瑙河边较好。便计划在玛瑙河东岸高地上修筑南荆州城。谁知当地的土地爷怕被关老爷抢了地盘，多出个城隍来管他，半夜里土地爷学鸡叫。关羽因防务紧迫，准备一夜修出荆州城，他刚拉了三拽板搭一拖板土，听到鸡叫只好停工。等了好久才天亮，方知受骗。查问是土地作怪，怒不可遏，一掌打歪了土地爷的嘴。于是，这个地方叫做'三拽板搭一拖板'，又叫'歪嘴土地'。原来这里的土地庙，土地爷都是歪嘴。"②

按：传说故事很生动，但附会成分十分明显，不足为信据。《湖北省枝江县地名志》则解释此地名云："菜子坪：……瑶华公社农科站驻地。村后一片平地，名'三拽板一拖耙'，相传某一神仙准备在此修庙未成，后来平地被农民开垦成田，盛产油菜籽，故名'菜子坪'。"③ 神仙修庙的说法不近情理，关羽在明清时期被封神，"神仙"当指关羽。写作"三拽

---

① 枝江县地名领导小组编：《湖北省枝江县地名志》（内部资料），1982年，第365页。

② 黄道华：《九十九洲》，中国三峡出版社1996年版，第15页。

③ 枝江县地名领导小组编：《湖北省枝江县地名志》（内部资料），1982年，第60页。

板一拖耙",不如"三拽板搭一拖板"意思明了,"搭"字乃方言"搭上""加上"的意思。这说明地名故事在流传过程中会逐步使原有故事失传或出现模糊说法。

跑马岗、走马岭

跑马岗,山岗名,亦村落名,又称走马岭,在今白洋镇境内,位于白洋镇政府所在地西北约 5 公里处。

《湖北省枝江县地名志》云:"跑马岗:……跑马岗大队驻地。1865年《宜都县志》载:相传陆逊习马处。"①

按:所言"1865 年《宜都县志》",即同治版《宜都县志》。同治版《宜都县志》在卷一《地理山川第二》云:"跑马岗:在县东五里,相传陆逊习马处。"② 又《地理古迹第五》云:"走马岭:在县东五里,相传陆逊习马于此。"③ 可见两地所指应为一处,跑马岗可能是走马岭的俗称。实际上,白洋镇跑马岗位于宜都县城之东北方向,处在长江北岸。康熙版《宜都县志》卷一载曰:"走马岭:县东四里,陆逊窥蜀时,曾习马于此。"④《湖广通志》卷九有相同说法。同治版《宜都县志》应是沿袭了康熙版《宜都县志》和《湖广通志》的说法,只是更加含糊,难以看出陆逊习马的大体年代。康熙版《宜都县志》和《湖广通志》言陆逊"窥蜀"期间曾习马于此,即指建安二十四年(219)陆逊夺取宜都郡至章武二年(222)猇亭之战对峙这个时段,陆逊曾到走马岭一带练习骑马射箭,"窥蜀"一词有窥探、监视蜀军动向的意思。按《陆逊传》记载,陆逊做事勤

① 枝江县地名领导小组编:《湖北省枝江县地名志》(内部资料),1982 年,第172 页。
② 宜都市党史地方志办公室整理:同治版《宜都县志》,湖北人民出版社 2014年版,第 60 页。
③ 宜都市党史地方志办公室整理:同治版《宜都县志》,湖北人民出版社 2014年版,第 71 页。
④ 宜都市党史地方志办公室整理:康熙版《宜都县志》,湖北人民出版社 2013年版,第 37 页。

奋刻苦，文武全才，胆大而心细，时刻不忘习武备战，表现了杰出军事统帅的风范。

汉末三国时期，刘备集团统治宜都郡不足十年，东吴集团统治宜都郡则长达六十年，陆逊镇守宜都郡亦长达十一年。作为吴国名震天下的大都督，陆逊等人应在宜昌地区留下了更多的足迹和故事，但由于《三国演义》鲜明的"拥刘反曹贬孙"倾向等因素的影响，许多吴国英雄在宜昌留下的各种故事逐渐被淡忘而消失，极少量流传下来的吴国地名传说应具有相当高的历史真实性。民间多有跑马岗、走马岭这类地名，但大多附会在关羽身上，将走马岭与温文尔雅的陆逊联系在一起，十分罕见，它极有可能是枝江和宜都民间代代相传的历史记忆。可见，白洋镇跑马岗（走马岭）是一处历史可信度较高的三国地名。

将军台

将军台，古军垒名，在今白洋镇境内，位于白洋镇政府所在地西约6公里处，与宜都市陆城街道隔江相望，今遗迹不存。

康熙版《宜都县志》卷二《建置志》云："将军台：在县北五里沙湾村，方圆十余丈，亦陆逊所建。"[1] 同治版《宜都县志》卷一《地理古迹第五》亦载："将军台：在县北五里沙湾村，相传亦陆逊筑。"[2]

按：清代方志仅指明将军台为陆逊所筑，并未指明筑于何时。将军台，实为三国时期一处军垒，负责监视和控制长江水道。弘治版《夷陵州志》卷五《宫室》曰："将军台：在县北五里沙湾村。方圆一十丈余，高五尺，亦陆逊拒蜀筑建之。"[3] 指明陆逊在猇亭之战期间筑建此台。《夷陵州志》早于《宜都县志》数百年，其说法更可信。据《三国志·陆逊传》

---

[1] 宜都市党史地方志办公室整理：康熙版《宜都县志》，湖北人民出版社2013年版，第55页。

[2] 宜都市党史地方志办公室整理：同治版《宜都县志》，湖北人民出版社2014年版，第70页。

[3] 宜昌市地方志办公室等整理：弘治版《夷陵州志》，鄂宜内图字2008第77号，第60页。

《水经注·江水》等历史地理著作所载，刘备在荆州时，曾在清江入江口附近修建了宜都郡城，后来陆逊在猇亭之战期间对宜都郡城进行增修，并在此坐镇指挥了猇亭之战，后人便将此城称为陆城。陆城位于江南岸，将军台在江北岸，可以起到隔江相望、彼此呼应的作用，客观反映了陆逊在猇亭之战中缜密部署、层层设防的军事指挥艺术。因此，将军台亦具有较高的历史可信度。

五、其他乡镇三国地名

除枝江城区和问安镇等四镇之外，枝江市百里洲镇、董市镇、顾家店镇、七星台镇等地均处在枝江市南部，百里洲镇位于大江之南，董市镇、顾家店镇、七星台镇则位于大江北岸。

百里洲

百里洲，水洲名，今为镇名，位于今枝江市长江南岸，处于长江中游的江沱之间，由150余里江堤环抱，形成了一个独立的江中大岛屿。百里洲北有长江主航道，与枝江城区、董市镇隔江相望，东与七星台镇隔江相望，西与顾家店镇隔江相望，南隔长江沱江（即分岔江流，民间称松滋河等）与荆州松滋市相邻。

按：百里洲乃著名水洲，洲中有传说中的楚怀王墓地，洲北有棵白果树，相传是屈原旧居庭院内物。《水经注》卷三十四云："盛弘之曰：县旧治沮中，后移出百里洲西，去郡百六十里，县左右有数十洲，盘布江中，惟百里洲最为大也。"[①] 百里洲是数十水洲中最大的一个水洲，据说当时围绕洲的边缘走一圈，有百里路程，故称之为百里洲。今百里洲与其他水洲连成一体，面积比古代百里洲大，故而环洲走一圈，远在百里之上。

三国时期，吴、魏两国军队在此发生过大规模战争，即百里洲争夺

---

① 郦道元：《水经注》，陈桥驿校证本，中华书局2007年版，第795页。

战。《三国志·夏侯尚传》载曰："黄初三年，车驾幸宛，使尚率诸军与曹真共围江陵。权将诸葛瑾与尚军对江，瑾渡入江中渚，而分水军于江中。尚夜多持油船，将步骑万余人，于下流潜渡，攻瑾诸军，夹江烧其舟船，水陆并攻，破之。城未拔，会大疫，诏敕尚引诸军还。"① 传记中的"宛"，即宛城，今河南南阳市。"江中渚"，即百里洲。《三国志·诸葛瑾传》注引《吴录》云："曹真、夏侯尚等围朱然于江陵，又分据中洲，瑾以大兵为之救援。瑾性弘缓，推道理，任计画，无应卒倚伏之术，兵久不解，权以此望之。及春水生，潘璋等作水城于上流，瑾进攻浮桥，真等退走。虽无大勋，亦以全师保境为功。"②《吴录》所说的"中洲"，亦指百里洲。而《三国志·潘璋传》则明确记载百里洲之战云："魏将夏侯尚等围南郡，分前部三万人作浮桥，渡百里洲上，诸葛瑾、杨粲并会兵赴救，未知所出，而魏兵日渡不绝。璋曰：'魏势始盛，江水又浅，未可与战。'便将所领，到魏上流五十里，伐苇数百万束，缚作大筏，欲顺流放火，烧败浮桥。作筏适毕，伺水长当下，尚便引退。"③

综合三处文字记录可知：（1）百里洲争夺战是江陵之战中规模最大的一次关键战役。魏将曹真、夏侯尚等发起进攻江陵之战，江陵城十分牢固，加之东吴名将朱然驻守，故而曹军围而不攻，而夏侯尚则率数万人马投入江陵上游的百里洲争夺战中，一旦魏军完全控制百里洲，便可威胁江陵侧后。孙权即刻遣诸葛瑾"以大兵"增援百里洲，虽未记具体人数，但"大兵"应不会少于三万。可见，吴魏双方对于百里洲均势在必得。（2）百里洲争夺战是一场持久战。魏黄初三年，即蜀汉章武二年（222），该年八月吴蜀猇亭之战结束，不久，曹丕下令魏军分东西两路大举进攻东吴，百里洲争夺战是魏军西路战事。曹丕至宛城的时间是黄初三年（222）十一月，而百里洲争夺战结束的时间是黄初四年（223）三、四月间，双方于此对峙争夺了四五个月之久，是一场耗费钱粮物资的持久战。（3）百里

---

① 陈寿：《三国志》卷九，裴松之注本，中华书局 2000 年版，第 220 页。
② 陈寿：《三国志》卷五十二，裴松之注本，中华书局 2000 年版，第 911 页。
③ 陈寿：《三国志》卷五十五，裴松之注本，中华书局 2000 年版，第 960 页。

洲争夺战是一场名将之战。曹真、夏侯尚等皆为魏国名将，朱然、潘璋等都是东吴参加猇亭之战击败刘备大军的功臣，最负盛名的东吴名将陆逊此时驻守西陵，以防刘备趁机出击而未参加百里洲争夺战。由于吴军主帅之一诸葛瑾缺乏军事谋略，加之冬季长江水浅，不利于东吴水军楼船运行和作战，故而最初东吴局势甚是被动，舟船兵士损失不小，以致孙权颇为不满。但潘璋献计割伐芦苇从上游火攻夏侯尚修建的浮桥以切断魏军退路，终致夏侯尚感到威胁而退出百里洲。由此可见，"百里洲"之名虽然并非产生于三国时期，但铭刻着三国英雄的足迹，是一处硝烟弥漫的三国历史地名。

董市

董市，旧称董滩口，原为江滩名，后演变成集市名，今为镇名，位于今枝江市城区西约6公里处的长江北岸，南临长江与百里洲隔江相望。

《湖北省枝江县地名志》云："相传在公元220年这里名叫董滩潮，方圆约8平方公里。在三国鼎立时期，这里是蜀国地盘，是进川的咽喉之地。由刘备手下的魏延率兵把守，并把董滩潮改名为董滩口。当时诸葛亮和刘备访贤来到董和（字幼宰）的家，董和诸葛亮共事七年，他给诸葛亮提的意见多被采纳。刘备称帝后封董幼宰为掌军中郎将，至大司马。1866年的县志有载。'后汉掌军中郎将董幼宰故里'十二大字，曾书写在镇东水府庙南山墙，招来长江游客。名人故里，商贾聚集，逐步成为商埠，董滩口自然演变为董市，一直沿用至今。"①

按：《三国志·董和传》载曰："董和，字幼宰，南郡枝江人也，其先本巴郡江州人。汉末，和率宗族西迁，益州牧刘璋以为牛鞞、江原长、成都令。……先主定蜀，征和为掌军中郎将，与军师将军诸葛亮并署左将军大司马府事。"② 枝江董市镇乃董和故里当无疑问。不过，《湖北省枝江县

---

① 枝江县地名领导小组编：《湖北省枝江县地名志》（内部资料），1982年，第35~36页。

② 陈寿：《三国志》卷三十九，裴松之注本，中华书局2000年版，第727页。

地名志》的说法既含糊又颇多错讹：（1）说当年诸葛亮、刘备访贤到董和家，容易引起误解，是在枝江董市拜访董和之家还是在成都拜访董和之家呢？拜访董和事只能发生在成都，因为刘备、诸葛亮在荆州期间，董和已举家西迁至巴蜀。（2）说刘备称帝后董和被拜为掌军中郎将，官至大司马，不符合史实。董和做过掌军中郎将，并"署左将军大司马府事"，即担任了左将军、大司马刘备的属官，而非自己做了大司马，而且任职时间是刘备夺取益州之后，并非称帝之后。（3）公元220年即建安二十五年，这一年枝江县已被东吴集团控制，刘备骁将魏延也早已是汉中太守，驻守汉中，不可能到董滩潮来把守，即便魏延驻守过董滩潮并改名为"董滩口"，那只能是建安十六年（211）刘备第一次入川之前的事，魏延随刘备第一次入川后再也没有回过荆州。董市因董滩口演变而来，但董滩口是否为魏延改名，很难确信。董市镇东水府庙建于明末清初，书写在南山墙上的"后汉掌军中郎将董幼宰故里"字样表明了后人对于三国名人故里的认同，故而董市只能算三国名人的故里，而非名副其实的三国历史地名。

关洲

关洲，沙洲名，在今枝江顾家店镇境内，位于长江主航道以北、顾家店镇政府所在地南约4公里处，南与宜都市及荆州松滋市隔江相望。

《湖北省枝江县地名志》云："关洲盛产萝卜，个大味美。据传三国时，曹操领兵行至枝江，雨久缺粮，适逢关洲萝卜大熟，于是，曹营人食萝卜马吃菜，度过了饥荒。"[1]

按：关洲，本为一处江滨沙洲，后因官府在此设置关卡，故称关洲。由于历史上关羽镇守荆州八年，加上关公崇拜兴盛于宋元明清之世，故而古荆州一带凡是带"关"字的地名，人们多附会到关羽身上，而枝江顾家店民间却将"关洲"与曹操联系在一起，可能因为曹操军队的确到过关洲

---

[1] 枝江县地名领导小组编：《湖北省枝江县地名志》（内部资料），1982年，第379页。

并得益于关洲大萝卜，虽然曹操本人未必到过关洲。

射垛堰、印马塌

射垛堰，堰塘名；印马塌，土坑名。均在今枝江七星台镇境内或问安镇东南部，具体位置不详。

同治版《枝江县志》卷二云："射垛堰：县东一百一十里。相传汉寿亭侯镇荆州，习射于此。印马塌：在射垛堰东二里。相传汉寿亭侯阅马于此。"①

按：清代枝江县城在今宜都市枝城镇，射垛堰在县东一百一十里，其大致位置当在今枝江问安镇、七星台镇一带，印马塌又在射垛堰之东二里，两处连接在一起。同治版《枝江县志》说射垛堰为关羽习射之地，很好理解，但说印马塌是关羽阅马之地，则意义含糊。黄道华《九十九洲》云："关武夫子骑赤兔胭脂马勒马扬蹄，地上留下踏出的两个坑，叫做印马塌。"② 虽然解释清楚了"印马塌"的含义，但关羽骑"赤兔胭脂马"是罗贯中《三国演义》的虚构加工，并非历史真实。笔者以为射垛堰、印马塌所处位置距离江陵城不远，当是关羽荆州兵军营重地与练兵场，射垛堰是练习射箭之地，而印马塌则是练习驰马陷阵之地，由于骑兵长期刻苦训练，以致在道路上踏出了一串串马蹄印。所谓"汉寿亭侯阅马于此"，即关羽于此检阅骑兵演练，也说明关羽时刻不忘武备，常来军营督查士卒训练。综合汉末三国形势看，射垛堰和印马塌极有可能是两处三国遗迹。只是练兵场之类的古迹极易损毁消亡，故而今天难以寻觅其踪影。

本章考述的枝江市各类三国地名和三国遗迹（含一地多名）共有32个，其中，三国历史地名2个，三国历史人物故里1个，历史可信度较高的传说三国地名和三国文化遗迹10个，其余三国地名附会成分较为浓重。

---

① 枝江市档案局、枝江市史志办整理：同治版《枝江县志》，湖北人民出版社2017年版，第111页。

② 黄道华：《九十九洲》，中国三峡出版社1996年版，第14页。

枝江境内的三国地名，涉及刘备、关羽、张飞、诸葛亮、董和、魏延、曹操、夏侯尚、陆逊、诸葛瑾、潘璋等三国名人，而关公地名总计有 20 个（含一地多名），非关公地名计有 12 个，同样反映了关公文化在枝江境内的深远影响力。

第五章 当阳市三国地名（上）

当阳市位于宜昌市之东部。其东及北与荆门市相邻，东南连接荆州市，南邻枝江市，西靠宜昌市，西北连接远安县。当阳市地处荆山山脉向江汉平原延伸地带，地势从西北向东南倾斜，山地、丘陵、岗岭、平原错综分布，丘陵岗地约占总面积的50%以上；境内主要为沮河、漳河两大著名水系，沮河（古称沮水）发源于襄阳市保康县景山西南，漳河发源于襄阳市南漳县西南山区，二河流经远安县入境，流向东南，在当阳两河口镇汇为沮漳河，南入枝江市和荆州市境。如图5-1所示。

当阳因位于荆山山脉之南，取山南为阳之意，故名"当阳"。另一说法认为当阳地势西北高而东南低，坐西朝东，呈一个斜坡面朝着东方升起的太阳，有"当阳，当阳，正当太阳"之说，故称"当阳"。

当阳历史悠久，是楚文化重要发源地之一。商周、春秋时期为权国，楚武王"克权"，遂为楚地。战国末期秦昭襄王二十九年（前278），白起伐楚，设置南郡，始立当阳县。秦一统天下后省当阳县入郢县，隶属南郡。西汉立国之初，当阳地属临江国，后属江陵县。汉景帝中元二年（前148），析江陵县复置当阳县，后县治迁至沮漳流域，滨临漳河。王莽新朝时期，升编县为南顺郡（郡治今荆门市北），当阳县隶属南顺郡。东汉复置编县，与当阳同属南郡。建安十三年（208），曹操下荆州，当阳县归属曹魏南郡。建安十四年（209），曹操荆州守将曹仁败北，当阳、编县同属东吴南郡，后归蜀汉。建安二十四年（219），关羽失荆州，当阳县重属东吴南郡。西晋沿袭旧制。东晋永和八年（352），析当阳东境置武宁县；隆

图 5-1 当阳市乡镇及部分三国地名方位示意图

安五年（401）又置武宁郡，后废武宁县置长宁县，当阳、长宁同属武宁郡。此时当阳县境西迁，属地越过沮水，辖区至原临沮县南境，县城迁至今玉阳镇。不久，与编县同属南郡。南北朝时期宋、齐沿袭晋制。梁朝天监元年（502），析当阳、编县地另置安居县，属南郡。西魏政权控制江北地区后设置上黄郡，析当阳地置绿林县，当阳、安居、绿林三县同属上黄郡。北周武成元年（559），置平州，合并当阳、编县二县，与绿林县同属平州。隋朝开皇七年（587），废平州为玉州，隶属荆州总管府。开皇九年（589），废玉州复置当阳县。开皇十八年（590），废安居县为昭丘县。大业元年（605），废昭丘县为荆台县。不久，将荆台县并入当阳县，隶属南郡。唐武德四年（621），改当阳为基州，不久又改为玉州。武德八年（625），废玉州复置当阳县，属江陵郡。贞元二十年（804），废当阳县为荆门县，属江陵郡。五代后晋时期，在当阳设置荆门军，属江陵府。北宋开宝五年（972），复置当阳县，荆门军治长林县，领当阳县，属荆湖北路。熙宁六年（1073），废荆门军，当阳、长林县属江陵府。元祐三年（1088），复立荆门军，仍领长林、当阳县。南宋绍兴十四年（1144），废当阳县入长林县，属荆门军。绍兴十六年（1146），复置当阳县。荆门军移至荆门县，属江陵府。端平三年（1236），荆门军迁回当阳县，以长林县为属县，属江陵府。元至元十四年（1277），升荆门军为荆门府，仍治当阳，属河南行省。至元十五年（1278），改荆门府为荆门州，当阳县属荆门州，属荆湖北道宣慰司。明洪武元年（1368），当阳县隶属荆州府。洪武四年（1371），当阳县属荆门州。洪武十年（1377），废当阳入荆门县，属荆州府。洪武十三年（1380），复置当阳县，属荆门州。嘉靖十年（1531），当阳县随荆门州隶属承天府。清顺治三年（1646），改承天府为安陆府，当阳县随荆门州属安陆府。乾隆五十六年（1791），升荆门州为荆门直隶州，当阳、远安随荆门直隶州属湖北布政司。民国元年（1912），当阳县属襄阳道，民国二年（1913）改属荆宜道。民国二十一年（1932），废道存县，当阳隶属湖北省第九行政督察专员公署。1949年成立当阳专署，辖荆当县；不久撤当阳专署，成立宜昌专署，并成立当阳县人民民主政府，隶属宜昌专区。1989年由县改市，现隶属宜昌市。

　　尽管当阳市的沿革非常复杂，行政区划变动也十分频繁，但从立县伊始，已有近2300多年的历史，是宜昌市历史上立县最早的古县之一。三国分裂时期，当阳更是魏蜀吴拼死争夺的焦点之一，各路英雄竞逐当阳之地，上演了若干动人心弦的故事，为后世留下大量的三国地名和三国遗迹。

一、当阳三国历史地名

汉末三国时期，当阳县（大体涵盖今当阳市中东部及荆门市中南部大部分乡镇）乃荆州南郡郡治江陵县之北大门，是襄阳和江陵两大重镇之间的战略支点，曹操大军南下夺取江陵，必先沿襄阳大道攻占当阳，故而当阳是三国英雄们频繁征战的战略要地，不少地名因三国英雄、名士的足迹和征战经历而驰名天下。

长坂

长坂，山坡名，又称当阳长坂、栎林长坂、绿林长坂等，其具体位置颇多歧义，当在今当阳市城区东北20余公里的淯溪镇境内。

今编《湖北省当阳县地名志》云："长坂坡因古典小说《三国演义》一书中，描述赵子龙大战长坂坡的故事而闻名中外。对其名称含义沿革有两种说法：一种传说，此地古代栎林丛生，故名栎林长坂，后栎林逐渐毁灭，根据其坡长、坡宽的地理特征，更名为长坂坡；一种说法：古时为当阳坡，因是很长斜坡，故名当阳长坂，后改名长坂坡。"①

按：《三国志·赵云传》载："先主为曹公所追于当阳长坂，弃妻子南走，云身保弱子，即后主也，保护甘夫人，即后主母也，皆得免难。"②《三国志·二主妃子传》亦有类似记载。长坂，"坂"字本身含有坡路的意思，"坡"为民间常用字，通俗易懂，因而"长坂坡"当是民间百姓的俗称。赵云（字子龙）大战长坂坡一事，虽然史籍记述非常简略，但

---

① 当阳县地名领导小组编：《湖北省当阳县地名志》（内部资料），1982年，第505页。

② 陈寿：《三国志》卷三十六，裴松之注本，中华书局2000年版，第704页。

历史小说《三国演义》则予以激情描写和高度颂扬，将赵云塑造成在危难中拯救民族未来和希望的救星式的英雄，从而使"长坂坡"享誉天下。今当阳人民以赵子龙为荣，故而当阳市多有以赵云及其英雄故事命名的乡村、道路、街巷和店铺，如长坂路、长坂新村、长坂坡饭店、长坂坡医院、子龙酒店、子龙饭店、子龙路、子龙街、子龙村、雄风路、雄风村，等等。

但历史上赵云拼死救主的长坂坡究竟在何处？因千百年来当阳县行政区划变迁的复杂性而多存异议。主要有三种看法：

（1）当阳市玉阳镇境内。

玉阳镇是今当阳市政府驻地，城区西南郊建有长坂公园，修建了长约五公里的长坂大道，坡道上立有"赵子龙单骑救主"的雕塑，标示着三国古战场的踪迹与风貌。清同治五年纂修《当阳县志》（以下简称同治版《当阳县志》）卷二《古迹》云："长坂：在城西一里，详《事纪》。道旁有碑刻，有'长坂雄风'四字，为当阳八景之一。"[1] 并录诗一首盛赞"长坂雄风"云："突出重围绝代雄，锦屏草木识英雄。至今长坂坡前路，胆落常山赵子龙。"

古代历史上当阳县治有过多次迁徙，隋开皇七年（588），设置玉州，最初州治设在玉泉寺，后移至玉阳镇。不久废玉州复立当阳县，治玉阳镇，可见玉阳镇成为当阳县治是隋朝以后的事。即是说，今当阳城区玉阳镇，与汉末当阳城并非一地；今当阳市郊之长坂坡，亦非汉末曹、刘大战的当阳长坂。据同治版《当阳县志》记载，刻有"长坂雄风"的碑刻，也是明代万历十年（1582）当阳县令所立。由此可见，今当阳市郊长坂坡、长坂雄风之类的遗迹，实为明清时期建造的三国文化古迹。长坂或长坂坡固然属于三国历史地名，但玉阳镇长坂坡明显是后世的产物，亦可谓移位三国地名。

---

① 《中国地方志集成·湖北府县志辑》影印本第 52 册，江苏古籍出版社 2001 年版，第 87 页。

（2）荆门市掇刀区境内。

当代一批学者认为当阳长坂在今荆门市南郊掇刀区境内，如李云清说："长坂坡古战场的地理位置在今荆门市掇刀办事处，即虎牙关以南至响岭岗一带。"[1] 陈楚云说："三国长坂坡古战场在荆门城南响岭岗、掇刀一带，已是毫无疑问。"[2] 其基本理由有三：一是今荆门市掇刀区一带秦汉三国时期隶属当阳县；二是秦汉时期襄阳至江陵之间早有通行的荆襄驿道，荆门掇刀区一带正处在荆襄驿道的直线上，刘备前往江陵不会舍近求远；三是掇刀区境内的双泉遗址和袁集遗址很可能是秦汉当阳县城旧址和西迁的新县城遗址。

"荆门掇刀"说的最大问题是缺乏有力的原始文献依据。荆襄驿道原本走绿林山之西侧，即今当阳市东境，在东汉三国时期是否改走直线而经过今荆门掇刀区？难以证实。即使汉末三国时期绿林山东、西两侧均有道路可通江陵，也无法证明刘备行走的一定是绿林山东侧。双泉遗址和袁集遗址相距不远，无疑是两处小型古城遗址，却不能证明它就是汉末当阳县治旧址和新迁县址，只有在大量古文献依据和充分考古资料的支撑下才能成立。

（3）当阳市淯溪镇境内。

多数学者认为汉末长坂之战的战地，位于今当阳市政府驻地东北20余公里的淯溪镇境内。

最早的原始文献资料多记载汉末当阳县城位于今当阳市沮漳三角洲里，如盛弘之《荆州记》卷一云："当阳县城楼，王仲宣登之而作赋。"[3]王仲宣，即汉末名士王粲。盛弘之，南朝刘宋人，距离王粲时代不远，所说王粲作赋即著名的《登楼赋》。《登楼赋》云："登兹楼以四望兮，聊暇日以消忧。……挟清漳之通浦兮，倚曲沮之长洲。"兹楼，即当阳城楼。王粲说站在当阳城楼上能够望见漳水之滨的渡口，亦能远眺沮水流经的长

---

[1]　李云清：《长坂坡古战场地理位置初探》，《江汉考古》1990年第4期。

[2]　陈楚云：《呼唤长坂》，《理论月刊》1999年第5期。

[3]　盛弘之：《荆州记》，谭麟点注本，武汉大学出版社1992年版，第18页。

洲。《水经注》卷三十二亦曰："沮水又东南迳当阳故城北，城因冈为阻，北枕沮川。"① 郦道元是南北朝人，当时当阳县城已经迁徙，所说"当阳故城"，当指汉魏时期的当阳县城。由王粲《登楼赋》、盛弘之《荆州记》、郦道元《水经注》等文献可知，汉末当阳县城在今当阳市沮漳三角洲上，《舆地纪胜》《大清一统志》等历史地理名著亦认同《荆州记》《水经注》的看法。

刘备率部南下江陵走的又是哪条路呢？《荆州记》卷一云："（当阳）县东一百里有绿林山，茂林荟郁。襄阳大路经由其西。所谓当阳之绿林也。"② 绿林山，在今当阳市淯溪镇东部，为当阳市和荆门市的界山。《荆州记》的记载说明汉魏至南朝刘宋时期，荆襄大道走的线路仍然是绿林山西侧，之所以不走绿林山东侧（今荆门市掇刀区、团林铺镇一带），大概是因为绿林山东侧在汉魏晋宋时期尚属湖泽密布区域，不便修建驿路。明代学者袁中道在其游记散文《游龙泉九子诸胜记》中，记述南北朝时期慧远法师携弟子从襄阳南下荆州经当阳县建龙泉寺的经历，并认为"旧时襄阳入荆之路，取道沮漳"③。清初顾祖禹在《读史方舆纪要》卷七十七中亦云："当阳县：州西北百二十里。……建安十三年，曹操下荆州，先主将其众过襄阳，南至当阳，为操所追处也。"④ 明清时期的当阳县范围与今天的当阳市大体相同，袁中道、顾祖禹等明清学者明确将汉末荆襄大道及刘备兵败之长坂坡定位于今当阳境内。可见，汉末当阳长坂应位于绿林山西侧的沮漳河流域，而不在绿林山东侧。唐宋以后的地理著作多以当阳县治玉阳镇为坐标来介绍当阳长坂的方位，如《明一统志》卷六十云："当阳坂：在当阳县县北一百里，曹操入荆州，汉昭烈奔江南，操追及于当阳长坂，昭烈弃妻子走，使张飞将二十骑拒后，即此。"⑤《大清一统志》卷

---

① 郦道元：《水经注》，陈桥驿校证本，中华书局 2007 年版，第 753 页。
② 盛弘之：《荆州记》，谭麟点注本，武汉大学出版社 1992 年版，第 18 页。
③ 袁中道：《珂雪斋集》卷十五，上海古籍出版社 1989 年版，第 644 页。
④ 顾祖禹：《读史方舆纪要》，中华书局 2005 年版，第 3597 页。
⑤ 李贤等：《明一统志》，见《四库全书》第 473 册，上海古籍出版社 1987 年版，第 227 页。

二百六十五云："长坂：在当阳县东北。《三国·蜀志·张飞传》：先主奔江南，曹公追之及于当阳之长坂，先主弃妻子走，使飞将二十骑拒后。飞据水断桥，瞋目横矛，敌无敢近者。《舆地纪胜》：长坂在当阳县东北二十里。"①《湖广通志》卷八亦有类似记述。尽管这些地理名著所言距离和方位存有程度不同的差别，但都肯定长坂在当阳县东北境或北境。今之学者胡国瑞在《"长坂"地址订误》一文中作了更加具体的推测："曹刘交战的长坂，应在当阳县境东北的绿林山区的西部的天柱山，而不应在今传的当阳城西地方。"②比较而言，"当阳淯溪镇长坂"说更接近历史事实。

张飞山

张飞山，又称横矛处，山岗名，亦三国遗迹名，历史上张飞山当在今当阳市城区东北约20公里的淯溪镇境内，位于长坂坡附近，具体位置难以确指。

《三国志·张飞传》曰："曹公入荆州，先主奔江南。曹公追之，一日一夜，及于当阳之长坂。先主闻曹公卒至，弃妻子走，使飞将二十骑拒后。飞据水断桥，瞋目横矛曰：'身是张益德也，可来共决死！'敌皆无敢近者。"③

按：当阳长坂之战中，赵云保护刘备家小有功，而张飞断后有功。《明一统志》卷六十载："张飞山：在当阳县长坂坡西，即飞断桥拒曹处。"④《湖广通志》卷八有同样记述。说明当阳长坂坡西侧一座山岗因张飞在此断桥横矛抵御曹军而得名"张飞山"。张飞当年在此山岗前颇显威名，后世谓之"张飞横矛处"，又称"张飞山"，实为一处三国历史地名。清代在当阳县县治玉阳镇立"横矛处"石碑，乃是新建三国文化遗迹（详

---

① 《大清一统志》，见《四库全书》第480册，上海古籍出版社1987年版，第156页。

② 胡国瑞：《"长坂"地址订误》，《光明日报》1961年6月23日。

③ 陈寿：《三国志》卷三十六，裴松之注本，中华书局2000年版，第700页。

④ 李贤等：《明一统志》，见《四库全书》第473册，上海古籍出版社1987年版，第227页。

见后文）。

麦城

　　麦城，古城名，在今当阳市两河镇境内，位于两河镇政府所在地附近，西北距当阳市城区约 25 公里，今仅存残垣断壁。

　　《明一统志》卷六十云："麦城：在当阳县东六十里，相传楚昭王所筑。关羽为吕蒙所袭，自知孤穷，乃走麦城，即此。"[1] 同治版《当阳县志》卷二《古迹》亦载云："麦城在治东南五十里，沮、漳二水之间，传楚昭王所筑。三国时关侯为孙权所袭，西保麦城，即此。"[2]

　　按：麦城遗址今为当阳市两河镇政府所在地，南距富里寺自然镇约 3 公里，本为春秋时期楚国重要城邑，传为楚昭王所建，用土和石头混合筑起一座城墙，因城墙是用麦秆编成的袋子里面装满土石而垒成，故称"麦城"。三国时期吕蒙偷袭荆州，关羽回救，结果被围困于此，后弃城西逃，谓之"走麦城"。《三国志·吴主传》曰："关羽还当阳，西保麦城。权使诱之，羽伪降，立幡旗为象人于城上，因遁走，兵皆解散，尚十余骑。"[3] 麦城因关羽兵败被困而成为著名的三国地名，今人习惯将人生失意或战场被动挨打比喻为"走麦城"。

　　郦道元《水经注》卷三十二曰："沮水又东南经驴城西、磨城东，又南经麦城西。"[4] 说明秦汉魏晋时期麦城位于沮水东岸，今河道变迁，洪水冲刷，流沙掩埋，麦城仅剩沮水西岸的一段残垣，在当地平原上似一座小山，太阳升起便能照耀那小山上的残垣断壁，故当地百姓习惯将麦城称为"朝阳山"。

---

　　[1]　李贤等：《明一统志》，见《四库全书》第 473 册，上海古籍出版社 1987 年版，第 232 页。

　　[2]　《中国地方志集成·湖北府县志辑》影印本第 52 册，江苏古籍出版社 2001 年版，第 86 页。

　　[3]　陈寿：《三国志》卷四十七，裴松之注本，中华书局 2000 年版，第 829 页。

　　[4]　郦道元：《水经注》，陈桥驿校证本，中华书局 2007 年版，第 753 页。

糜城

糜城，古城名，遗址在今当阳市两河镇境内，位于当阳市城区东南约22公里处。

《明一统志》卷六十载曰："糜城：在当阳县东南五十里，地名八渠。或云三国时糜芳所筑。"[1] 同治版《当阳县志》卷二亦载："糜城在治东南六十里，地名八渠，传蜀将糜芳守江陵时筑。"[2]

按：关于糜城，当阳民间有不少传说。鲍传华《长坂坡》说："为守江陵，糜芳就在这里加固城垣，又在城郭的东北角垒起张家营，东南角垒起陈家营，西南角垒起袁家营。营台攻守两用，北拒曹操，东拒孙权。从此，这里便更名为'糜城'了。"[3] 又说：糜城藕特别好吃，糜城人常说："要吃樱桃把树栽，要吃糍粑把磨挨，要吃鲜鱼下湖海，要吃好藕糜城来。"糜城藕细皮嫩肉，清脆可口。为什么呢？传说三国时刘备糜夫人在当阳长坂投井自尽，忠魂不散，一心要去寻找亲人。一夜前往荆州城去找刘备，途中经过糜城，一阵轻风夹着一股扑鼻异香吹来，糜夫人一看，原来来到了一块风光秀丽的荷叶之地，又听说他的哥哥糜芳在这里筑城守城，便坐在水池边赏月消愁。看着看着，糜夫人不禁把娇嫩的手臂伸到池里洗了几下。"自此以后，糜城的藕变得细嫩薄皮、清脆甘甜了。"[4]

据湖北省当阳市考古资料看，糜城实为周代古城城址，很可能是周代权国都城所在地，东汉三国时期古城仍在使用。糜城一带的莲藕好吃，与其土质气候密不可分，说糜夫人洗手使得莲藕白嫩不过是民间虚构的美丽故事，不足凭信，但糜城与糜芳存在关联则应非虚妄。《三国志》多处记载，刘备入蜀后任命关羽董督荆州，任命糜芳为南郡太守。糜城、麦城等

---

① 李贤等：《明一统志》，见《四库全书》第473册，上海古籍出版社1987年版，第232页。

② 《中国地方志集成·湖北府县志辑》影印本第52册，江苏古籍出版社2001年版，第86页。

③ 鲍传华：《长坂坡》，湖北人民出版社2013年版，第95页。

④ 参见鲍传华：《长坂坡》，湖北人民出版社2013年版，第98~99页。

古城均为江陵北部屏障，乃糜芳所辖区域，糜芳到过糜城是毋庸置疑的。糜芳，刘备妻兄，与关羽不睦，后叛归孙权，名节有污，但早年跟随刘备征战多年，功不可没，而且在担任江陵太守的八年之中，积极推行蜀汉政权一贯遵守的仁政理念，在荆州百姓中应享有较高的威信，荆州百姓并未过多丑化糜芳。但说糜城是糜芳所筑未必确切，糜芳可能在刘备统辖荆州时被派往糜城戍守，后关羽镇荆州，身为江陵太守的糜芳应在此期间扩建过糜城，故民间有糜芳筑糜城之说。糜芳当作"麋芳"，作"糜芳"乃民间文学和小说名著《三国演义》之误。如果历史上麋芳筑新城，当称"麋城"；"麋""糜"二字音同，字形亦近似，又都可作姓氏，故而民间混为一谈，而"糜"字常见，麋芳自然变成了"糜芳"，糜芳重修过麋城，于是民间传说便自然将麋城说成糜芳所筑之城了。

关陵

关圣陵，简称关陵，陵墓名，当阳民间称"大王冢"，关羽葬身之地，在今当阳市坝陵办事处境内，东南距当阳市政府所在地约 3 公里。

同治版《当阳县志》卷二载："关圣陵：在治西五里，今章乡总地，背西面东，门临沮水，四望平旷，水外山环，亦形胜也。陵为土阜，高二丈。"[①] 今编《当阳地名传说》云：关陵所在地古称章乡，章者，华美也，此地沮水环绕，山美地灵。关羽、关平父子被斩临沮，身葬章乡。关羽首级被斩，身子还骑在赤兔马上往当阳方向奔驰，至玉泉山顶大叫"还我头来"，敬拜普净和尚为师，以图再生。忽闻天上太白金星道："关将军，此地为五阳之地，怎么不在此地安寝呢？"关羽便按下云头倒下马来，葬于这五阳之地。"所谓'五阳之地'，即身困当阳，脚蹬汉阳，手垂沔阳，头枕洛阳，脸朝太阳。"[②]

按：明初《三国演义》流行之后，民间依据小说附会了许多关羽的传

---

① 《中国地方志集成·湖北府县志辑》影印本第 52 册，江苏古籍出版社 2001 年版，第 90 页。

② 参见王友兵编：《当阳地名传说》，[2000] 鄂宜当图内字第 010 号，第 59 页。

奇故事，不足为信据。晚明以来，关羽名位获得进一步提升，嘉靖十五年（1536），太保都督陆炳、司礼太监黄锦奉诏整修当阳关羽墓，始称关陵。《三国志·关羽传》曰："权遣将逆击羽，斩羽及子平于临沮。"裴松之注引《吴历》曰："权送羽首于曹公，以诸侯礼葬其尸骸。"①《三国志·吴主传》曰："权先使朱然、潘璋断其径路。十二月，璋司马马忠获羽及其子平、都督赵累等于章乡，遂定荆州。"②《三国志·潘璋传》亦载："权征关羽，璋与朱然断羽走道，到临沮，住夹石。璋部下司马马忠擒羽，并羽子平、都督赵累等。"③

综合《三国志》几处文字所载，关羽、关平、赵累等人被俘于临沮县夹石（今民间称回马坡），吴将潘璋等在押送关羽等人回江陵途中可能接到孙权命令，将关羽杀害于临沮县章乡，具体地点未载，但今当阳市城区一带属于古临沮县南境，即所谓"章乡"。《吴历》说孙权以诸侯礼葬关羽，乃吴人溢美之词，未必可信，但关陵为埋葬关羽尸骸之地，与历史记载关羽被杀之地大体吻合，当属一处可信度很高的三国遗迹。

二、当阳移位三国地名

历史地名的移位有两种情况：一是地名方位迁移，或东西迁移或南北迁移，这是最常见的现象；二是地名时代移位，最普遍情况是将后世地名移至前代。历史文学创作中地名移位现象较为常见。当阳县县治自古迁徙频繁，加之历史小说《三国演义》的深刻影响和地方官员文化意识较强等多种因素的作用，当阳境内三国地名的移位现象较为突出。

仲宣楼

仲宣楼，城楼名，在今当阳市区玉阳办事处境内，位于玉阳山顶，今

---

① 陈寿：《三国志》卷三十六，裴松之注本，中华书局2000年版，第699页。
② 陈寿：《三国志》卷四十七，裴松之注本，中华书局2000年版，第829页。
③ 陈寿：《三国志》卷五十五，裴松之注本，中华书局2000年版，第960页。

古楼遗迹不存。

《当阳地名传说》云：当阳城楼有一个雅号叫"仲宣楼"。仲宣是汉末名士王粲的字，王粲为"建安七子"之首。建安年间，中原战乱不息，王粲避乱至荆州，投奔荆州牧刘表。王粲与刘表是同乡，皆为今山东高平县人。但王粲长得其貌不扬，而刘表以貌取人，蔑视王粲。"王粲怀才不遇，沿沮漳河而上，登上当时位于沮漳三角洲上的当阳城城楼，触景生情，作赋以抒发对世局混乱、怀才不遇产生的思乡情绪。"① 王粲所作之赋即著名的《登楼赋》，当阳人钦佩王粲之文才，将王粲登楼作赋之楼称为"仲宣楼"。

按：汉末荆州牧刘表州治在襄阳城，王粲从中原南下荆州应去襄阳求见刘表，碰壁之后再南下当阳县登楼，说王粲沿沮漳河而上至当阳城楼，是将刘表州治误解在江陵县（后吴国以江陵县为荆州州治）的不实说法。同治版《当阳县志》卷二载："仲宣楼：本在玉阳山顶，旧志谓即城南楼一楼也，而荆襄互争，借为名胜。考荆州仲宣楼乃五代高季兴建，本名玉沙楼，又名望江楼，宋陈尧咨始改此名。襄阳距沮、漳尚远，则楼在本邑无疑。惟赋内沮、漳并举，不应在今县治。古麦城在沮漳之间，庶几近之。"② 同治版《当阳县志》说得十分清楚：玉阳山山顶以王粲字号命名的仲宣楼建于五代，改名于宋代，且古荆州多地建有仲宣楼，是各地争夺文化名胜资源所致，而真正的仲宣楼应在沮漳河畔的古当阳城，而古当阳城早已化为灰烬，因此今当阳市城区仲宣楼实为一处移位三国地名和三国古迹。

坝陵桥

坝陵桥，桥名，在今当阳城区玉阳镇东北郊，西南距市政府所在地约3公里。

---

① 参见王友兵编：《当阳地名传说》，[2000] 鄂宜当图内字第 010 号，第 36 页。
② 《中国地方志集成·湖北府县志辑》影印本第 52 册，江苏古籍出版社 2001 年版，第 87 页。

《湖北省当阳县地名志》云："坝陵桥，原名官桥，是旧时迎送官吏之处。因三国蜀将张翼德曾在此横矛断桥，故又称横矛处。……立有一块石碑，高 2 米，宽 0.95 米，上书'张翼德横矛处'六个大字。石碑旁建有坝陵水库。坝陵桥依山傍水，地势开阔，故雅称'坝陵秋雨'。"① 鲍传华《长坂坡》认为坝陵桥即当阳桥，当阳百姓一般称作"霸陵桥"，"位于县城东北五里的地方，据传这里便是三国蜀将张飞横矛立马、独退曹兵的地方。在离桥不远的地方，竖有清雍正九年（1731）书刻的'张翼德横矛处'石碑"②。

按：前引《三国志·张飞传》载："飞据水断桥，瞋目横矛曰：'身是张益德也，可来共决死！'敌皆无敢近者。"历史上张飞所据之水未有明确指向，按常理推测应是漳水之支流，位于当阳长坂附近，这条无名支流上的"桥"为张飞所断，桥亦无名，小说《三国演义》称作"长坂桥"。当阳之战时此桥应为木桥，明嘉靖本《三国志通俗演义》之小字注注释"长坂桥"云："此桥皆是木植，非石桥也。"③ 如果是一座坚实稳固的石拱桥，则张飞所率二十余骑兵在短时间内难以拆断。可见今当阳市玉阳镇郊区的石拱桥（即官桥，又称坝陵桥或霸陵桥）是后世所建，说此乃张飞横矛断桥处，实则是将三国历史地名和遗迹进行移位。同治版《当阳县志》卷二云："横矛处：在治东北五里，名官桥。乾隆二十四年邑令苗肇岱重修立名。"④ 无论是雍正九年（1731）所立石碑，还是乾隆二十四年（1760）当阳县令苗肇岱重修立名，都不过是后世修建的三国文化古迹，非三国时代真遗迹。而竖立"张翼德横矛处"字样，无疑是受《三国演义》的误导。张飞，字益德，非《三国演义》所说"字翼德"。

---

① 当阳县地名领导小组编：《湖北省当阳县地名志》（内部资料），1982 年，第 524~525 页。

② 参见鲍传华：《长坂坡》，湖北人民出版社 2013 年版，第 14~15 页。

③ 罗贯中：《三国志通俗演义》，上海古籍出版社 1980 年版，第 406 页。

④ 《中国地方志集成·湖北府县志辑》影印本第 52 册，江苏古籍出版社 2001 年版，第 87 页。

景山

景山，山名，今习称锦屏山，在今当阳市坝陵办事处境内，位于市政府所在地之北约 4.2 公里处。

《湖北省当阳县地名志》云："锦屏山：……古称景山，属九子山脉，海拔 200 米。山前沮水环绕蜿蜒奔流，山后群峰重叠，层岚耸翠宛如一座锦绣屏障屹立在九子山的前沿，与县城中玉阳山遥遥相对，故得名锦屏山。……锦屏山自三国以来，历来为兵家常争之地，东汉建安十三年（208）曹操率大军五十万追杀刘备，困赵子龙于长坂坡，曹操亲临锦屏山，擂鼓督战。"①

按：名"景山"的地方很多，仅《山海经》便载有三处"景山"，一处在今山西闻喜县，一处在今河北邯郸市，一处在今湖北保康县。今当阳市城区北郊的景山未见载于早期历史地理文献。《三国演义》描写"曹操在景山顶上"观赵子龙大战长坂坡，所到之处，威不可当，大为惊叹道："世之虎将也！"汉末三国时期长坂坡一带未必有景山之称，景山应为文学移位地名。郦道元《水经注》卷三十二云："沮水出东汶阳郡沮阳县西北景山，即荆山首也，高峰霞举，峻峡层云。"② 东晋和南朝刘宋等王朝均置汶阳郡，属荆州，辖境相当于今湖北远安县、保康县及相邻区域，郡治在今远安县西北；"东"字应为衍文。沮阳县，今保康县南部；景山，乃荆山山脉之首，位于保康县西境。沮水源自保康县景山，流经远安县至当阳县，罗贯中将云霞笼罩的景山迁移至当阳以衬托长坂大战的宏大壮观，从而使景山（锦屏山）成为当阳著名的三国地名。

玉泉山、玉泉寺

玉泉山，山名，原名覆舟山，又名堆兰山、柴紫山等，民间习称覆船

---

① 当阳县地名领导小组编：《湖北省当阳县地名志》（内部资料），1982 年，第552~553 页。

② 郦道元：《水经注》，陈桥驿校证本，中华书局 2007 年版，第 752 页。

山，在今当阳市西郊，已成为当阳的风景名胜之地，东偏北距离当阳市政府所在地约12公里。玉泉寺，佛寺名，坐落于覆舟山东麓，是中国佛教天台宗祖庭之一，也是关公信仰的发源地之一。

罗贯中《三国演义》之《玉泉山关公显圣》一节叙述云：关羽被擒斩首后，"一魂不散，悠悠荡荡，乘云而飞。忽至一处，地名荆门州当阳县一座山，名为玉泉山"①。

按：玉泉山属丘陵高岗，东西走向，横看山形，犹如巨船覆地，故称覆舟山。山上树木苍冥，四季常翠，山腰山顶常常云雾缭绕，林木葱茏，蔚然大观，故又名堆兰山、柴紫山，实为三楚名山，乃古代当阳县著名八景之一，雅称"堆兰晚翠"。传说汉末建安年间普净禅师云游至覆舟山，结茅为庵，故名普净庵。罗贯中《三国演义》描写一天半夜时分，明月高照，清风凉爽，普净在庵中默坐。被杀的关羽骑赤兔马从空而降，关平、周仓紧随左右。经过普净一番禅语点拨，关羽英魂顿悟，即落云下马，拜普净为师，皈依佛门。后来玉泉山上建有关羽祠，关羽常常显圣于此。

小说家擅长文学想象，关羽英魂不散、乘云飞至玉泉寺的故事洋溢着浓厚的宗教气息。汉末三国时期无玉泉山、玉泉寺之名，梁朝特别崇佛，在覆舟山大力修建佛寺，隋朝改为玉泉寺、玉泉山之称大约也始于这一时期。汉末普净禅师结茅建庵以及收关羽为徒均源自宗教故事与民间传说，《三国演义》以此铺演成章，不足为信据。但玉泉山和玉泉寺以及荆门州乃是隋唐以后出现的实有地名，罗贯中依据宗教界附会的关公显灵故事，将后世地名移位至三国时期，今玉泉寺外立有"关云长显圣处"的石碑，使玉泉寺成为与三国人物关联密切的三国名胜之地。

三、当阳民间传说三国地名

汉末三国时期当阳沮漳河流域具有十分重要的战略价值，是三国群雄

---

① 罗贯中：《三国志通俗演义》，上海古籍出版社1980年版，第738页。

激烈争夺的焦点之一，著名的长坂之战、败走麦城之战等均发生于这一区域。今当阳民间流传着许多有关三国人物的地名故事，除了众多的关公地名外，赵云、张飞、刘备、诸葛亮、曹操、刘禅等亦活跃在民间地名传说故事中。

太子桥

太子桥，桥名，在今当阳市玉泉办事处境内，东南距当阳市政府所在地约3公里。

《湖北省当阳县地名志》云："太子桥位于当阳县城玉阳镇西北的长坂坡下。……原名玉阳桥，查《当阳县志》记载：'玉阳桥在治西一里，元至大间（1308—1311）建。'大约在清朝末年，根据《三国志》所载赵子龙大战长坂坡的事迹，和《三国演义》对赵子龙单骑救主的故事描述，改名为太子桥。……传说糜夫人（刘备妾）怀抱阿斗逃至玉阳桥下避难，后与赵子龙相遇，糜夫人将阿斗交付赵子龙后，便投井自殉。建安二十四年（219），刘备在成都自立汉中王，后称昭烈帝，立阿斗为太子，并于公元223年嗣蜀汉后主。此桥作为古战场遗迹，改名太子桥。"①

按：清末光绪年间李元才、李葆贞纂修《当阳县补续志》卷一云："太子桥：在治西长坂坡上，明万历丙子夏日立。"② 万历丙子年，即万历四年（1576），说明玉阳桥在明代万历初期就已改为太子桥了，并非清末改名。又前引《三国志·赵云传》载："先主为曹公所追于当阳长坂，弃妻子南走，云身抱弱子，即后主也，保护甘夫人，即后主母也，皆得免难。"《三国志·二主妃子传》亦有类似记载。可见，幼儿时期的后主刘禅在当阳长坂一带遭逢过劫难，在某桥下或桥洞躲避追兵确有可能。但刘禅遭逢劫难、赵云救主之地应在今当阳市东部淯溪镇境内，非当阳市西郊，

---

① 当阳县地名领导小组编：《湖北省当阳县地名志》（内部资料），1982年，第507~508页。

② 《中国地方志集成·湖北府县志辑》影印本第52册，江苏古籍出版社2001年版，第512页。

而且糜夫人投井自殉不见载于史籍，实为小说《三国演义》根据民间传说加工描写的故事。由此可见，太子桥可视为后世移位的三国文化遗迹。

娘娘井、娘娘庙

娘娘井，井名；娘娘庙，庙名，亦村落名。在今当阳市玉泉办事处境内，东南距当阳市政府所在地约 3 公里。

《湖北省当阳县地名志》云："娘娘庙：……相传东汉建安十三年（208），刘备被曹兵追杀至当阳，家小失散，刘妻糜夫人带阿斗逃至长坂坡下一枯井旁，后与赵子龙相遇，为冲出重围，糜夫人将阿斗交与赵子龙后，即投井殉身。后人将井叫为娘娘井，在井旁修建庙宇，名娘娘庙。因娘娘庙在此村内，故村以庙得名。"①

按：娘娘井，又称糜夫人井。光绪年间李元才、李葆贞纂修《当阳县补续志》卷一云："糜夫人井：在治西里许，踪迹不可考。"② 说明时至清末，作为一处三国文化古迹，糜夫人井早已难寻踪影。《三国志·麋竺传》载："建安元年，吕布乘先主之出拒袁术，袭下邳，虏先主妻子。先主转军广陵海西，竺于是进妹于先主为夫人。"③ 可见历史上麋竺之妹早在建安元年（196）就嫁给了刘备，建安十三年（208）长坂之战中，刘备仓皇中丢下妻子逃跑，糜夫人确有可能死于劫难。但糜夫人投井而死是《三国演义》的描写，且罗贯中将"麋夫人"改成"糜夫人"，故而当阳市郊的"糜夫人井"应是一处文学名著影响下附会的三国文化古迹，娘娘庙因井而建，亦明显是明清时期的产物。

子龙畈

子龙畈，田畈名，亦村落名，在今当阳市玉阳办事处境内，位于玉阳

---

① 当阳县地名领导小组编：《湖北省当阳县地名志》（内部资料），1982 年，第190 页。

② 《中国地方志集成·湖北府县志辑》影印本第 52 册，江苏古籍出版社 2001 年版，第 512 页。

③ 陈寿：《三国志》卷三十八，裴松之注本，中华书局 2000 年版，第 719 页。

镇长坂坡西南侧，东北距今当阳市政府所在地约 5 公里。

《湖北省当阳县地名志》载，子龙畈位于太子桥南，"三国时赵子龙大战长坂坡后，曾从此畈路过，故名"①。

按：《三国志》记载赵云在长坂勇救幼主和甘夫人的事迹十分简略，难以领略赵云的威武英姿。赵云如何几进几出长坂坡？如何冲锋陷阵大战曹军？如何护卫幼主杀出重重包围？如此等等，均为小说《三国演义》的文学描绘，且历史上赵云勇救幼主的长坂坡不在沮水之滨的玉阳山下，而在当阳东境的绿林山畔。子龙畈应是明清近代以来由《三国演义》衍生的三国地名。

庙前

庙前，村落名，现为镇名，为今当阳市庙前镇政府驻地，位于当阳市城区东偏北约 14 公里处。

《湖北省当阳县地名志》云："庙前：……传说三国时刘备率军南逃，张飞曾在此抗拒曹兵。后在坡上修建一座张飞庙，坡下是一小集场，故称庙前。"②

按：从地理方位上看，说庙前曾是历史上张飞抗拒阻挡曹军追击的地方，相较于今当阳城区东北郊坝陵桥张飞横矛处的说法要合理，但当阳长坂大战中张飞是否在张飞庙之前阻挡过曹军追击，亦不足为信据，可以确定的是张飞庙建于后世，庙前应是明清时期《三国演义》流行之后产生的三国地名。

张目岗

张目岗，山岗名，亦村落名，在今当阳市庙前镇境内，位于当阳市城

---

① 当阳县地名领导小组编：《湖北省当阳县地名志》（内部资料），1982 年，第590 页。

② 当阳县地名领导小组编：《湖北省当阳县地名志》（内部资料），1982 年，第89 页。

区东北约 8 公里处，东北距庙前镇政府所在地约 6 公里。

《湖北省当阳县地名志》云："张目岗：60 人，位于碎石岗村东北 0.6 公里处。传说张飞据水断桥时，刘备在此张目观望，故而得名。"①

按：张目岗村因张目岗而得名。《三国志·先主传》载，刘备在长坂大败后，令张飞断后，自己率残部"斜趋汉津，适与羽船会，得济沔，遇表长子江夏太守琦众万余人，与俱到夏口"②。"汉津"，在今荆门市沙洋县东境汉水西岸。所谓"斜趋汉津""俱到夏口"，即刘备兵败当阳长坂后向东南方向逃向汉津，在那里与关羽水军会合，渡过汉水，又与刘琦水步军会合，然后一起撤向夏口（今湖北武汉市）。历史上长坂坡应在今当阳市淯溪镇一带，庙前镇与长坂坡距离不远，都可能是刘备、张飞等蜀汉人物足迹所到之处。但刘备兵败长坂之后，其溃逃的方向应为东南，他张目瞭望、等待张飞归来的地方理应在漳水之东，而张目岗位于漳水之西约 7 公里，与今当阳市城区邻近，似与史实不符。而且传说张飞在庙前拒水阻敌，则刘备等待张飞处则应在庙前东南而非西南。因此，张目岗多半是后世随意附会的三国地名。之所以将张目岗附会到刘备等人身上，应与张飞庙有关。张飞庙处在当阳县通往远安县的必经之路旁，过往行人必经庙前，不少行人顺便走进庙里拜祭张飞，庙前村、庙前镇由此得名。大概因为张目岗与张飞庙相距不远，人们联想起《三国演义》描写张飞据水断桥、归见刘备的故事，便将张目岗附会到张飞、刘备身上。

打鼓台、七星台

打鼓台，台名，亦村落名；七星台，台名，亦村落名。二地相邻，均在今当阳市沮水东北岸坝陵办事处境内的锦屏山下，西南距当阳市政府所在地约 4.5 公里。

《湖北省当阳县地名志》云："打鼓台：198 人，位于杨家畈村东南

① 当阳县地名领导小组编：《湖北省当阳县地名志》（内部资料），1982 年，第157 页。

② 陈寿：《三国志》卷三十二，裴松之注本，中华书局 2000 年版，第 656 页。

1.5 公里处。相传三国时，曹操曾在此击鼓督战，故名。"① 又云："七星台：274 人，位于杨家畈东北 0.3 公里。……地势较高，传说三国时，曹操曾在此摆过'七星阵'，故名七星台。"②

按：所谓"七星"，即北斗七星，古人对于北斗七星的分布格局观察很仔细，常常在建筑、武术攻防、军事布阵等领域里设计北斗七星的形状，以期达到战胜敌手或表现审美观念的目的。东汉建安十三年（208）曹操是否亲临当阳长坂之战，学术界存在争议。《三国志》之《武帝纪》并未记述曹操亲率精骑追击刘备，《文聘传》《曹纯传》等传记则记载率精骑追赶刘备并将其击败于长坂的是曹纯、文聘等曹魏大将，唯《先主传》载"曹公将精骑五千急追之，一日一夜行三百余里，及于当阳之长坂"③，但未述及曹操亲自督战布阵。罗贯中依据《先主传》所载，加工描写了曹操亲率大军追赶刘备，并在景山之上督战围剿刘备残部的情节。可见，曹操督战的打鼓台和摆设七星阵的七星台等地名当是明清时期《三国演义》流行之后民间附会的三国地名。

紫盖寺

紫盖寺，寺名，在今当阳市半月镇境内，位于当阳市城区南约 20 公里处，东南距半月镇政府所在地约 4 公里。

《湖北省当阳县地名志》云：因寺庙坐落于紫盖山山腰，故以山得名紫盖寺。"紫盖寺的前身为道教场所，《道书》所谓三十三洞天仙境，即指此地。传闻旧日庙宇规模极其宏伟，有'紫盖宽博，玉泉尊特，淯溪秀媚'之说。民间曾传说：曹操八十三万人马下江南，驻兵庙内不见一兵一马。晋、唐以后，该庙宇毁于兵火。唐贞元中（794）天皇悟禅师在此重

---

① 当阳县地名领导小组编：《湖北省当阳县地名志》（内部资料），1982 年，第 198 页。

② 当阳县地名领导小组编：《湖北省当阳县地名志》（内部资料），1982 年，第 198 页。

③ 陈寿：《三国志》卷三十二，裴松之注本，中华书局 2000 年版，第 654 页。

建佛殿，再造金身，遂名紫盖寺，从此，便为佛家所据。……寺内庙、僧侣众多，每日以钟声指挥僧侣起居住行。清晨，钟声雄浑，回荡于山泽田舍之间，方圆十里可闻，故誉为紫盖晨钟，是当阳县八大名景之一。"①

《当阳地名传说》则说：曹操率八十三万人马追击刘备、孙权，来到紫盖山，一见这么多宫殿楼台，是个屯兵的好地方，便将军队驻扎于紫盖寺。"第二天清晨，曹操起兵继续南征，集合一清点，吓他一跳：八十三万人马怎么只剩了八十三人？派人四处一找，原来寺内钟鼓鸣响、唱和之声压倒了集合的号令，兵卒都到各宫殿看热闹去了。等曹操把人召拢，已到中午午时了。曹操赶到赤壁，不想被周瑜一把火烧了个兵马精光，逃回寺内，曹操才喘了一口粗气。一清点，不多不少恰恰逃回了八十三人。曹操又吓了一跳，想起了前次在此起兵南征的情形，越想越气，越想越火，就一把大火点燃了整个寺庙。大火烧了四四一十六天，把这里的土、这里的石块烧得漆黑。后来，风吹雨打日头晒，黑色渐渐变成了紫色。直至现在，这里的草木、石头、山土都是紫色的，紫盖山也就因此而得名。"②

按：古代多地有"紫盖山"之名，紫盖山上建寺庙多称紫盖寺。当阳民间有关曹操驻营紫盖寺的传说明显产生于《三国演义》流行之后的明、清和近代时期，曹操率兵八十三万，乃小说家虚构夸大之词。《三国志·武帝纪》曰："秋七月，公南征刘表。八月，表卒，其子琮代，屯襄阳，刘备屯樊。九月，公到新野，琮遂降，备走夏口。公进军江陵，下令荆州吏民，与之更始。"③ 所谓"更始"，即除旧布新。曹操至江陵下令"更始"，说明曹操大军驻营于江陵然后再进军赤壁的，岂有将数十万大军驻扎于江陵西北约百里的当阳紫盖山紫盖寺之理？一座寺庙又岂能容纳下八十三万大军？这显然是后世宗教徒夸饰寺庙之宏博广大而作的附会之词。而《当阳地名传说》所载传说故事虽充满想象力，但更显荒诞，颇

---

① 当阳县地名领导小组编：《湖北省当阳县地名志》（内部资料），1982年，第533~534页。

② 王友兵编：《当阳地名传说》，[2000] 鄂宜当图内字第010号，第124页。

③ 陈寿：《三国志》卷一，裴松之注本，中华书局2000年版，第21页。

杂宗教迷信之说。

张家营、陈家营

张家营和陈家营，均为军营名，亦村落名，在今当阳市两河镇境内。张家营位于镇政府所在地南偏东约 4 公里处，陈家营位于镇政府所在地南偏东约 6 公里处，与麋城故址紧邻。

《湖北省当阳县地名志》云："张家营：……相传三国时蜀将麋芳，曾在此村扎营，后张姓居此，故名。"[1] 又云："陈家营：……相传三国时，蜀将麋芳驻守麋城时，曾在此地屯兵扎营，后陈氏居此，故名。"[2]

按：如前所述，蜀将麋芳做过八年的南郡太守，古当阳县为其辖地，他确有可能驻守过麋城，而麋城周边亦确有可能为其兵马驻营之地。麋城附近张家营、陈家营之类的地名，具有较高的历史可信度，但无法找到历史文献依据。

周仓墓

周仓墓，坟墓名，亦称周仓坟，后为村落名，在今当阳市两河镇境内，位于镇政府驻地麦城故址之西不远处。

《湖北省当阳县地名志》云：周仓墓村以周仓墓而得名，"传说这里即三国蜀汉大将周仓葬身之地。……周仓坟为南北走向，墓穴是一圆形土阜封堆，高 2.1 米，周长 22.5 米，总占地面积 80 余平方米。坟四周有青石砌成的围墙……正中刻有'汉武烈侯周将军讳仓之墓'，每字约 10 公分。此碑为抗日战争时期重立。"[3]

按：《三国志》及裴松之注均无周仓之名。周仓最大可能是民间文学

---

① 当阳县地名领导小组编：《湖北省当阳县地名志》（内部资料），1982 年，第 376 页。

② 当阳县地名领导小组编：《湖北省当阳县地名志》（内部资料），1982 年，第 377 页。

③ 当阳县地名领导小组编：《湖北省当阳县地名志》（内部资料），1982 年，第 529～530 页。

创造的人物，元人关汉卿杂剧《单刀会》中有周仓，罗贯中《三国演义》中，周仓相当活跃，形象颇为生动。同治版《当阳县志》卷二曰："周将军墓：在治东南五十里，麦城之西。乾隆二十三年，邑令苗肇岱加修勒石。相传有耕夫掘地，见碑刻有'周将军……'数字，其名号年月不可辨，邑令闻之，故有此举。按：《三国志·关侯传》同时遇害者子平及都督赵累，而无周仓之名，今天下庙像列周而遗赵，心窃疑之。夫以陈寿帝魏之见，于蜀汉诸臣应多阙略，固不得以周将军为亡是公若明明，都督赵累载在史册，名位当在周仓之右，而反略之，何也？何也？附载于此，以备参考。"① 从同治版《当阳县志》所载情况看，乾隆年间当阳县令苗肇岱所为，显然是深受《三国演义》等文学作品之影响而作的附会之举，即周仓墓实为清代当阳官绅建造的三国文化古迹。

当代学界多有学者认为：陈寿著《三国志》，依据的只有《吴志》和《魏志》，而独无《蜀志》可凭。陈氏所掌握的史料不足，撰写《三国志》时有所缺略，未记载周仓不足为怪，因而不能轻易怀疑周仓其人的有无和周仓墓的真伪。笔者以为：即便历史上关羽身边真有周仓其人，但其职位不高，才名不显，绝不像《三国演义》所描述的那样卓绝，否则材料再缺漏，作为史学家的陈寿也不至于从未听说过周仓其人其事。

四、当阳民间新生三国地名

随着社会经济的发展和"三国文化热"的不断升温，各地逐渐产生了一些新的三国地名故事。当阳是名副其实的三国文化之乡，近二三十年来民间产生了许多新的三国地名故事，这些地名故事附会成分较重，但深刻地表现了当阳人民浓厚的三国情结。

---

① 《中国地方志集成·湖北府县志辑》影印本第52册，江苏古籍出版社2001年版，第91页。

三国包

三国包，小山包名，在今当阳市玉泉办事处境内，位于当阳市西郊长坂公园西约 1 公里处。

《当阳地名传说》云：当阳市区西郊有一座长龙似的山丘向远处延伸，"龙脊"上有三个突出的山包，传说当年赵子龙大战长坂坡时，曾设擂鼓台和兵营于此。赵云在长坂坡"往来冲突，与曹军杀了个七进七出。杀至夜晚，手下将士逐渐稀疏，只剩十余骑相随"。但赵子龙沉着镇定，施下一条妙计：把山羊倒吊在树枝上，借助山羊的两只前腿击鼓，又叫一些士卒提着灯笼，打着火把，在山包上下、包前包后的栗树林子里游来游去以迷惑曹兵，使曹操以为刘备派来大量援兵而不敢轻举妄动。子龙以此大壮了军威，也保存了实力。"自此，当地老百姓就称这三个包为'三国包'了。"[①]

按：史籍记载赵云长坂救主的故事十分简略，《三国演义》描写赵云在长坂坡于百万曹军中三进三出，"七进七出"之说源自明清戏曲和民间传说故事。三国包应是近代以来根据《三国演义》的文字描写和民间传闻附会而来的三国地名。

望儿坡

望儿坡，山坡名，在今当阳市玉阳办事处境内，位于今当阳市城区玉阳山下。

鲍传华《长坂坡》云：当阳市玉阳山下有一条古老的石板街，在它的尽头有一个小坡，坡上有十五级石阶，传说当年赵子龙曾登上石阶眺望过小主人阿斗，不见踪影，心中愁苦万分。最终，子龙独自一人拍马往长坂坡寻去。"自此以后，人们就叫这十五级小坡为'望儿坡'了。"[②]

---

① 参见王友兵编：《当阳地名传说》，[2000] 鄂宜当图内字第 010 号，第 3 页。
② 参见鲍传华：《长坂坡》，湖北人民出版社 2013 年版，第 3~4 页。

按：赵子龙是当阳民间最敬仰的三国英雄之一，但历史上当阳长坂坡不在玉阳山下，即使三国时期玉阳山下有坡名"望儿坡"，也与子龙将军无关。显然，望儿坡是附会而来的三国地名，表现了当阳人民对于子龙将军的无限喜爱之情。

子龙街

子龙街，街道名，在今当阳市玉阳办事处境内，乃当阳市城区一条小街道。

《当阳地名传说》云：传说赵子龙救得幼主阿斗，便脱下铠甲怀抱阿斗，向玉阳山下一条石板小街飞奔而去。曹操大将张郃迎面阻挡，赵云为护幼主，不敢恋战，夺路而去。不料连人带马跌入泥坑，张郃率兵将泥坑团团围住，大喊赵云快降。眼看难逃死地，突然赵子龙怀中闪出一道红光，吓得曹兵乱作一团。子龙拍马大喝一声，战马纵身一跃，如波开浪裂，突出重围。"有诗赞曰：子龙战长坡，威风震群山。突阵显英雄，被困勇巷战。鬼哭与神号，天惊并地惨。常山赵子龙，一身都是胆！……为了纪念这次巷战，便叫这条石板小街为'子龙街'了。"①

按：魏晋史籍并无张郃随曹操南征荆州的记录，那时张郃尚在北方参加征讨叛军的军事行动，参加南征荆州的可能性极小。张郃于长坂坡战赵云源自小说《三国演义》。子龙街的故事当是近代以来民间依据《三国演义》的情节附会而来，同样显示了赵云在当阳人民心目中的崇高地位。

九子山

九子山，山峰名，在今当阳市坝陵办事处境内，位于当阳城区北郊当阳桥（即霸陵桥）附近。

---

① 参见王友兵编：《当阳地名传说》，[2000] 鄂宜当图内字第 010 号，第 10~11 页。

《当阳地名传说》云：相传当年张翼德圆睁环眼、立马桥头独拒曹兵时，附近山岗上九个牧童站在那里望着张飞嬉笑。张飞问他们笑什么，九个牧童说：你一人能挡住曹家五十万大军吗？张飞说能。牧童们摇头不信。后张飞怒喝曹兵，声如巨雷，当即河水倒流，吓得曹兵回马奔逃，自相践踏，死伤不计其数。"九个牧童站在山岗上看呆了，不觉羞愧满面，顿时化作九座小山峰。自此尔后，这架山就叫九子山了。"①

按：同治版《当阳县志》卷二云："九子山：在治北十里，九峰崒崒，紫翠绵缊。山麓有仙姑洞，石磊匕如旋螺。传为曹、何仙姑栖真处。"② 说明直至晚清时期，当阳九子山一直传为道教仙人栖真处，尚无九个童子观看三国英雄张飞大战曹兵的说法。可见，九子山故事实为近代以来衍生的三国地名传说，故事性强，充满浪漫气息，道教色彩亦浓。

河溶

河溶，原称合溶，本为小集镇名，现为镇名，位于今当阳城区东南约30公里处。

《当阳地名传说》云：合溶原本是一个古老的小集镇，因沮漳二水在此汇合而得名，初名溶市、合溶，后称河溶。民间传说，河溶的来历与刘备在此筑城有关。刘备南征北战，长期缺乏安身之地。后来做了东吴女婿，才借荆州住了下来。刘备备受东奔西走的苦楚，迫切想修座城池作长久之计，选来选去选中了沮漳两水交汇处。刚安排人动工时，在外察看军情的诸葛亮回来了，问清情况后反对刘备在此建城，说："二龙穿江过，筑城有何用！"刘备听罢立即打消了在此筑城的主意。虽然刘备没有在此筑城，"却因交通方便，物产丰富，慢慢建成了一个热闹的集镇。人们在给这个集镇取名时，便借用了诸葛亮的'二龙穿江过，筑城有何用'一句

---

① 参见王友兵编：《当阳地名传说》，[2000] 鄂宜当图内字第 010 号，第 16~17页。

② 《中国地方志集成·湖北府县志辑》影印本第 52 册，江苏古籍出版社 2001 年版，第 78 页。

中的'何用'二字谐音，取名为'河溶'"①。鲍传华《长坂坡》则说：
关羽、关平父子行军练兵，来到沮漳二河合流处，"几天几夜的苦行军，
关平脚打泡了，脚走肿了，身子软了，拖不动了。他两眼望着义父，似乎
在央求：义父，歇几天再走吧！关公怜惜而严厉地指着关平说：'养儿何
用哟，养儿何用哟！'何用，何用，因谐音而传为'河溶'。至今，'养儿
何用'的故事仍在当阳广泛流传"②。

按：《三国志·周瑜传》载："权拜瑜为偏将军，领南郡太守。以下
隽、汉昌、刘阳、州陵为奉邑，屯驻江陵。刘备以左将军领荆州牧，治公
安。"③ 又《三国志·先主传》注引《江表传》曰："周瑜为南郡太守，分
南岸地以给备。备别立营于油江口，改名为公安。刘表吏士见从北军，多
叛来投备。备以瑜给地少，不足以安民，复从权借荆州数郡。"④ 可见，赤
壁之战后，周瑜出任南郡太守，屯兵江陵，而刘备以荆州牧的身份屯驻江
南公安。不久孙权让荆州数郡（实为江陵、当阳、枝江、夷陵、夷道等数
县）与刘备，刘备依旧以公安为州治，令关羽屯兵江北，与占据南郡北部
宜城、襄阳一带的曹军对峙，当阳河溶为战备地区，刘备不大可能选择此
处作为居住之城。刘备筑城河溶的故事，应出自当阳民间百姓的虚构和附
会。至于说"河溶"得名于关羽一句"养儿何用"，其虚构性更为明显。
将地名"河溶"与诸葛亮、刘备、关羽等人关联起来，当是近代以后的
事。

淯溪

淯溪，溪名，现为镇名兼河流名，位于当阳市城区东北20余公里处。
《当阳地名传说》云：淯溪镇因淯溪寺而得名，而淯溪寺又因育溪河

---

① 参见王友兵编：《当阳地名传说》，[2000] 鄂宜当图内字第010号，第39页。
② 鲍传华：《长坂坡》，湖北人民出版社2013年版，第37~38页。
③ 陈寿：《三国志》卷五十四，裴松之注本，中华书局2000年版，第934页。
④ 陈寿：《三国志》卷三十二，裴松之注本，中华书局2000年版，第655页。

得名。当阳民间传说浒溪寺是三国末年司马炎所建，原本名育溪寺，"浒"通"育"。相传司马炎祖父司马懿有一次路过育溪河边的陈家畈，经过一口堰塘边，堰中忽然开出一朵白莲花。司马懿又惊又喜，自言自语道："白莲，白莲，如为我而开，就连连生出三朵白莲，保我做一朝人王，我一定在这里修一座白莲寺，让四面朝拜，八方进贡。"话音刚落，堰里果然连开了三朵白莲花，司马懿连声赞叹，真乃仙乡圣地也！司马懿死后，孙子司马炎代魏建立了晋朝，是为晋武帝。司马炎追谥祖父司马懿为宣帝。"为了还祖父许的愿，就在当阳陈家畈修了一座九重十八殿的寺庙。这寺本应叫'白莲寺'，司马炎想，祖父当年信口许诺让'四面朝拜，八方进贡'，要是那样，这地方不要超过我了吗？他就没用这个名。他看寺旁的育溪河山清水秀，就取名为'育溪寺'。"①

按：《大清一统志》卷二百六十六曰："浒溪寺：在当阳县东北四十里。晋惠远法师建，后毁，明永乐十三年重建。"②《湖广通志》卷七十八有类似记载。惠远法师，又作慧远法师，又称远公法师，东晋著名高僧之一，庐山白莲教创始者，与司马懿相距百余年，与司马炎相距约八十年。又据《三国志》《晋书》等史籍所载，司马懿终其一生足迹未至襄阳汉水以南，当阳浒溪位于襄阳之南三百余里，司马懿岂能路过浒溪河？足见浒溪寺故事是当阳民间根据晋人惠远法师建寺浒溪河畔而附会至司马炎、司马懿身上的三国地名故事，具体时代不详，多半是近现代文人学士的虚构加工。

本章考述了当阳境内除民间传说关公地名之外的各类三国地名和三国文化遗迹共计 28 个，其中，三国历史地名和遗迹 5 个，移位三国地名和遗迹亦有 5 个，民间传说三国地名 18 个。28 个三国地名和遗迹中，蜀汉地

---

① 参见王友兵编：《当阳地名传说》，[2000] 鄂宜当图内字第 010 号，第 40 页。
② 《大清一统志》，见《四库全书》第 480 册，上海古籍出版社 1987 年版，第 169 页。

名和文化遗迹有 23 个，曹魏地名有 5 个，却没有专门讲述东吴人物故事的东吴地名。事实上，当阳县作为东吴政权辖区的时间远比蜀汉和曹魏长，这说明当阳民间"拥刘贬孙"的思想情感十分鲜明，这可能与吴人背盟毁约偷袭荆州导致关羽命丧当阳的事件有着密切的关联。

第六章　当阳市三国地名（下）

当阳境内的三国地名中，占极大比重的是关公地名。当阳地处荆襄古驿道之要冲，是关羽镇守荆州、北进襄阳的战略基地，也是关羽败走麦城、被杀葬身之处。更重要的是，当阳是关公文化的肇始之地，关羽生前在荆州实施爱民惠民的仁政，死后埋葬于沮水之滨，当地百姓自发前往冢地烧香祭拜，关羽崇拜由此逐渐形成。明清时期，关羽信仰昌兴天下，当阳关陵与洛阳关林、解州关庙并称为"中国三大关庙"，成为广大百姓祭拜关羽的圣地之一。这应是当阳民间产生大量关公地名的根本原因。

一、以关羽战马为主题的关公地名

在古代冷兵器时代，陆地作战以骑兵为优胜，战马在对敌作战中发挥着重要作用。关羽是汉末三国时期著名的马上将军，加之小说《三国演义》生动描绘了其坐骑赤兔马的英姿神威，故而在全国各地的关公地名中，以记述关羽及其战马为基本内容的地名相当集中，当阳关公地名亦不例外，占全部关公地名的三分之一以上。

秣马山

秣马山，山名，当在今当阳市草埠湖镇境内，西北距离当阳市城区约50公里。

同治版《当阳县志》卷二载："秣马山：近万城，相传关帝督荆州时秣马处。其下有军器窖，犯之即雷电作云。"①

按：万城，古城名，遗址在今荆州市李埠镇万城村境内，与今枝江市临近。据同治版《当阳县志》的说法，秣马山临近万城，当在今荆州市境内或枝江市境内。但《大清一统志》卷二百六十五云："秣马山：在当阳县东南一百二十里，旧名马山。相传关忠义督荆州时，秣马于此。"② 同卷又云："方城：在当阳县东南一百二十里，相传唐郭子仪筑，旁有秣马山，明初尝移县治此。"③《大清一统志》早于同治版《当阳县志》，可见同治版《当阳县志》编者或誊抄者是将"方城"误作"万城"。按《大清一统志》所指方位，秣马山当在今当阳市东南草埠湖镇至荆州市马山镇之间，秣马即喂马、养马之意，秣马山确有可能是关羽放牧驯养战马之地，只是同治版《当阳县志》说山下有军器库，侵犯军器库便会遭遇雷电劈杀，不过是民间百姓将关羽神化的附会之词。

跑马岗、功夫岗、掇刀岭

跑马岗，山岗名，亦村落名，今当阳市境内有两处传说与关羽相关的跑马岗。

一是河溶镇跑马岗。位于今当阳市河溶镇北部东升村境内，西南距当阳市城区约18公里。《湖北省当阳县地名志》云："跑马岗：117人。位于东升大队驻地西北1.2公里处，西与淯溪公社接界。传说关羽曾在岗上跑马而得名。"④

二是王店跑马岗：又称功夫岗，位于今当阳市王店镇东部跑马岗村境

① 《中国地方志集成·湖北府县志辑》影印本第52册，江苏古籍出版社2001年版，第80页。

② 《大清一统志》，见《四库全书》第480册，上海古籍出版社1987年版，第155页。

③ 《大清一统志》，见《四库全书》第480册，上海古籍出版社1987年版，第163页。

④ 当阳县地名领导小组编：《湖北省当阳县地名志》（内部资料），1982年，第222页。

内，北距当阳市城区约 15 公里，西距王店镇政府所在地约 8 公里。掇刀岭，山岭名，在跑马岗旁。《当阳地名传说》云：当阳城南约三十里的山丘地带有一跑马岗，传说关羽镇荆州时常在这里教义子关平练习骑马作战之技巧，故名跑马岗。跑马岗尽头有一个山包，人称掇刀岭。关羽教关平跑马时，先将青龙偃月刀插在山包上，然后驱使战马沿十里长岗由远及近奔驰而来，让奔马的风力使青龙偃月刀呜呜直叫，方才罢休。"一天一天过去了，山包被'溜'成了秃包。说来也巧，至今这包上再也不长草了，人们传说这是关公的功夫所在。……所以，跑马岗也被人们誉为功夫岗！"[1]

按：今河溶镇在汉末三国时期处在当阳县南北交通要道即荆襄古驿道旁，是关羽足迹所到之地，民间传说跑马岗因关羽跑马而得名，但各地多有跑马岗之名，不可能都是源于关羽跑马，因此无法排除民间附会。而王店镇跑马岗故事说关平为关羽义子、关羽兵器为青龙偃月刀等，则无疑是受《三国演义》描写的影响。事实上关平为关羽亲子，《三国志》亦未记载关羽兵器为大刀，故而此处跑马岗实为《三国演义》衍生的三国地名。又《湖北省当阳县地名志》收集的王店镇民间传说故事云：跑马岗原为无名岗地，岗下溪流桥头处仅有一户人家开了一个茶酒店，称桥头店。因溪水泛滥频繁，小店移至山岗上。后来人户渐多，形成集镇。其中以黄姓、杨姓人多势众，"黄姓要取名黄家场，杨姓则要取名杨家场，并为此经常闹事。当地一秀才见两姓互不相让，便从中调解，他编造一个故事：假传关老爷（关羽）曾在此岗上跑过马，距镇约二里有一土包，是关老爷下马休息的地方，现在蚂蚁都不爬上去。双方信以为真，便以此编造的故事，定名为跑马岗"[2]。很显然，与关羽关联的跑马岗大多是后世附会而来的三国地名，是明清时期关羽信仰的产物。

---

[1] 参见王友兵编：《当阳地名传说》，[2000] 鄂宜当图内字第 010 号，第 66 页。
[2] 当阳县地名领导小组编：《湖北省当阳县地名志》（内部资料），1982 年，第 330 页。

歇马台

歇马台，台名，亦村落名，在今当阳市河溶镇境内，西距河溶镇政府所在地约4公里。

《湖北省当阳县地名志》云："歇马台：……传说关公曾在此处下马休息，故名。"[1]

按：地名"歇马台"，常常是权位极高者临时歇马驻足之地。江西九江一带传有秦始皇上庐山途中临时歇马赏景的歇马台，天津市宝坻区传有金国金章宗驻马的歇马台，又名驻马台，浙江赤城一带传有辽国萧太后临时休息的歇马台，等等，大多见载于《明一统志》《大清一统志》等历史地理文献。当阳歇马台是历史上关羽足迹所到之地，但是否因关羽歇马而得名？古代历史地理典籍并无记载。且关羽为乱世战将，歇马驻足处比比皆是，不大可能因为临时下马休息而将某地取名歇马台，故而当阳歇马台多半为关公崇拜盛行后民间修建的三国文化遗迹。

跑马堤

跑马堤，河堤名，亦村落名，在今当阳市河溶镇境内，南偏西距河溶镇政府所在地约7.5公里。

《湖北省当阳县地名志》云："跑马堤：230人，位于红胜大队驻地南2.3公里……村西有堤，传说关羽曾在此堤跑马，故名。村沿堤名。"[2]《当阳地名传说》讲得更具体：关羽曾镇守河溶一带，夜间研读兵书，白天在得胜山、跑马岗等地习武跑马，但因湖地常年积水杂草丛生，给关羽跑马带来极大不便，当地百姓甚为不安。于是，周围一带百姓联合起来，修筑了一条十里多长的土堤以供关羽使用。"四方百姓敬关公如神，常因

---

[1] 当阳县地名领导小组编：《湖北省当阳县地名志》（内部资料），1982年，第343页。

[2] 当阳县地名领导小组编：《湖北省当阳县地名志》（内部资料），1982年，第234页。

关公在此跑马而自豪，并习惯地称这段堤为跑马堤。"①

　　按：跑马堤及跑马岗之类地名的得名应与跑马习武有关，但说河溶百姓自发地为关公修建长堤以供关公跑马，则显得牵强附会，难以令人信服。真实的情况应是这一带地势低洼，雨天则积水难行，当地百姓修建长堤阻拦洪水以便出行和保护庄稼，后来长堤上常有兵士跑马习武，因而得名跑马堤。但是否因关羽在此跑马习武而得名则缺乏依据，多半是明清时期关公崇拜盛行的产物。

马晃堰、木马岭

　　马晃堰，堰塘名，在今当阳市河溶镇北部偏东红明村境内，西距当阳市城区约 32 公里。《当阳地名传说》云：关羽在得胜山打了胜仗之后，继续往前走了 3 里多路，到了一口堰塘边，其坐骑赤兔马忽然晃动了一下，关羽摸了一下马背，汗津津的，知道该歇息一下，便下马传令休息，他自己拿了本《春秋》走到堰塘稍高的土堆上坐下看起书来。"说也怪，若干年后这口堰塘越阔越大，把关公坐着看《春秋》的那块地方已经阔到堰塘中间了。但不管塘水再大再猛，关公坐的那块地方却始终没有被水淹过，直到如今还是这样。这口堰塘人们管叫它是马晃堰。"②

　　木马岭，山岭名，亦村落名，在今当阳市河溶镇东北边界丁场村境内，西距当阳市城区约 30 公里，与马晃堰不远。《湖北省当阳县地名志》云："木马岭：168 人，位于丁家新场村西北 1 公里处。传说关羽曾在此岭下马休息，后为纪念，制一木马放在山岭上，故名。"③

　　按：马晃堰、木马岭位于漳河东岸，刘备借得荆州之初，关羽屯驻江北，确有可能行军作战经过这一带。但马晃堰故事显然是后世民间神化关羽的结果，且述及"赤兔马"，则明证其产生于《三国演义》流行之后的

---

① 参见王友兵编：《当阳地名传说》，[2000] 鄂宜当图内字第 010 号，第 68 页。
② 参见王友兵编：《当阳地名传说》，[2000] 鄂宜当图内字第 010 号，第 61 页。
③ 当阳县地名领导小组编：《湖北省当阳县地名志》（内部资料），1982 年，第 228 页。

明清时期或近现代。而制作木马以纪念关羽是后世民间行为，足见"木马岭"亦是明清或近代以后产生的关公文化遗迹。

马踏河

马踏河，河名，亦村落名，在今当阳市王店镇新华村境内，东南距王店镇政府所在地约16公里。

《湖北省当阳县地名志》云："马踏河：……传说关公骑马从河中经过时留下有马蹄印，故而得名。村以河名。"[1]《当阳地名传说》则云：关公率兵入川，走到此处，忽遇大雨，河水猛涨，无法前进。关公望见河中一块突起的巨石，便催促赤兔马前去查看水情，"赤兔马奋力朝前一跳，正好一蹄踏在巨石上，将巨石踏了一个三寸深的蹄印。……'马踏河'就从此叫响了"[2]。

按：关羽率部入川，当是兵败麦城之后，从麦城所处地理位置看，关羽被迫突围出城，沿沮水河谷向西北逃向临沮县（今远安县等地），不大可能向西跑到一百余里外的马踏河一带，因为马踏河之西便是夷陵县，已被吴将陆逊占据峡口，切断了关羽退入巴蜀的水上通道。而且关羽兵败麦城时为隆冬季节，遇上暴雨洪水的可能性不大。赤兔马在巨石上踏出一串蹄印，明显是民间文学对于关羽及其战马加以神化的结果。因而，马踏河当是关羽信仰兴盛之后产生的关公地名。

勒马象

勒马象，又称勒马岗，山岗名，亦村落名，在今当阳市王店镇黑土坡村境内，北距王店镇政府所在地约4.5公里，临近枝江市地界。

《湖北省当阳县地名志》云："勒马象：……传说三国时，关羽曾在此

---

[1]　当阳县地名领导小组编：《湖北省当阳县地名志》（内部资料），1982年，第300页。

[2]　参见王友兵编：《当阳地名传说》，[2000]鄂宜当图内字第010号，第62页。

地勒马观望而得名。"① 《当阳地名传说》则称为"勒马岗",说关羽领兵追杀曹军,追至这里,曹军逃进了山林,关羽见山林十分茂盛,担心中了埋伏,便就此地勒马回营。"从此,这里便得名勒马岗。"②

按:"象""岗"音近,"勒马象"难明其意,当由"勒马岗"讹传错写而来。因于此山岗勒马回营而得名勒马岗在情理之中,但是否因关羽勒马回营而得名,则难以确信。勒马岗一带既非毗邻荆襄古驿道,又靠近荆州腹地,关羽镇守荆州期间在此地与曹军作战的可能性不大,多半是后世百姓附会的关公地名。

石马槽

石马槽,马槽名,亦村落名,在今当阳市庙前镇石马村境内,南距当阳市城区约 34 公里,与远安县交界。

《湖北省当阳县地名志》云:"石马槽:在庙前公社沙坝河自然镇西北,石马大队境内,烟远公路从此地通过。……《荆门州志》记载:'汉前将军关羽屯兵于此,凿石为槽以饮马',故名。"③

按:所谓"烟远公路",即今当阳市烟墩集(现为庙前镇政府驻地)至远安县的公路。《湖广通志》卷七十七在"远安县"条下曰:"石马槽:在县东三十里,汉关忠义屯兵于此,凿石为槽,故名。"④ 清同治五年(1866)编修《远安县志》(以下简称同治版《远安县志》)卷一《疆域形胜图说》说得更具体:"石马槽:在县之东,距城三十里。有小村市,地势平坦,东行至荆门州,小路;南行至荆门州,大路。相传关帝屯兵

---

① 当阳县地名领导小组编:《湖北省当阳县地名志》(内部资料),1982 年,第 335 页。

② 参见王友兵编:《当阳地名传说》,[2000] 鄂宜当图内字第 010 号,第 62 页。

③ 当阳县地名领导小组编:《湖北省当阳县地名志》(内部资料),1982 年,第 577 页。

④ 《湖广通志》,见《四库全书》第 534 册,上海古籍出版社 1987 年版,第 38 页。

处，有石槽一，即关帝饮马遗迹。此处当设重兵。"① 石马槽一带是秦汉时期当阳县通往临沮、南漳、宜城等县的交通中转站，位置十分重要，关羽屯兵于此是出于控制交通要道的战略考虑，故而石马槽确有可能是关羽屯兵喂马之地，当属一处可信度较高的三国地名和遗迹。明清时期，石马槽一带隶属远安县，现为当阳市辖区。

马蹄窝

马蹄窝，山包名，在今当阳市庙前镇花坪河村境内，东南距当阳市城区约 15 公里。

《湖北省当阳县地名志》云："马蹄窝：位于庙前公社花坪大队境内，主峰距花坪河村东南 1.6 公里处……传说三国时关公曾在此立马向荆州方向观望，现在还可见留下的几个马蹄印和一个饮马水窝。"②

按：由于长期的雨水冲刷，在一些山丘和河沟的巨石上，常常形成一些像马蹄形的窝槽，人们常常称之为马蹄窝。真正由马蹄行走形成的窝状印迹是很难留存下来的，说关羽坐骑在山包上留下几个马蹄印，实不足为信，马蹄窝应是后人为了神化关羽及其战马而虚构附会的关公地名。

响铃岗

响铃岗，山岗名，在今当阳市西部著名风景区百宝寨景区境内，东偏南距当阳市城区约 22 公里。

《当阳地名传说》云：百宝寨景区内有一条山岗叫响铃岗，传说夜里常有怪兽出没，糟蹋庄稼，弄得百姓常闹饥荒。关羽进驻百宝寨后气愤地说道：是何等妖孽胆敢糟蹋庄稼危害百姓，我的青龙偃月刀定不轻饶！当天晚上，关羽跨赤兔马，手提青龙偃月刀，在这条山岗上往来巡游，一路

---

① 《中国地方志集成·湖北府县志辑》影印本第 50 册，江苏古籍出版社 2001 年版，第 342 页。

② 当阳县地名领导小组编：《湖北省当阳县地名志》（内部资料），1982 年，第 548 页。

马铃声声，寒光闪闪。一连过了几天，山岗上下一片宁静，从此再无怪兽出没，地上庄稼自然茁壮成长。当地百姓十分感激关公的恩德，从此大家"将这条山岗名为响铃岗"①。

　　按：很显然，响铃岗故事的文学虚构性很强，意在神化关羽，应产生于《三国演义》之后的明清时期或近现代，故事生动却不足为信据。

歇马沟

　　歇马沟，山沟名，亦村落名，在今当阳市淯溪镇北部邵家畈村境内，南距淯溪镇政府所在地约 32 公里。

　　《湖北省当阳县地名志》云："歇马沟：27 人，位于邵家畈村西 1.5 公里处。古时为至襄阳的一条重要通道。传说关羽路过此地，曾下骑饮马，故而得名。"②

　　按：歇马沟应是一处较僻静宽阔又多水草的山沟，因适合歇马进食，故而称为歇马沟。尽管歇马沟处在当阳至襄阳的重要通道旁，但歇马沟未必因关羽饮马而得名，多半是后世百姓附会的关公地名。

放马滩

　　放马滩，河滩名，亦村落名，今名方滩河，在今当阳市淯溪镇春河村境内，南距淯溪镇政府所在地约 11 公里。

　　《湖北省当阳县地名志》云："方滩河：……传说关羽曾在此滩上放马，故名放马滩。后逐渐演变为方滩河。村以河名。"③

　　按：方滩河，本名"放马滩"，后来写作"方马滩"，后来又省称"方滩"，逐渐以"方滩"称河名。放马滩（方滩河）处在漳河西岸，是一处

---

　　①　参见王友兵编：《当阳地名传说》，［2000］鄂宜当图内字第 010 号，第 80~81 页。

　　②　当阳县地名领导小组编：《湖北省当阳县地名志》（内部资料），1982 年，第 68 页。

　　③　当阳县地名领导小组编：《湖北省当阳县地名志》（内部资料），1982 年，第 113 页。

开阔朝阳、适合放马的河滩，其得名当源于此，未必与关羽有关，应是一处民间附会的关公地名。

歇马寨

歇马寨，原为一座山寨名，后为村落名，在今当阳市淯溪镇春新村境内，东北与荆门市漳河水库毗邻，西南距淯溪镇政府所在地约 15 公里。

《湖北省当阳县地名志》云："歇马寨：……传说关公路过此寨时曾下马歇息，故名。现寨已毁，村沿寨名。"①

按：古代交通不发达，盐贩子、马贩子进入山区，常常会在途中选择一个适合歇息人马的地方，故多有"歇马寨""歇马岗""歇马沟"之名。淯溪镇歇马寨一带多山岗坡地，应是一处古代人行山道上歇息人马的"民间驿站"，即使关羽真到过此地，也未必由关羽而得名。歇马寨当是后人附会的关公地名。

观天早、马打捻

观天早，山名，亦村落名，又名马打捻，在今当阳市淯溪镇同明村境内，南偏西距当阳市城区约 61 公里，其东北约 3 公里处为著名的杜甫沟村。

《湖北省当阳市地名志》云："传说三国时关羽率军路过此地，观天时尚早，传令休息片刻，故得名观天早。"②《当阳地名传说》则云：关羽围攻樊城时，吕蒙袭夺荆州。关羽闻讯大惊，随即沿漳河故道回救荆州。行至今陈院乡同明村一座山岭上，已是月明星朗之夜。关羽见天色尚早，便下令士卒就地休息，天明赶路。就在这时，其坐骑赤兔马疲困地打了一捻，关羽顿觉不妙：赤兔打捻，祸在眼前！果然，忽报流星马到，说公安

① 当阳县地名领导小组编：《湖北省当阳县地名志》（内部资料），1982 年，第 115 页。

② 当阳县地名领导小组编：《湖北省当阳县地名志》（内部资料），1982 年，第 539 页。

守将傅士仁、江陵守将糜芳都降了吕蒙。如今，此处有一块大石板，"其上留有马打捻的痕迹，于是得名'马打捻'，又名'观天旱'。'观天旱'是关羽大意失荆州的一个地名标志，告诫后人：遇事不可麻痹大意"①。

　　按：马打捻，即马打了一个踉跄，险些跌倒。马打捻（观天旱）山峰位于漳河西岸，处在古荆襄驿道之旁，关羽从樊城南下救荆州，确有可能经过这一带。但马打捻（观天旱）是否得名于关羽回救荆州，则难以证实。《三国志·吕布传》载曰："布有良马曰'赤兔'。"裴松之注引《曹瞒传》云："时人语曰：'人中有吕布，马中有赤兔'。"② 可见，赤兔为吕布坐骑，但吕布被曹操剿灭后赤兔归于何人，史籍并无记载。罗贯中《三国演义》则描写曹操将赤兔马赠与关羽，从此赤兔马与关羽紧密相连，成为名扬天下、腹怀忠义的千里马。而且《三国演义》将蜀汉降将士仁、糜芳写作"傅士仁""糜芳"。可见，马打捻（观天旱）故事应产生于《三国演义》之后的明清时期。

松铃沟、落铃垱

　　松铃沟，山沟名，亦村落名；落铃垱，小土堤名。均在今当阳市淯溪镇境内，松铃沟位于丁河村北，落铃垱位于丁河村东南，与观天旱山相隔不远，南距当阳市城区约59公里。

　　《湖北省当阳县地名志》云："松铃沟：93人，位于丁家老屋村北1.3公里处。传说关羽路过此地时系马铃的带子松了，故名。村以沟命名。"③又云："落铃垱：在陈院公社丁河大队境内，位于丁家老屋村东南。……传说三国时关羽路过此地，马铃落于垱中，故名。"④《当阳地名传说》则

---

　　① 参见王友兵编：《当阳地名传说》，[2000] 鄂宜当图内字第010号，第70~71页。

　　② 陈寿：《三国志》卷七，裴松之注本，中华书局2000年版，第166页。

　　③ 当阳县地名领导小组编：《湖北省当阳县地名志》（内部资料），1982年，第57页。

　　④ 当阳县地名领导小组编：《湖北省当阳县地名志》（内部资料），1982年，第574页。

云关羽回救荆州时路过落铃垱："关公率兵回救荆州，经过今陈院乡丁河村三组，赤兔马在垱边饮水，不幸落铃。如今此地保存了'落铃垱'的地名。现有民谣：'赤兔落铃，祸不单行'一说。"①

按：当阳淯溪镇地处漳河中游的两岸，位于秦汉荆襄古驿道之要冲，境内流传多处关羽南下救荆州的地名，应有一定的历史基础。但说松铃沟得名于关羽系马铃的带子松掉了，很难令人信服，其想象性、附会性不言而喻。落铃垱故事以关羽赤兔马落下铃铛为内容，掺入了一些迷信说法，显然是明清以后民间百姓随意附会的关公地名故事。

连三包

连三包，三座山包名，在今当阳市草埠湖镇境内，位于沮漳河下游的断头山上，距离荆州市地界不远。

《当阳地名传说》云：相传关羽败走麦城，跑到沮漳河边，立马断头山上，催促军马过河。他的赤兔马是宝马，知道至"断头山"乃不祥之兆，过河后会有灭顶之灾，便不肯过河，躺在地上连打了三个滚儿，想把关羽摔下马来。谁知关羽骑术高超，只在马上歪了歪身子，没有落下马。"大军过河后，在赤兔马打滚的地方便长出了三个土包，人们叫它连三包，一直叫到现在。"②

按：沮水与漳水汇合后的河段称沮漳河，既然断头山处在沮漳河下游，当位于麦城之东南，麦城位于沮水之滨，关羽败走麦城后沿沮水河谷逃向西北上游方向，即沮水中上游的临沮县，不应跑向东南方向沮漳河下游的断头山上。可见，连三包故事明显是后世虚构附会的文学故事，表现了民间百姓对于关羽悲剧命运的惋惜。

走马堤

走马堤，土堤名，亦村落名，在今当阳市区玉阳街道办胡场村境内，

---

① 参见王友兵编：《当阳地名传说》，[2000] 鄂宜当图内字第 010 号，第 72 页。
② 参见王友兵编：《当阳地名传说》，[2000] 鄂宜当图内字第 010 号，第 91 页。

西北距当阳市政府所在地约 18 公里，东南临近两河镇地界。

《湖北省当阳县地名志》云："走马堤：150 人，位于胡家场东南 1.5 公里……相传三国关羽败走麦城时，路过此堤，故名。"①

按：古麦城遗址在今两河镇政府所在地附近，走马堤位于古麦城遗址西北约 8 公里处的沮水之滨。从史籍记录的线索来看，关羽兵败麦城之后，向西北沿沮水流域逃往临沮县境（今远安县等地），确有可能经过走马堤一带。不过，走马堤是否因关羽败走麦城而得名，则缺乏历史文献依据。

马状岭

马状岭，山岭名，在今当阳市西南玉泉风景区境内，位于玉泉山之南端，东偏北距当阳市政府所在地约 14 公里。

《当阳地名传说》云：相传关羽死后魂魄飘到玉泉寺，终归佛门圣地。其坐骑赤兔马极通人性，泪如泉涌，迟迟不离开。关羽不忍看赤兔马悲戚的样子，便虎起脸大喝一声：畜生，快走吧！说罢，朝马屁股上猛击一掌。那赤兔马猛地腾开四蹄，朝着玉泉山西南方向飞驰而去，一路嘶叫哀鸣，跑不数里，有个百丈悬崖，赤兔马长啸一声，纵身跃下悬崖，死于乱石丛中。随着岁月流逝，"这里便渐渐长出来一座骏马形状的山岭，后人称为马状岭。此岭与覆船山南端相接，虽经千余年风蚀日化，但敲开那灰色的石头，里面仍不失赤兔马那火红的本色"②。

按：如前所述，史籍并无赤兔马归属关羽的记载，而《三国演义》描写赤兔马与关羽情深意长，关羽被杀后，赤兔马数日不食草料而死。又关羽死后魂游玉泉寺，也是《三国演义》根据隋唐以来宗教界附会关羽显圣的传说虚构加工出来的情节。可见，马状岭传说是由《三国演义》的描写引申出来的浪漫感人的地名故事。

---

①　当阳县地名领导小组编：《湖北省当阳县地名志》（内部资料），1982 年，第 285 页。

②　参见王友兵编：《当阳地名传说》，［2000］鄂宜当图内字第 010 号，第 100 页。

珍珠泉

珍珠泉，泉名，在今当阳市西南玉泉山风景区境内，位于玉泉寺外不远处。

《当阳地名传说》云：覆船山又名玉泉山，因泉水得名。人们站在泉水边，俯身清泉，水底下不时冒出串串珍珠般的水泡，故名珍珠泉。其实，珍珠泉在清代《当阳县志》中被称做马刨珍珠泉。相传当年关羽带兵路过此地，人困马乏，找不到一滴清水。赤兔马"看了看红色泥土，伸出前蹄在地上刨了一阵，蹄窝里竟涌出一股股清泉，解除了人马的焦渴，故称'马刨泉'"。日久天长，这些泉眼渐渐连成一片，形成了一个大水坑、大泉池。至今，这里泉水"日夜不息地跳玉喷珠，长年不断，因而得名'马刨珍珠泉'，简称'珍珠泉'"①。

按：中国境内号称"玉泉""珍珠泉"者比比皆是，之所以称玉泉、珍珠泉，是因为泉水喷出水花如玉珠。而多地又有"马跑泉"的传说，《明一统志》《湖广通志》等文献记载了湖广京山县（今湖北京山县）有"马跑泉""珍珠泉"等名泉。如《明一统志》卷六十记载了关羽与马跑泉的关联："马跑泉：在京山县北一十里，汉关羽驻兵于此山，无水，士卒渴甚。夜有虎咆哮，马惊跑地，因而得泉。至今民资灌溉之利，傍有卓刀石尚存。"②《湖广通志》卷八在"京山县"条下亦曰："马跑泉：县西北十里，《富水郡志》：相传关忠义于此驻兵，乏水，马跑地得泉，旁有卓刀石。……珍珠泉：在子陵洞。"③"跑"通"刨"。玉泉山下泉水本名玉泉，后称马跑珍珠泉和珍珠泉，可能由京山县马跑泉、珍珠泉演绎而来。可见，当阳珍珠泉应是明清时期关公崇拜兴盛后产生的关公地名。

---

① 参见王友兵编：《当阳地名传说》，[2000] 鄂宜当图内字第 010 号，第 120~121 页。

② 李贤等：《明一统志》，见《四库全书》，上海古籍出版社 1987 年版，第 473 册，第 229 页。

③ 《湖广通志》，见《四库全书》第 531 册，上海古籍出版社 1987 年版，第 258 页。

一碗水

一碗水，山泉名，在今当阳市坝陵办事处境内，东南距当阳市政府所在地约9公里。

《当阳地名传说》云：传说关羽败走麦城后沿沮水进川，在锦屏山中遇到吴将潘璋的伏击，冲出包围圈后仅剩百余人，来到山顶上，人困马乏，又饥又渴。当时虽然是深秋季节，但久旱不雨，气候干燥，士卒们额头上渗出豆大汗珠。关羽令人寻找水源，找遍山前山后也没找到。关羽仰天长叹：苍天若是有眼，就给我一碗水吧！"话音刚落，站在他身旁的赤兔马便应声长嘶，一边嘶鸣，一边扬起前蹄使劲地在地面上刨，刨出了碗大一个坑。不一会儿，坑子里便冒出来清水，关公和士兵们又惊又喜，伏地拜天，感激苍天赐给的救命之水。……这架山也由此得名——'一碗水'。"①

按：鄂西南山区，多丘陵岗地，又地处长江流域，河流纵横，地下水资源丰富，各县市几乎都有一处或多处称作"一碗水"的地名。如清咸丰二年（1852）编纂《长乐县志》卷三记载宜昌五峰县地名"一碗水"云："在升子坪保大路旁古树下。一石井，大仅如碗，泉味甚甘，境内数十家及往来行人共饮此水，随汲随满，大旱亦不竭。"②《长阳县地名志》释长阳地名"一碗水"云："以村内一股泉水，下面有碗大一个水窝得名。"③可见，一碗水的本意即碗口大的泉水眼，与关羽征战无关，当阳"一碗水"传说实为后世虚构附会的关公地名故事。

---

① 参见王友兵编：《当阳地名传说》，［2000］鄂宜当图内字第010号，第63~64页。

② 《长乐县志》编委会编：《长乐县志》，三峡电子音像出版社2014年版，第82页。

③ 长阳县地名志领导小组编：《长阳县地名志》（内部资料），1982年，第143页。

二、以关羽行军作战为主题的关公地名

建安十五年（210），刘备令关羽率部屯驻江陵，负责江北地区的防务，从此关羽在当阳、枝江、夷陵、临沮、江陵等县境内排兵布阵和行军作战长达十年之久，因而今当阳市民间流传着许多以关羽行军作战和习武练兵为基本内容的关公地名。

烟墩包

烟墩包，烽火台名，亦村落名，在今当阳市区玉阳办事处境内，位于当阳市政府所在地西南约8公里处。

《湖北省当阳县地名志》云："烟墩包：……位于太子桥自然镇西南5.2公里，汉宜公路与玉泉公路分路口。传说三国时关羽在此设有烽火台，故名烟墩包。"[①]

按：冷兵器时代设置烽火台以通报信息、警示危险是常用的军事通讯手段，同时在紧急战事中又能起到据台抵抗、阻滞敌军前进的作用。关羽独立镇守荆州期间，设置了若干烽火台作为加强防务的重要措施。今当阳烟墩包地处交通要冲，西可通夷陵县，南可至枝江县，北可至临沮县，关羽确有可能在此设置一处烽火台，但由于史料阙如，难以确定真伪，不排除烽火台非三国关羽所建而至明清时期人们附会到关羽身上的可能性。

得胜山

得胜山，山名。在今当阳市河溶镇红明村境内，西距当阳市城区30余公里。

---

① 当阳县地名领导小组编：《湖北省当阳县地名志》（内部资料），1982年，第210页。

《湖北省当阳县地名志》云："得胜山：位于官垱公社红明大队境内，主峰距官垱场自然镇东 7 公里……传说关公曾在此打一胜仗，故而得名。"①

按：官垱公社今属河溶镇官垱村，红明大队今属河溶镇红明村。取名得胜山者，常常因为此处发生过大战，获胜的一方庆贺于此，由此得名，如《明一统志》《大清一统志》《江南通志》等文献均记载了扬州府境内有得胜山，源于南宋名将韩世忠于此山大败金兵。关羽在当阳得胜山打胜仗事，虽然未见载于任何史籍，但不能排除关羽曾在此山与曹兵作战取得局部胜利的可能性。

七星冢、打鼓台

七星冢，坟冢名；打鼓台，土台名。均位于今当阳市河溶镇红明村境内，七星冢位于得胜山之南面，打鼓台位于得胜山之西面，三处相距一多里路，形成一个"品"字形。

《当阳地名传说》云：传说三国时期关羽到官垱一带跑马，当地百姓专门为他修建了十里跑马堤。一天关羽在附近山上寺庙里与长老下棋，下了几盘棋后天色渐晚，关羽正要起身告辞时，山下杀声震天，关羽一惊。原来曹军探得关公在此，便调来兵马将山寺团团围住，口口声声叫关羽投降。关羽大怒，跨赤兔马，挥青龙刀，同曹军拼杀起来，连斩了曹营军将七颗人头。这时，关平闻声率援兵来救。关羽登上一座高高的土台，擂起战鼓，挥动令旗，杀得曹军大败而逃。"被关公斩首的七位将军的人头，落地变成了七堆大土冢，后人称为七星冢。关公亲擂战鼓的土台被称为打鼓台。还有那座险峻的大山，为纪念关公在此斩敌首、建奇功，老百姓将此山称作得胜山。"②

按：此地名故事文学虚构成分颇浓，而且存在不合情理处。若是关羽

---

① 当阳县地名领导小组编：《湖北省当阳县地名志》（内部资料），1982 年，第556 页。

② 参见王友兵编：《当阳地名传说》，[2000] 鄂宜当图内字第 010 号，第 65 页。

奉命镇守江陵初期，与曹军战事紧张，岂能在当阳官垱一带悠闲地跑马习武和下棋？若是关羽独立镇守荆州期间，曹魏势力被压至北部襄阳郡，当阳县已成南郡腹地，官垱一带又处在当阳县东南部，何来曹军五百里奔袭围困关羽？可见，关羽跨赤兔马、挥青龙刀砍杀七位曹营将军等故事实为民间虚构的三国地名故事，均由邻近得胜山衍生而来。

拿书院、拿书怨

拿书院，又称拿书怨，村落名，在今当阳市庙前镇庙前村境内，东南距庙前镇政府所在地约19公里。

《湖北省当阳县地名志》云："拿书院：……传说三国关羽镇守荆襄时，经常往来两地之间。一次路过此地休息，正当阅读《春秋》时，忽有紧急军情，便匆忙离开了这里。临行时，将书丢落。后又派人专程取回，故名拿书院，又名寄书院。"[1]《当阳地名传说》则云：拿书院还有个名字叫"拿书怨"，又叫"腊梅园"，关羽在此地过夜，忽然得到禀报，说曹操明晨要攻打麦城，十万火急。关羽立马启程，赶到半路，忽然想起丢了兵书，兵书是关公的制胜法宝，便下令放缓行军速度，派人去找回兵书，结果造成了关公败走麦城。关羽为此"万分痛悔拿书所留下的怨恨。后来人们在传说中，把这个地方叫做'拿书怨'，因口传之误，说成了'腊梅园'"[2]。

按：关羽喜读《春秋左传》见载于《江表传》等魏晋历史文献，《三国演义》亦多次描写关羽阅读《春秋》。《湖北省当阳县地名志》说关羽珍惜《春秋》而派人专程取回，当由此演绎而来。但拿书院是否因为关羽专程取书而得名，则无法确定。而《当阳地名传说》的说法明显有悖史实，因为围困麦城使关羽败走的是孙权、吕蒙，而非曹操，而且麦城位于拿书院之东南，曹操军队是如何越过关羽军队而跑到关羽背后去攻打麦城？又

---

[1] 当阳县地名领导小组编：《湖北省当阳县地名志》（内部资料），1982年，第83页。

[2] 参见王友兵编：《当阳地名传说》，[2000]鄂宜当图内字第010号，第74页。

说后人将拿书怨讹成腊梅园，亦似乎不太近情理。足见拿书怨等实为后世附会的关公地名。

庙前镇插旗岭、营盘沟

插旗岭，山岭名，亦村落名，在今当阳市庙前镇金盘沟村境内，西南距庙前镇政府所在地约 9 公里，东与淯溪镇交界。营盘沟，山沟名，亦村落名，位于金盘沟村西北方，与插旗岭相隔约 3 公里。

《湖北省当阳县地名志》云："插旗岭：6 人，位于金盘沟村北 2.3 公里处。传说关羽曾在此扎营，岭上插了许多旗帜，故名。村以山岭得名。"[1] 又云："营盘沟：94 人，位于金盘沟村西北 1.1 公里处。传说关羽曾在此屯兵驻营，故名。"[2]

按：庙前镇插旗岭、营盘沟均位于漳河西岸，处在古荆襄驿道附近，关羽荆州兵确有可能在这一带屯驻和习武，但关羽本人是否亲自到过这一带屯兵插旗，则缺乏史料依据，不排除民间附会。

扬旗崖

扬旗崖，山崖名，在今当阳市庙前镇巩河村境内，东南距当阳市城区约 24 公里。

《湖北省当阳县地名志》云："扬旗崖：位于庙前公社巩河大队境内，……传说关公曾在上扬旗，故名。山以崖命名。"[3]

按：在山崖上扬旗，一般用于号令军队作战或演习练武。今当阳庙前镇巩河村西邻远安县，东汉三国时当属临沮县地，巩河乃沮水之支流，汉末三国时期应是关羽军队所到之地。但扬旗崖是否因关羽扬旗其上而得

---

① 当阳县地名领导小组编：《湖北省当阳县地名志》（内部资料），1982 年，第 84 页。

② 当阳县地名领导小组编：《湖北省当阳县地名志》（内部资料），1982 年，第 85 页。

③ 当阳县地名领导小组编：《湖北省当阳县地名志》（内部资料），1982 年，第 546 页。

名，则难以确信，多半是明清时期民间附会的关公地名。

小烟墩集

小烟墩集，集镇名，现简称烟集，在今当阳市庙前镇驻地南郊，西南距当阳市城区约 12.5 公里。

《湖北省当阳县地名志》云："小烟墩集原名烟墩集，相传三国时，蜀汉大将关羽坐镇荆州，遥控襄阳，为了及时传送军情，在此设大型烽火台，以点火生烟为号，故名烟墩包，集镇以此得名。后来，为了与荆门县烟墩集区别，改为小烟墩集。"①

按：小烟墩集一带处在漳水、沮水之间，北通远安、南漳，南连麦城、枝江，西接玉阳、夷陵，东邻淯溪、荆门，处在古代交通连接点上，从军事常识上看，关羽在此设置烽火台等军事设施确实存在合理性，小烟墩集应是一处可信度较高的三国地名，只是不见载于早期历史地理文献，不排除后世所建却附会到关羽身上的可能性。

老草埠

老草埠，集市名，今为农场名，在今当阳市草埠湖镇境内，西北距当阳市城区约 40 公里，西南与枝江市交界，东南与荆州市相邻。

《湖北省当阳县地名志》云："传说三国时，蜀将关羽率领八万兵将，从丹阳城来到草埠湖，只见遍地芦苇丛生，无房宿营，于是便命所属官兵砍伐湖草，露宿荒湖芦苇丛中，故而得名'草铺'。随着岁月流逝，时代的变迁，此地逐渐发展成农村集场，多数以芦苇搭棚经商，故将'草铺'更名为草埠，沿用至今。"②

按：沮漳河下游流经草埠湖地区，气候温热，低洼潮湿，适宜芦苇生

---

① 当阳县地名领导小组编：《湖北省当阳县地名志》（内部资料），1982 年，第 140 页。

② 当阳县地名领导小组编：《湖北省当阳县地名志》（内部资料），1982 年，第 412 页。

长。草埠有新草埠和老草埠之分，在当阳境内的称老草埠，在枝江境内的称新草埠，两地连接在一起。由于芦苇有清凉解毒等作用，还可以编成草席等，自古以来就是人们常用的生活材料，因此三国时关羽极有可能派遣军队到草埠一带割伐芦苇作为编织草席和防病治病的原料，后来逐渐形成了一处集市。说关羽率八万将士来到草埠湖露宿是不可信的，历史上关羽荆州兵最多时不过三四万人，何来八万士卒露宿草埠湖之说？

寄书垭

寄书垭，山垭名，在今当阳市淯溪镇水田垱村境内，南距当阳市城区约44公里，西北与远安县交界。

《湖北省当阳县地名志》云："寄书垭：……传说三国时关羽路过此垭时，曾寄书求援，故而得名。"[1]

按：建安二十四年（219），关羽奉命发起樊城战役，在与曹魏军队打成胶着时曾寄书驻扎在房陵、上庸（今湖北房县、竹山等地）的刘封、孟达，让他们派兵增援策应，遭到刘、孟二人的拒绝。后吴军偷袭荆州，关羽撤兵回救，当路过寄书垭一带。寄书垭处在荆襄古驿道之旁，向西可去临沮县（今远安县等地），再向西北沿沮水河谷进入房陵、上庸。关羽撤兵樊城之后，处境极为不利，他确有可能再次寄书向刘封、孟达求援，但寄书垭是否因关羽寄书而得名，则无法寻找史料依据。

淯溪镇插旗岭

插旗岭，山岭名，在今当阳市淯溪镇邵畈村境内，南距当阳市城区约37公里，与寄书垭相距数公里。

《当阳地名传说》云：关羽回救荆州，来到今淯溪镇邵畈村的一座山岭上。魏军迅猛追击而来，原来曹操得知关羽兵退樊城，便下令全线追

---

① 当阳县地名领导小组编：《湖北省当阳县地名志》（内部资料），1982年，第540页。

击，欲与吴军夹击关羽，将关羽困死途中。"在这危急关头，关羽急中生智，叫部下在山岭上插满旌旗，尽书'关'字、'孟'字、'刘'字。吴、魏两军见漫山遍野旌旗飞扬，以为上庸守将孟达、刘封的援兵已到，故不敢近前，各自退兵。自此，这山岭便叫插旗岭了。"①

按：从地理方位上看，淯溪镇邵畈村境内的插旗岭处在荆襄古驿道旁，确有可能是关羽军队路过之地。但此地名故事不可确信。关羽发起樊城战役，水淹于禁七军，重创樊城守将曹仁，曹操一方面接连调兵遣将驰援曹仁，一方面联络东吴集团，鼓动孙权袭击荆州。吕蒙成功偷袭公安、江陵后，曹操故意将消息泄露给关羽，关羽撤兵回救，曹魏军队总算稳定了襄阳、樊城等地的防线。然后曹操采取坐山观虎斗之策，即让关羽荆州兵与东吴军队争荆州，视其结果而后动。因此，曹魏军队全线追击关羽并追至插旗岭一带的可能性不大。而且，麦城处在插旗岭之南，关羽荆州兵一路南下接近江陵县境时才遭到吴军攻击，被迫"西保麦城"，何来吴军跑到麦城之北百余里的插旗岭与魏军夹击关羽呢？由此可见，插旗岭应是明清以来民间附会的关公地名。

牵弓堰

牵弓堰，又称引弓堰，堰塘名，亦村落名，在今当阳市淯溪镇八景坡村境内，位于淯溪镇政府所在地北偏东约14公里处。

《湖北省当阳县地名志》云："牵弓堰：340人。位于曹家楼村北2.2公里处。村旁曾有一堰塘，传说关羽曾在此地拉弓射箭而得名。村以堰得名。"② 又鲍传华《长坂坡》写作"引弓堰"，其解释略有差别："引弓堰在当阳桥东北二十公里处的八景坡境内，这里曾是关羽和张飞比赛拉弓射箭的地方。堰很大，当地人叫大堰，只因关、张曾在这里引弓比赛，于是

---

① 参见王友兵编：《当阳地名传说》，[2000] 鄂宜当图内字第010号，第73页。
② 当阳县地名领导小组编：《湖北省当阳县地名志》（内部资料），1982年，第118页。

又叫'引弓堰'。"①

按：牵弓堰和引弓堰实为一处。牵弓堰地处漳河东岸，邻近荆襄古驿道，确有可能是关羽荆州兵过往或临时扎营之地，射箭习武是古代兵营常有之事，但关羽本人是否在此堰塘处拉弓射箭，难以证实。《长坂坡》说"牵弓堰"为关羽、张飞比赛射箭之地，则同样缺乏文献依据。赤壁之战后即建安十四年（209），张飞随刘备平定江南四郡，关羽则率军在江北地区与曹军周旋；建安十五年（210），刘备又从东吴手中借得南郡、临江郡等地，改临江郡为宜都郡，并任命张飞为宜都太守，初屯夷道、夷陵，后移驻秭归，其时关羽屯驻江陵城；建安十六年（211），刘备率部入川后，关羽常率部征战南郡北部地区，大约在此期间，张飞奉命回到江陵驻防；建安十八年（213），诸葛亮、张飞等奉命溯江入川。建安二十年（215），刘备率五万精卒下公安与东吴争夺南三郡，张飞应随行出征，有机会与关羽见面。张飞在驻防荆州期间，虽与关羽常有见面之时，但蜀汉集团立足未稳，军务繁忙，即使二人有心情切磋射箭技巧，也多半在江陵城中或附近某处进行，跑到距离江陵城两百多里的牵弓堰来比赛的可能性不大。张飞第二次来荆州，军情更加紧急，更不可能跑到牵弓堰一带比赛习武。

杆子沟

杆子沟，山沟名，亦村落名，在今当阳市淯溪镇红旗村境内，东南距淯溪镇政府所在地约5.5公里。

《湖北省当阳县地名志》云："杆子沟：……传说关羽路过此沟，换过旗杆子而得名，村以沟名。"②

按：杆子沟一带处在漳河西岸，应为关羽军队所到之处，但因为换旗杆子而取名杆子沟，实难令人信服，多半是后世民间随意附会的关公地名。

---

① 鲍传华：《长坂坡》，湖北人民出版社2013年版，第20页。
② 当阳县地名领导小组编：《湖北省当阳县地名志》（内部资料），1982年，第51页。

候儿包、见儿寨

候儿包，山包名，亦村落名，在今当阳市淯溪镇同明村境内，与杜甫沟紧邻，南距淯溪镇政府所在地约 40 公里。《湖北省当阳县地名志》云："候儿包：在陈院乡同明大队境内，位于杜甫沟东南，漳河西岸，三面环水。……传说三国时关羽曾在此地等候其子关平，故名。"①

见儿寨，山寨名，在今当阳市淯溪镇丁河村境内，位于淯溪镇政府所在地西北约 9 公里处。《当阳地名传说》云：关羽率兵回救荆州，来到一座山包上，回望军马，不见率部断后的义子关平，便在山包上等待。自此，这个山包便叫候儿包。关羽率领部众又往前行至一座山峰上，终于见到了赶来的关平一行，早已是人困马乏。关羽"即下令安营扎寨，这便是见儿寨的由来"②。

按：同杆子沟等地名一样，候儿包、见儿寨均位于漳河之滨，处在荆襄古驿道旁，确有可能是关羽足迹所至之地，但候儿包、见儿寨是否因关羽见关平而得名，无法排除民间附会成分。

脚东港

脚东港，溪流名，亦自然镇名，在今当阳市淯溪镇脚东村境内，西距当阳市城区约 22 公里，北偏西距淯溪镇政府所在地约 11 公里。

《当阳地名传说》云：三国时期，关羽、关平父子沿漳河南下，由于长期行军打仗，人困马乏，只有周仓还精神饱满地跑前跑后。军士们走到漳河的一条支流边，关平见坐骑十分疲乏，便下马蹚水过河，哪晓得一脚踏在一个尖石头上，疼得关平忍不住喊脚痛。关羽问谁喊脚痛？周仓知道关羽纪律严明，担心他责罚关平，便说：没人喊脚痛，这个地方叫脚东，

---

① 当阳县地名领导小组编：《湖北省当阳县地名志》（内部资料），1982 年，第574 页。

② 参见王友兵编：《当阳地名传说》，[2000] 鄂宜当图内字第 010 号，第 72 页。

有人说到了脚东。"脚东港这个地名从此就流传下来了。"①

　　按：脚东港，漳河支流名，名称含义不详，古代此处有脚东港集镇，因溪流脚东港而得名。清代曾在此设置脚东总，民国时期改为脚东乡，中华人民共和国成立后为脚东公社驻地，现为脚东村驻地。脚东港南至河溶镇，北至淯溪镇，交通便利，秦汉三国时期处于荆襄古驿道上，应为关羽父子足迹所到之地，但说脚东港得名于关平喊"脚痛"，则未免有些牵强附会，实为明清近代以来产生的三国地名。

雷打岩

　　雷打岩，山岩名，在今当阳市百宝寨景区附近，位于风景区东端金牛岭之东约 10 公里的巩河之滨，东偏南距当阳市城区约 22 公里。

　　《当阳地名传说》云：传说关公西进四川来到金牛岭脚下，又饥又饿，忙传令兵士埋锅造饭。兵士却报告说山上全是大块的五花石，山沟里是流沙，找不到合适的石头搭灶，也无法挖坑放锅。关公正在犯愁之时，突然一声炸雷，轰得十里长冲山摇地动。风平雷静之后，关公面前摆着几百块可供支锅做饭的石头，兵士们终于吃上了热腾腾、香喷喷的饭菜。"原来关公一路遇难，都是太白金星暗中相助。关公在十里长冲为搭灶犯愁，太白金星在天山看得清清楚楚，就请来雷公、风神，将巩河崖畔的一座五花石岩削去了一半，运到了离巩河二十里的十里长冲里，供关公垒灶。从此，留在巩河岸边的另一半，被人们称为雷打岩。"②

　　按：当阳市金牛岭一带位于沮水之西，巩河是沮水东北岸的支流，雷打岩位于巩河之滨，两地处在麦城之西北，关羽兵败麦城后向西北逃向临沮县，确有可能经过这一区域。但雷打岩传说明显属于民间虚构故事，带有浓厚的宗教迷信色彩，不足为信。

---

① 参见王友兵编：《当阳地名传说》，[2000] 鄂宜当图内字第 010 号，第 52 页。
② 参见王友兵编：《当阳地名传说》，[2000] 鄂宜当图内字第 010 号，第 86 页。

五夫桥

五夫桥，石桥名，在今当阳市百宝寨景区内，与金牛岭相距不远，东南距当阳市城区约 20 公里。

《当阳地名传说》云：关羽镇守荆州时，爱民如子，每逢训练新兵或习武演练，便将队伍带到当阳山区进行操练，为的是不打扰百姓。演练场选在金牛岭南面荒坡上，从军营到演练场要绕道经过一段弯曲的溪岸，十分狭窄难行。当地百姓非常敬重关公，为关公士卒当民夫的五个壮汉主动请求在溪河上修一座桥，为关将军铺平道路。白天士卒往来，不便修路，他们便在夜晚打着火把施工。那天真武大帝正好在百宝寨歇息，见五个民夫修桥速度太慢，又太过辛劳，便施展神力，使溪河边的巨石倒下一大块，落地后又变成四四方方的小石块。五个民夫抬石砌桥，一天一夜就修好一座石桥。"从此，桥对面就有了那块陡峭的石壁，小桥被称为'五夫桥'。"①

按：很明显，五夫桥故事反映了关羽与荆州百姓的融洽关系，但它是一个虚构加工的文学故事，并带有较浓的道教神仙气息。

绿水青山

"绿水青山"，石壁刻字，属于一处文化遗迹，在今当阳市百宝寨景区内，东偏南距当阳市城区约 23 公里。

《当阳地名传说》云：传说关羽败走麦城后，冲破吴军重重阻拦，来到百宝寨一处险峻的隘口，隘口两尺多宽，一边是绿茵茵的深潭，一边是峭立的石壁。关羽目睹眼前壮丽的绿水青山，又回首眺望鱼米之乡的荆州宝地，心里很不是滋味。他立在马上，挥动青龙偃月刀，依恋不舍、饮泪含愤地在石壁上刻下了"绿水青山"四个大字。"当刻到'山'字最后一

---

① 参见王友兵编：《当阳地名传说》，[2000] 鄂宜当图内字第 010 号，第 76~77 页。

划的时候，突然阴风骤起，星月昏暗，轰隆一声，石壁陡然垮了一截。关公悲叹不已，自言自语：'半壁江山，大事去矣！'……至今，'绿水青山'这四个大字，仍历历在目，唯'山'字仍残缺不全。"①

按："绿水青山"石刻在当阳百宝寨风景区金银岭上。关羽刀刻"绿水青山"的故事带有浓厚的文学色彩，不足凭信。《湖北省当阳县地名志》则是另一种说法："传说金银岭上的'青山绿水'四字为汉蔡邕题书。"②同一处古迹，传说出自不同古人之手，说明许多民间故事具有随意附会的特征。

关兴坡、呼儿山、拖刀石

关兴坡，山坡名；呼儿山，又称鸣儿山，山岭名；拖刀石，石崖名。均在今当阳市玉泉街道办干溪乡境内，处在当阳市与远安县交界处，东南距当阳市城区约24公里。

《当阳地名传说》云：当阳、远安交界处有一个山坡，传说关羽的儿子关兴曾率部驻扎于此练兵，关兴勇武善战，是关羽寄予厚望的虎子。关羽败走麦城后来到关兴曾经驻扎练兵的山坡，向西眺望，看到一座连绵起伏的雾蒙蒙的山岭，他盼望关兴率部来救，便对着那山岭呼喊关兴，于是就有了"呼儿山"之名。关兴没呼来，却呼来了东吴追兵。眼看一步一步要追上了，情况危急时分，关羽急中生智，用青龙偃月刀朝旁边的石崖猛力一拖，石崖顿时被划开了一道大裂口，裂口中喷出道道火龙，将吴军战马和士卒的眼睛被烧焦烫瞎者不计其数。关羽趁机率残部顺利脱险。"后来，人们就称关兴驻兵的地方为关兴坡，称关公呼儿的地方为呼儿山，称这又深又宽又长的裂口为拖刀石。"③

---

① 参见王友兵编：《当阳地名传说》，[2000] 鄂宜当图内字第010号，第87~88页。

② 当阳县地名领导小组编：《湖北省当阳县地名志》（内部资料），1982年，第168页。

③ 参见王友兵编：《当阳地名传说》，[2000] 鄂宜当图内字第010号，第89~90页。

按：关兴坡等地名故事明显带有文学虚构性和浪漫主义色调。《三国志·关羽传》曰："追谥羽曰壮缪侯。子兴嗣。兴字安国，少有令问，丞相诸葛亮深器异之。弱冠为侍中、中监军，数岁卒。"[1] 关羽及其长子关平死后，关羽次子关兴继承爵禄。虽然关兴有着美好的声誉，并得到丞相诸葛亮的赏识器重，但在关羽镇守荆州时期，关兴年纪尚小，而且从关兴在诸葛亮执政时期主要充任文职官员来看，关兴并不具备特异的武功，也无出色的带兵打仗的本领，说关兴在关兴坡一带屯驻练兵、关羽败走麦城后呼唤关兴援救是不足为据的。描写关兴勇武善战、斩将夺关的虎将英姿，是小说《三国演义》的凭空虚构。可见，关兴坡、呼儿山、拖刀石等实为明清近代以来民间依据小说故事附会而来的三国地名。

三、反映关羽日常生活和纪念关羽功德的关公地名

自建安十四年（209）初关羽在江北汉水一带与曹军作战，到建安二十五年（220）春被杀，关羽在荆州南郡生活、战斗了足足十一年有余。当阳县为南郡腹地，是关羽常来常往之处，也是关羽葬身之所，故而当阳境内还有不少反映关羽日常生活以及纪念关羽功德的关公地名和遗迹，充分表现了当阳人民对于这位三国英雄的深厚情感。

立秋港

立秋港，溪流名，沮水支流，又名港冲，在今当阳市玉泉办事处境内，东南距当阳市政府所在地约9公里。

《湖北省当阳县地名志》云："立秋港：别名港冲。沮河支流，位于太子桥自然镇北……传说三国时有一年正值立秋季节，关羽恰好从这里路过，故此流传得名。"[2]

---

[1]　陈寿：《三国志》卷三十六，裴松之注本，中华书局2000年版，第699页。

[2]　当阳县地名领导小组编：《湖北省当阳县地名志》（内部资料），1982年，第569页。

按：此地名传说难以令人确信，说立秋港得名于关羽立秋日恰好路过此溪边，未免太过牵强。关羽一生中在立秋日路过的地方绝不会少，为何偏偏此溪流因他路过而得名？如果历史上关羽真在立秋日到此地，那一定是举行较为重要的民事活动或军事活动，否则不会因关羽平常路过而取名立秋港。立秋港得名于关羽当为民间附会之词。

关刀冲

关刀冲，山冲名，亦村落名，在今当阳市玉阳街道办境内，位于当阳市政府所在地东南约 18 公里处。

《湖北省当阳县地名志》云："关刀冲：……传说关羽曾在此磨过刀，故名。村以冲命名。"[1]

按：关刀又称大刀，本是一种长柄大刀，多用于马战，秦汉以后各个朝代均广泛使用。关刀之称，应源于《三国演义》的文字描写，作者罗贯中笔下，关羽使用的兵器为著名的青龙偃月刀，此刀在关羽手中砍杀了许多汉末三国名将，故而民间习称关刀。其实，《三国志》等魏晋史籍并未明确记载关羽惯常使用何种兵器，他杀河北名将颜良更大可能是用长矛或长戟："曹公使张辽及羽为先锋击之，羽望见良麾盖，策马刺良于万众之中，斩其首还。"[2] 一个"刺"字，就足以证明关羽常用兵器并非大刀。但由于《三国演义》的深刻影响力，使得民间普遍相信关羽素来使用青龙偃月刀，许多村镇里巷锻造长柄大刀，习惯以关刀镇、关刀巷、关刀村之类的名称命名。说关刀冲得名于关羽在此磨过大刀，实难令人确信，多半与"关刀镇"等属于同类性质的三国地名。

看花台

看花台，土台名，亦村落名，在今当阳市河溶镇境内，位于河溶镇政

---

① 当阳县地名领导小组编：《湖北省当阳县地名志》（内部资料），1982 年，第273 页。

② 陈寿：《三国志》卷三十六，裴松之注本，中华书局 2000 年版，第 697 页。

府所在地东南约 5 公里处，西北距当阳市城区约 34 公里。

《湖北省当阳县地名志》云："看花台：……传说关公曾在此地观赏花景，故而得名。"①

按：关羽是马背上的名将，大多数关公地名都与战事、战马、练兵演武相关联，绝少记述关羽赏花赏月的闲情逸致，看花台可谓一个特例，反映了关羽日常生活中闲适的一面。但看花台未必因关羽赏花而得名，多半是后世民间附会的产物。

冷饭冢子

冷饭冢子，土丘名，在今当阳市河溶镇郭家场村境内，位于河溶镇政府所在地东南约 10 公里处，其东南与荆门市沙洋县交界。

《湖北省当阳县地名志》云："冷饭冢子：在河溶公社境内……此地一土包，传说关公路过此地，吃饭时，掉了一团冷饭在此，故名。"②

按：古代民间习惯将大土堆、小山包等称为冢子，当阳境内有许多类似地名，如严家冢子、鸿门冢子、三界冢子、金鸡冢子，等等。说"冷饭冢子"得名于关羽掉下一团冷饭，实难令人确信，多半是明清时期民间随意附会的关公地名。

黑土坡

黑土坡，山坡名，在今当阳市王店镇黑土坡村境内，东北距当阳市城区约 26 公里，南与枝江市交界。

《当阳地名传说》云：传说关羽镇守荆州后，战事便少了起来。关平请求父亲让他找个安静去处好好读几天书。关羽便令他去平常跑马训练的一个山坡下扎营，在那里读书练字。关平来到这里，不分日夜苦读书、勤

---

① 当阳县地名领导小组编：《湖北省当阳县地名志》（内部资料），1982 年，第 353 页。

② 当阳县地名领导小组编：《湖北省当阳县地名志》（内部资料），1982 年，第 598 页。

练字，每次练完字就把洗毛笔的水泼在营帐后面的山坡上。时间长了，这面山坡便变成了黑色。"后来人们称它黑墨坡，因不顺口，便改为黑土坡。"①又鲍传华《长坂坡》载，关羽收关平为义子，父子二人曾在黑土坡上驻营。黑土坡在王店镇境内，"关平每天将练字后洗笔的墨水，顺次从坡下往坡上泼，久而久之，终于将山坡染黑了。（《关圣陵庙纪略》载：'……土人相传，谓王常驻兵，遣其子平书罢以墨汁掷地，故皆黑壤。'）功夫不负苦心人，关平的字终于练出来了。关公见义子勤学苦练，坚持不懈，而今文武双全，既有刀法，又会书法，非常高兴，挥毫给关平题了十二个篆字：读好书，说好话，行好事，做好人。此十二字，传为关公教子的千古垂训。当阳关陵庙春秋阁前面的圣像亭里立有一石，上面就有同治十年（1871）当阳知县闽汀钟刻的这十二个字，至今尚存"②。

按：黑土坡距玛瑙河不远，玛瑙河是当阳、枝江二县的重要河流。关羽父子曾在这一带驻兵扎营，关羽督促关平在此苦练书法，泼洒洗笔，墨水染黑山坡，出自民间传闻，显然不是历史真实。"黑土坡""红土坡""黄土坡"之类的地名相当普遍，与其呈现的土质颜色相关。当阳黑土坡处于玛瑙河支流之滨，河岸土质黝黑，其得名当源于此。《湖北省当阳县地名志》解释"黑土坡村"云："此村所在坡地，土质肥沃呈黑色，故名。"③《关圣陵庙纪略》说"黑壤"（黑土坡）源于关平练字泼墨，不过是明清以来宗教界和百姓出于弘扬关羽为人正派、教子有方之功德的目的而已。至于说关羽收关平为义子，并赠与"读好书，说好话，行好事，做好人"十二字作为座右铭，则更是关羽信仰兴盛之后民间百姓和地方文士虚构加工的感人故事。

百宝寨

百宝寨，本山寨名，现为著名景区名，在今当阳市玉泉街道办干溪乡

---

① 参见王友兵编：《当阳地名传说》，[2000] 鄂宜当图内字第 010 号，第 64 页。

② 参见鲍传华：《长坂坡》，湖北人民出版社 2013 年版，第 39~40 页。

③ 当阳县地名领导小组编：《湖北省当阳县地名志》（内部资料），1982 年，第335 页。

境内，东南距当阳市城区约 19 公里。

《当阳地名传说》云：传说关羽镇守荆州时，曾带兵进驻此地操兵练武。这一带山形威武壮美，物产丰富，当地老百姓得知父母官关公来此练兵，便纷纷前来慰问，献出猪羊及獐子、野鹿等各种野味。"关羽大喜，对众人说：你们这里水陆通衢，物产百宝，山青水碧，人勤心诚，真是个好地方呵！众人请关公给此地赐名，关公想了想便说：就叫'百宝寨'吧。……百宝寨这个地名，就一直沿用至今了。"①

按：百宝寨处在今当阳市与远安县交界处，位于沮水之滨，河岸一带屹立着百十座山头，山头崖壁遍布古崖居，如藏宝洞穴，故得名"百宝寨"。百宝寨内有国内十分罕见的大型古崖居群，已探明就达 3000 余个。当阳民间相传古崖居为鬼谷子师生开凿，又传为关羽败退西蜀时据此凿窟屯兵等，皆无文献依据。无论是鬼谷子，还是关羽，都没有足够精力和能力开凿如此浩大的工程。关羽以"百宝寨"名此地的故事，反映了他与当地百姓十分融洽的关系，但未见载于明清《当阳县志》等文献，应是近代以来新生的关公地名，表现了当阳人民对于关羽的爱戴之情。

将军柱

将军柱，石柱名，在今当阳市百宝寨景区内，位于青龙湖畔，东南距当阳市政府所在地约 18 公里。

《当阳地名传说》云：青龙湖边有一根青龙石柱，上面刻着"将军柱"三个大字。相传是关公拴马读书的地方。关羽曾在百宝寨一带操兵练武。"关公有个习惯，不管行军打仗，还是屯兵操练，每天要抽一个时辰读《春秋》。"于是，便骑着赤兔马，顺沮河而下，来到这根石柱前，把赤兔马拴在石柱上，然后坐在旁边石墩上翻阅《春秋》。"后来人们就叫这根石柱为将军柱。据说在这里读书格外来神，好多秀才赶考前还特地跑到将军

---

① 参见王友兵编：《当阳地名传说》，[2000] 鄂宜当图内字第 010 号，第 82~83 页。

柱前温习功课、构思文章，认为沾了关老爷的灵气，考试就会顺利。"①

按：《三国志·关羽传》注引《江表传》曰："羽好《左氏传》，讽诵略皆上口。"②《左氏传》即《左传》，本名《左氏春秋》，传说鲁国史官左丘明根据孔子所作《春秋》编成，东汉初班固改为《春秋左氏传》。可见，关羽读的是《春秋左氏传》，而非孔子编写的《春秋》，《左传》记载了若干古代战争过程，关羽读《左传》，目的是学习行军打仗的本领。明清时期科举考试以《四书五经》为科举考试的必修科目，以讽诵《春秋左氏传》闻名的关羽便被部分读书人奉为吉祥之神，期望能沾上灵气中试。毫无疑问，"将军柱"故事是明清以后民间士子虚构的文学故事。

鹭鸶寨

鹭鸶寨，小山寨名，在今当阳市百宝寨景区内，位于青龙湖中央，东南距当阳市城区约 18.5 公里。

《当阳地名传说》云：鹭鸶寨是一座小山崖，山头裸露着赭红色的石头，山腰有七八间岩石屋。传说原本叫露石寨，是关公把它叫成了鹭鸶寨。关公在百宝寨屯兵练武的时候，对周围百姓秋毫无犯，深得百姓拥护，老百姓经常主动送酒肉菜肴慰劳官兵，都被他们婉拒了。从百宝寨顺沮水往下走十余里，就到了一大片河洲，栖息着很多黄天鹅。天鹅又称鹄，人们称这个地方为黄鹄滩。这里的黄天鹅见关公爱民如子，廉洁清正，便想为关公官兵们送点鲜鱼以示敬意。于是，天鹅到夜里化作鹭鸶潜入水中捕鱼，天亮时官兵营寨外堆满了鲜鱼。关羽十分惊讶，下令周仓查明送鱼者以便酬谢。周仓不敢有丝毫怠慢，夜里两眼紧盯着营寨外。五更刚过，一条一条的鱼掉下来。周仓惊呆了，悄悄跟出去，只见天空金光闪闪，一群神鸟向青龙湖方向飞去。周仓是有名的飞毛腿，拔腿就追，天鹅担心周仓追上泄露天机，看到前面山腰有两排岩屋，就飞进去躲避。周仓

---

① 参见王友兵编：《当阳地名传说》，[2000] 鄂宜当图内字第 010 号，第 75 页。
② 陈寿：《三国志》卷三十六，裴松之注本，中华书局 2000 年版，第 698 页。

返回如实禀报情况，关羽很是惊奇，就请来一个长者询问，长者说那地方是露石寨。关公把露石寨听成了鹭鸶寨，就直呼"鹭鸶寨"了。"后来，人们也跟着关公把露石寨叫着鹭鸶寨了。"①

按：不必深究，鹭鸶寨故事无疑是民间虚构的文学故事，故事虽生动，却不足为信，实是明清以来关公信仰兴盛下的产物。

富里寺

富里寺，寺庙名，亦小集镇名，在今当阳市两河镇境内，西北距当阳市城区约22公里，距麦城故址约3公里。

《湖北省当阳县地名志》云：富里寺地处沮西平原，地势平坦，传说关羽长期以重兵驻守麦城一带，宽待百姓，此地紧靠麦城，"当地乡里对其信如神人，后关羽麦城兵败，于临沮遇害。百姓闻讯便终日祈祷，并集资修庙塑像祭奠。庙宇数次遭受水患冲毁，待水退后，当地百姓又集资重新修建，意求关圣帝君若能保佑乡里富裕康宁，寺庙香火永世不绝，故定名富里寺，集镇即以寺得名"②。

按：关公信仰肇始于当阳，当阳人民视关羽为保护神，多地建有纪念关羽功德的寺庙、碑亭等，常常前往这类场地隆重祭拜关羽。富里寺紧邻麦城，关羽遭难后百姓确有可能自发组织起来修庙祭奠亡灵。但富里寺之名不见载于明清以前的历史地理文献，其建造时间当在明清时期或近代。《当阳地名传说》则说富里寺是由古时一个李姓人所建小寺名"富李寺"演变而来，孰真孰伪，不得而知。但有一点是肯定的，即当地百姓常去庙里祭拜关公。富里寺集镇因富里寺得名，当属后世产生的三国文化遗迹。

界溪庙、戴起帽

界溪庙，庙名，又称戴起帽，在今当阳市河溶镇境内，位于河溶镇与

---

① 参见王友兵编：《当阳地名传说》，[2000] 鄂宜当图内字第010号，第78~79页。

② 当阳县地名领导小组编：《湖北省当阳县地名志》（内部资料），1982年，第365页。

荆州市接壤的地方，西偏北距河溶镇政府所在地约 11 公里。

《当阳地名传说》云：界溪庙原本叫戴起帽，相传关羽大意失荆州，败走麦城，领了残兵败将来到这里。忽然一阵狂风吹落头盔，关羽用大刀挑起头盔，戴在头上。于是，后人将此地叫做戴起帽。"后来，人们在这里盖起了一座庙，庙内供奉着关公的神像，因庙堂盖在当阳与江陵交界处的一条小溪旁边，人们又称这地方为界溪庙。"①

按：界溪庙实为一处关帝庙，当阳、荆州两地百姓共同祭奠关羽，表达了对关公的敬仰之情，因处于两地分界的溪流旁，故得名"界溪庙"。但界溪庙（戴起帽）故事颇为不近情理，当阳、江陵交界处的溪河位于麦城东南二三十里，关羽败走麦城往当阳西北走，不可能沿相反方向逃向江陵。鲍传华《长坂坡》对界溪庙方位及传说故事略有不同说法：关羽大意失荆州，后撤至当阳、荆门、荆州三县交界处，这里有一个隆起的山包，古称三界冢，当地人习惯叫这里为"落帽冢"。从落帽冢向西北走三四里路便是一座寺庙，名"界溪庙"，关羽误听为"戴起帽"，自此界溪庙传为戴起帽了。②《长坂坡》一书述及关羽兵败路线的说法，相对合乎情理。按《长坂坡》所指方位，界溪庙应在今河溶镇郭家场村或孙家垮村一带。

显圣碑

显圣碑，即关公显圣石碑，在当阳玉泉山山脚下，位于当阳市政府所在地西偏南约 12 公里处，距玉泉寺不远。

《当阳地名传说》云："当阳玉泉山北麓，茂密的绿树丛中竖立着一尊石碑和一座一丈高的石望表，上面分别刻着'最先显圣之地'和'汉云长显圣处'。"③

按：关于关羽显灵玉泉山，早在南北朝隋唐时期就在宗教界广为流传。南北朝至隋唐间，当阳等地民众普遍祠祀关羽，佛界法师们看到了关

---

① 参见王友兵编：《当阳地名传说》，［2000］鄂宜当图内字第 010 号，第 92 页。
② 参见鲍传华：《长坂坡》，湖北人民出版社 2013 年版，第 58～59 页。
③ 参见王友兵编：《当阳地名传说》，［2000］鄂宜当图内字第 010 号，第 93 页。

羽在普通百姓心目中的崇高地位，于是编造出关羽显圣玉泉山、帮助建寺的神异之事，并借此大规模扩建玉泉寺，祭祀关羽，以推动佛教的传扬。明初罗贯中在《三国演义》中专门设计了"玉泉山关公显圣"一节，描写关羽被杀后魂落玉泉山听普净禅师讲佛法并拜普净为师的故事。明清时期特在玉泉山珍珠泉附近竖立关羽显圣石碑和石望表，以资游人观瞻纪念。今天看来，显圣之事乃子虚乌有，但关羽生前关爱百姓，在荆州民众中享有崇高威望，自然也是广大民众缅怀关羽无量功德的结果。

本章专门考述了当阳市境内民间传说的关公地名及关公文化遗迹，共计 61 个（含一地多名和异地同名），其中，以关羽战马为主题的关公地名有 25 个，以关羽行军作战和习武练兵的关公地名有 24 个，反映关羽日常生活和纪念关羽功德的关公地名和文化遗迹有 12 个。总体来看，当阳关公地名相当集中，既与关羽在当阳地界活动频繁有关，也与关羽在荆州大力推行仁政、关心民众生活有关，充分反映了关羽在当阳人民心目中的崇高地位，这也是关公信仰肇始于当阳的根本原因。

第七章 远安县三国地名

远安县位于宜昌市东北部，属荆山山脉的延展部分，处于江汉平原与鄂西山地的过渡地带。东与荆门市毗邻，东南与当阳市连接，西南和西与宜昌市夷陵区交界，西北与襄阳保康县接壤，北和东北与襄阳南漳县相连。县城主城区处于沮水中游东岸，现辖花林寺镇、鸣凤镇、旧县镇、茅坪场镇、嫘祖镇、洋坪镇、河口乡等乡镇，县政府机关驻鸣凤镇。如图 7-1 所示。

远安，古名临沮。汉武帝建元元年（前 140）置临沮县，县城设立在罗汉峪口堰头河北岸（今远安县洋坪镇双路村境内），隶属荆州南郡。三国时期仍为临沮县，县之北界隶属曹魏新城郡统辖，后隶襄阳郡。东晋末隆安元年（397），改临沮县为高安县，县城迁至亭子山（今远安县旧县镇），隶属襄阳郡。南北朝时期改高安为远安，隶属硖州（峡州）。明代成化四年（1468）以后县城由亭子山迁至东庄坪（即今县城所在地）。

《湖广通志》卷七十七"远安县"条云："高安故城：晋邑名，在亭子山高处，后周迁于山下，以其近猺而远，故名远安。"[①] "猺"，即以狩猎为生的少数民族。"后周"，即北周，北周武成元年（559），改高安县为远安县。"远安"，意思是这个地方因为临近狩猎的少数民族部落，又距京城较远，但愿永远安宁，与少数民族部落和睦相处，故以"远安"名县。可

---

① 《湖广通志》，见《四库全书》第 534 册，上海古籍出版社 1987 年版，第 38 页。

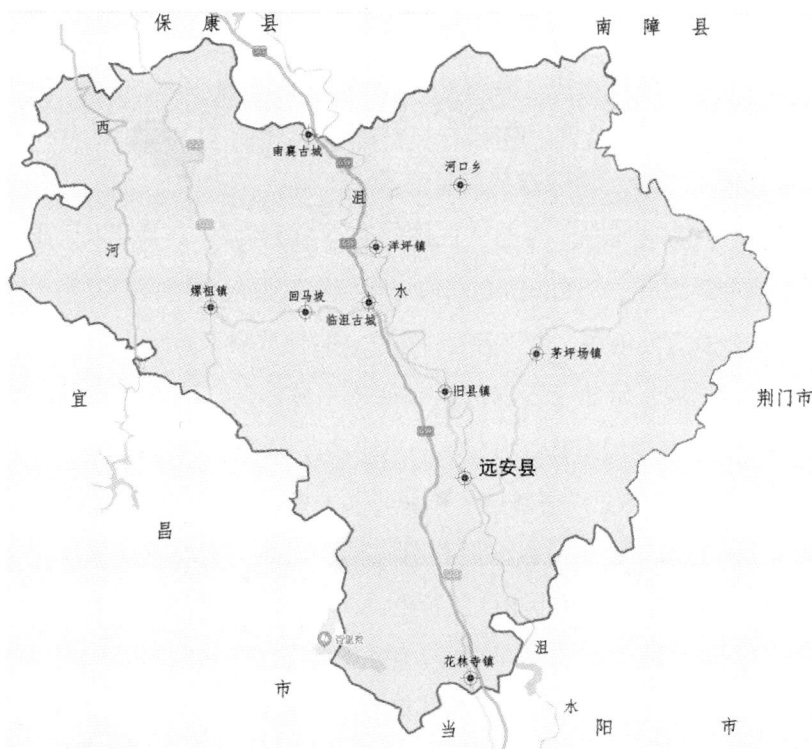

图 7-1　远安县乡镇及部分三国地名方位示意图

见，从西汉武帝立县至今，远安县已有 2000 余年的历史，自立"远安县"至今亦有近 1500 年的建县史。

一、洋坪镇三国地名

洋坪镇位于今远安县北部，西与嫘祖镇相邻，北与襄阳市南漳县等地交界，东与河口乡相接，南与旧县镇毗邻，沮水南北贯通，其西部为群山岗地，东部则较平坦。明清时期已形成集镇，称"洪恩市"，明清近代以来有"小汉口"之誉，显示了当时沙坪镇经济之发达和人口之繁盛。

南襄城

南襄城，古城名，在今远安县洋坪镇境内，旧址位于洋坪镇北部边界，其北即襄阳南漳县境，南距洋坪镇政府所在地约 11 公里，南偏东距远安县城区约 33 公里，今仅存残垣断壁。

弘治版《夷陵州志》卷七《古迹》云："南襄城：在县北九十里。刘汉将关羽屯兵之所，今置预备仓在内。本朝通判海昌褚靖诗：威震中华义勇名，旌旗百万此屯兵。当年若有将军在，肯使曹瞒入郢城?"①

按：南襄城，始建于春秋战国时期的小城邑，三国时属关羽荆州辖地。"县北"，即今远安县政府驻地鸣凤镇之北。《湖广通志》卷七十七在"远安县"条下亦云："南襄城：在县北九十里，汉关忠义屯兵处。"② 同治版《远安县志》卷一《疆域形胜图说》还记载了南襄城外建有军事城堡："南襄城：在县北九十里，关帝屯兵之地。去南襄堡半里许，通巴蜀襄郧。"③《湖广通志》《远安县志》等方志应是以《夷陵州志》的说法为依据的。南襄城位于沮水西岸，为三国临沮县重要城邑，东北可通襄阳郡中庐县（今南漳县），西北可通汉中郡房陵县（今十堰房县和襄阳保康县等地），西可进入夷陵县（今宜昌夷陵区），南距临沮县城（今远安洋坪镇罗汉峪口堰头河）不过二十五里，实是一处水陆要冲之地，是临沮县的北大门。关羽镇守荆州时，南襄城之北为临沮县北境，与曹魏政权控制的中庐县紧邻，确有可能是关羽重兵屯戍之地，但关羽本人未必亲自戍守此城，应为其部将屯兵驻防和设置关卡的处所。

---

① 宜昌市地方志办公室等整理：弘治版《夷陵州志》，鄂宜内图字 2008 第 77号，第 97 页。

② 《湖广通志》，见《四库全书》第 534 册，上海古籍出版社 1987 年版，第 38页。

③ 《中国地方志集成·湖北府县志辑》影印本第 50 册，江苏古籍出版社 2001 年版，第 341 页。

章乡

章乡，古乡名，隶属临沮县，大体范围涵盖今远安县中南部和当阳市西北部一带。

《三国志·吴主传》曰："关羽还当阳，西保麦城。权使诱之，羽伪降，立幡旗为象人于城上，因遁走，兵皆解散，尚十余骑。权先使朱然、潘璋断其径路。十二月，璋司马马忠获羽及其子平等于章乡，遂定荆州。"①

按：章乡因关羽落难而成为一个著名的三国历史地名。《吴主传》所记"十二月"，即建安二十四年（219）十二月。章乡大致方位在何处，历代历史地理著作的记述颇有些混乱。《水经注》卷三十二录《水经》原文曰："漳水出临沮县东荆山，东南过蓼亭，又东过章乡南。"② 宋人郭允蹈《蜀鉴》卷二据此云："章乡，在漳水上。……在今荆门军当阳县。"③《大清一统志》卷二百六十五亦据此云："章乡：在当阳县东北。《三国吴志吕蒙传》：关忠义走麦城，西至章乡。《水经注》：漳水东过章乡南。"④ 诸书均指章乡在漳水之东或之上，即今当阳市东北。漳水自北向南流，向东流经"章乡南"的可能性不大。而沮水自西北向东南流，流经今当阳市河溶镇与漳水合流后以下称沮漳河，流经章乡南的当是沮水。事实上，郦道元在《水经注》卷三十二中认为《水经》所记漳水"又东过章乡南"有误（《大清一统志》将此句误为《水经注》注文），便更正为"（漳水）南历临沮县之章乡南，关羽西保麦城，诈降而遁，潘璋斩之于此"⑤。所谓"南历临沮县之章乡南"，指漳水一段折向西南流经临沮县的章乡之南端。

---

① 陈寿：《三国志》卷四十七，裴松之注本，中华书局 2000 年版，第 829 页。

② 郦道元：《水经注》，陈桥驿校证本，中华书局 2007 年版，第 753 页。

③ 郭允蹈：《蜀鉴》，见《四库全书》第 352 册，上海古籍出版社 1987 年版，第 498 页。

④ 《大清一统志》，见《四库全书》第 480 册，上海古籍出版社 1987 年版，第 163 页。

⑤ 郦道元：《水经注》，陈桥驿校证本，中华书局 2007 年版，第 753 页。

可见章乡位于漳水之西北。《湖广通志》卷八十一亦否定了《大清一统志》"章乡在当阳县东北"的说法："关帝墓：在当阳县西五里章乡，玉泉山旧有祠。"① 可见，章乡为汉末三国时期一级行政区划名，隶属临沮县，位于漳水之西北方向，即今当阳市西北部、远安县中南部，主要处于沮水流域。

夹石、回马坡、马蹄滩

夹石，沟谷名，亦溪流名，今称罗汉峪，在今远安县洋坪镇境内，东偏北距洋坪镇政府所在地约 12 公里。回马坡，山坡名，位于罗汉峪（夹石）中段；马蹄滩，石滩名，在回马坡附近的溪沟之中。

今编《湖北省远安县地名志》云：回马坡属于罗汉峪溪沟中游地段，地势险要，两岸峭壁悬崖，沟水长流，古为通蜀山道。三国时期，蜀将关羽失荆州，败走麦城，欲从临沮小道撤退至蜀地。吴将吕蒙令部下潘璋、朱然预先埋伏在罗汉峪（夹石）沟中，"关羽至此察觉勒马返回。一声号令，长钩套索，一齐并发，绊倒战马，关羽父子被擒，后人将此地命名为'回马坡'。……在附近溪沟的河滩石上，尚留有关羽的马蹄印，形象逼真，后人称曰'马蹄滩'"②。

按：《三国志·潘璋传》曰："权征关羽，璋与朱然断羽走道，到临沮，住夹石。璋部下司马马忠擒羽，并羽子平、都督赵累等。"③ 前引《吴主传》载潘璋部将马忠抓获关羽父子于章乡。章乡应是涵盖范围较大的乡级地名，可能包含今天沮水以西、西河以东的区域，即今远安县洋坪镇、嫘祖镇、花林寺镇及当阳市玉泉街道等地。夹石则为具体地名，即今罗汉峪沟。罗汉峪沟，因两岸岩石光秃如和尚状，故明清时称"罗汉溪"，

---

① 《湖广通志》，见《四库全书》第 534 册，上海古籍出版社 1987 年版，第 143 页。

② 远安县地名领导小组编：《湖北省远安县地名志》（内部资料），1982 年，第 327～329 页。

③ 陈寿：《三国志》卷五十五，裴松之注本，中华书局 2000 年版，第 960 页。

三国时称"夹石"，应与岸边多岩石有直接关联。

同治版《远安县志》卷一《古迹》载曰："回马坡：在罗汉峪内，汉前将军关某夜走临沮回马处。邑令郑燡林立有碑。"① 关羽被擒处被民间称作"回马坡"，处在夹石沟外丁字路口处。明人翟承统作诗云："吴狗甘事曹，桀犬多吠尧。虎为群兽困，策马回山坳。胡不冒锋刀，圣人异英豪。冀当吞吴身，复荆报汉朝。"在怒骂吴人卑劣行径的同时歌颂了关羽的大义凛然。清同治五年（1866），远安县令郑燡林等官绅在此建造石亭和石碑以示纪念。石亭为正方形，共分三层，高一丈四尺，石碑上刻有"呜呼！此乃关圣帝君由临沮入蜀遇吴回马之处也"字样，对关羽的不幸遭遇表达了深深的叹惋。

大多数学者认为关羽逃向夹石沟（罗汉峪沟）是为了西去巴蜀，笔者以为关羽从麦城败退之后，原本计划沿沮水河谷北上，至临沮县城（据同治版《远安县志》卷一《古迹》载"汉临沮故城：在县西北三十五里罗汉峪外堰头河"② ）、南襄城一带据守险要以等待驻守上庸、房陵一带的蜀将刘封、孟达的救兵，但临近临沮县城时获知二城已被吴军占领，只得向西走罗汉峪沟，以期进入西河流域，再向西北进入房陵县地，与刘封、孟达所部会合，以脱离险境，再伺机夺回荆州。关羽困守麦城时，吴将陆逊已经夺取了夷陵、秭归、巫山等三峡郡县，断绝了关羽从水道及江滨栈道入川的路径。回马坡之西是连绵起伏的高山，而且主要呈南北走向，难以形成东西贯通的平坦驿道，虽经翻山越岭亦可辗转前往今宜昌兴山县和重庆巫山县等地，但耗时之长、费力之巨非关羽残兵败将所能承受，而房陵县（含今湖北房县、保康县等地）与临沮县接壤，关羽只要向西北方向沿着相对平坦的河谷地带撤至房陵县，便可获得刘封、孟达所部的援救，故而关羽走罗汉峪沟谷是为了向房陵县撤退。可惜一来刘封、孟达始终没有

---

① 《中国地方志集成·湖北府县志辑》影印本第 50 册，江苏古籍出版社 2001 年版，第 356 页。

② 《中国地方志集成·湖北府县志辑》影印本第 50 册，江苏古籍出版社 2001 年版，第 355 页。

主动接应关羽的作战计划和行动，二来孙权、吕蒙早已算准了关羽可能行走的路线，预先调兵遣将埋伏在夹石沟（罗汉峪沟），终致关羽覆灭。回马坡虽然是后世民间传说的三国地名，但此地确有可能是关羽兵败被俘之地，故而是一处历史可信度很高的三国地名。

至于溪沟中留下四个酷似马蹄印的石滩，则是雨水浪流长期冲刷所致，不可能是关羽坐骑所留，即便当年关羽坐骑在溪沟中留下马蹄印，也早已被水浪冲洗得无影无踪。同治版《远安县志》卷一《疆域形胜图说》介绍"罗汉峪"云："通兴山、四川，小路，山口即关帝回马坡，石上马蹄迹尚存，三国时地利，惜乎为孙权所占。呜呼！关帝完节于此，所以为汉时一人，万古不朽也。"① 毋庸置疑，马蹄滩上马蹄印显然是地方绅士和百姓为纪念关羽而有意附会的关公文化遗迹，表达了远安人民对于关羽不幸遭遇的同情。

拦人沟

拦人沟，溪沟名，亦村落名，在今远安县沙坪镇境内，位于回马坡之南不远处。

《湖北省远安县地名志》云："拦人沟：12 人，位于罗汉峪沟中游，回马坡向南的一条小支沟，坡度陡，树木丛生。三国时吕蒙设伏兵在此沟，待关羽过去，首尾伏兵尽出拦截，关羽被擒，就在此沟出口，故名拦人沟。村以为名。"②

按：回马坡、拦人沟一带在三国时应属临沮县章乡地界，即在所谓"夹石"（罗汉峪沟）范围内。《三国志》有东吴多个名将率部埋伏于夹石拦截关羽的记载，拦人沟确有可能是一处吴军伏击关羽的去处，但沟名是否得名于关羽被拦截，实难寻找文献依据。

---

① 《中国地方志集成·湖北府县志辑》影印本第 50 册，江苏古籍出版社 2001 年版，第 344 页。

② 远安县地名领导小组编：《湖北省远安县地名志》（内部资料），1982 年，第118 页。

撞儿沟

撞儿沟，溪沟名，亦村落名，在今远安县洋坪镇境内，东南距洋坪镇政府所在地约 13.5 公里，位于南襄城之西约 2.5 公里处。

《湖北省远安县地名志》云：撞儿沟位于沮水支流笕口河北岸，北与黄土坡紧邻，"传说三国时关云长在此撞见他的儿子，村以得名"①。

按：撞儿沟故事过于简单，关羽为何到此沟？其子又为何在此沟出现？其子是否为关平？均未说清。不排除历史上关平曾镇守南襄城而关羽行军至此或到此视察撞见关平的可能性，但"撞儿沟"之名起源于民间百姓寻子的可能性更大，至明清时期关公信仰兴盛之后人们将其附会到关羽身上。

大汉口、小汉口

大汉口、小汉口，均关口名，亦村落名，在今远安县洋坪镇左家坪村境内，位于洋坪镇政府所在地东偏南约 10 公里处，南距远安县城约 20 公里。

《湖北省远安县地名志》云：大汉口、小汉口位于狮子垴南北峡谷，二者对称存在。"清同治五年《远安县志》记载：'大汉口、小汉口高崖绝壁，有小径通荆门，关帝拒曹操于此，有一夫当关之势。'"②

按：大汉口、小汉口位于洋坪镇与茅坪场镇交界处的狮子垴南北两侧，山北为"大汉口"，山南为"小汉口"，两条山溪切割形成峡谷，古时此山谷有小路通往荆门（三国时为当阳县地），此为关口。同治版《远安县志》应是沿袭《大清一统志》之说。《大清一统志》卷二百六十八载曰：
"大汉口：在远安县北三十五里，相近有小汉口，皆高岩绝壁，下有小径

---

① 远安县地名领导小组编：《湖北省远安县地名志》（内部资料），1982 年，第 82~83 页。

② 远安县地名领导小组编：《湖北省远安县地名志》（内部资料），1982 年，第 114~115 页。

通安陆府荆门州。相传皆关忠义屯兵处。"① 关羽镇守荆州期间，北有曹魏，东南有孙吴，关羽在军事上的压力不小，关羽的南北防务总体上看还是相当严密的，东南长江之滨多建烽火台，西北山地多置关设卡。从大汉口、小汉口所处地理方位上看，关羽在此设置关卡、选将遣兵戍守的可能性极大，应是两处历史可信度较高的三国遗迹，但汉末三国时期有"夏口"之称，却无"汉口"之名，大汉口、小汉口当是明清近代以来产生的关卡名称。

关庙冲

关庙冲，山冲名，亦村落名，在今远安县洋坪镇左家坪村境内，位于洋坪镇政府所在地东南约 8.5 公里处。

《湖北省远安县地名志》云："关庙冲：147 人，前人为纪念蜀国将领关羽，曾在此冲建有关庙，故名关庙冲。村以为名。"②

按：关庙冲村因山冲建有关庙而得名，是后世百姓为缅怀关羽功德而为，当是明清时期产生的关公地名。

二、嫘祖镇三国地名

嫘祖镇原名荷花镇，二十世纪末以来因多有学者认为荷花镇为嫘祖故里而改名嫘祖镇，位于今远安县西北部，东与洋坪镇相接，东南与旧县镇紧邻，南及西与宜昌市夷陵区交界，北及东北与襄阳保康县、南漳县交界。地处鄂西山区边缘，西高东低，长江支流西河自北向南穿越境内流经宜昌夷陵区汇入长江，其下游俗称黄柏河。

---

① 《大清一统志》，见《四库全书》第 480 册，上海古籍出版社 1987 年版，第 230 页。

② 远安县地名领导小组编：《湖北省远安县地名志》（内部资料），1982 年，第 114 页。

打湿旗、瞄日岗、晒旗河

打湿旗，溪沟名，今为村名，位于今远安县嫘祖镇中北部，南距嫘祖镇政府所在地约 15 公里。《湖北省远安县地名志》云："打湿旗：123 人，村以传说故事为名，传说三国时期关公带兵到此，大雨滂沱，战旗行装尽被打湿，故名打湿旗。"①

瞄日岗，山岗名，亦村落名，位于今远安县嫘祖镇西北部，今为晒旗村驻地，东南距嫘祖镇政府所在地约 18 公里，东距打湿旗约 6 公里。《湖北省远安县地名志》云："瞄日岗，35 人，晒旗大队驻地，村以历史传说故事得名。据传三国时关云长行军在打湿旗沟遇雨，把军旗打湿了，行至此岗观望太阳，以便晒旗与行装，故名瞄日岗。坐落于晒旗河与西河汇合之间。"②

晒旗河，河名，今为村名，在今远安县嫘祖镇西北部，东南距嫘祖镇政府所在地约 18 公里，东距打湿旗约 6 公里。《湖北省远安县地名志》云："晒旗河，是季节性山溪河……三国时关云长行军，在此河沟晒过打湿了的军旗，故得名晒旗河。"③

按：上述三个三国地名都是讲述关羽行军遇到暴雨天气军旗被打湿、雨后晒军旗的故事，应是春夏季节山区频发雷阵雨的情况下发生的事。今湖北省 241 省道从宜昌市夷陵区北上至襄阳市保康县，中间穿越远安县嫘祖镇，这条道路应是秦汉三国时期夷陵县至房陵县的重要山区驿道之一，其西侧数里便是南北贯通的长江支流西河，打湿旗、晒旗河、瞄日岗等地名均在这一带，它们确有可能是当年关羽行军经过之地，具有一定的历史可信度，但无法找到早期文献依据，不能排除民间附会成分。

---

① 远安县地名领导小组编：《湖北省远安县地名志》（内部资料），1982 年，第 36 页。

② 远安县地名领导小组编：《湖北省远安县地名志》（内部资料），1982 年，第 37 页。

③ 远安县地名领导小组编：《湖北省远安县地名志》（内部资料），1982 年，第 378 页。

凉山包

凉山包，山包名，在今远安县嫘祖镇西部边界，东距嫘祖镇政府所在地约 21 公里。

《湖北省远安县地名志》云："凉山包：在荷花公社西部，与宜昌县交界，传说三国时关公在此山撑过伞，名曰'凉伞包'，后演变为凉山包。"①

按：此关公地名太过牵强，不足为信，当是后世民间随意附会之词。

马岩屋

马岩屋，石屋名，亦村落名，在今远安县嫘祖镇西北边缘，东南距嫘祖镇政府所在地约 33 公里。

《湖北省远安县地名志》云："马岩屋：41 人，传说三国时关云长行军的人马在此岩屋住过而得名马岩屋。"②

按：马岩屋地处远安西北高山区，平均海拔在 800 米上下，中华人民共和国成立后因这一带高山险峰较多，故取名高峰大队。马岩屋当是古代行走山区的马贩子、盐贩子临时歇马过夜之地，其得名应源于此。关羽镇荆州时不排除其士卒到过马岩屋一带，但关羽本人在如此偏远、路陡难行的高山石屋歇马的可能性不大，马岩屋传说的附会成分较浓。

治马垭

治马垭，山垭名，亦村落名，在今远安县嫘祖镇西北边缘，东南距嫘祖镇政府所在地约 32 公里，与马岩屋相距约 1 公里。

《湖北省远安县地名志》云："治马垭：18 人，传说三国时关云长行

---

① 远安县地名领导小组编：《湖北省远安县地名志》（内部资料），1982 年，第 346~347 页。

② 远安县地名领导小组编：《湖北省远安县地名志》（内部资料），1982 年，第 27 页。

军从此地过，马病了在此垭医治而得名。"①

按：治马垭，是一处南北过往的山口，此地在古代应设有类似今天兽医站的店铺，主要疗治骡马伤痛、病症及更换马掌，治马垭应得名于此。治马垭、马岩屋一南一北，均处在西河东岸不远处，临近襄阳保康县边界，说明这一带实为古代一条重要的山区驿道或盐道，但未必与三国关羽存在着密切关联。

离儿湾、呼儿湾

离儿湾、呼儿湾，均小村落名，位于今远安县嫘祖镇沙坪子村附近，南距嫘祖镇政府所在地约21公里。

《湖北省远安县地名志》云："离儿湾：5人，传说三国时关云长领兵西进在此村，令其子带领人马向南至运粮坪运粮，村由此得名离儿湾。"②又云："呼儿湾：12人，传说三国时，关公行军在此村时，呼喊他的儿子，村以此得名呼儿湾。"③

按：呼儿湾位于今沙坪子村东约2公里，离儿湾位于沙坪子村东0.8公里，按照关羽向西行军的方向，关羽先行至呼儿湾，呼喊其子，再一起西行至离儿湾，令其子前往运粮坪运送军粮，运粮坪在沙坪子西南。《湖北省远安县地名志》提及的几个地名方位符合实际，故事也连贯合理，但呼儿湾、离儿湾是否得名于关羽行军作战，难以寻找历史文献依据，多半是明清时期民间附会的关公地名。

运粮坪

运粮坪，山坪名，亦村落名，在今远安县嫘祖镇粮坪村境内，位于嫘

①　远安县地名领导小组编：《湖北省远安县地名志》（内部资料），1982年，第28页。

②　远安县地名领导小组编：《湖北省远安县地名志》（内部资料），1982年，第33页。

③　远安县地名领导小组编：《湖北省远安县地名志》（内部资料），1982年，第33页。

祖镇政府所在地北偏西约 13.5 公里处。

《湖北省远安县地名志》云："运粮坪：49 人，传说三国时关云长领兵在此坪扎营运送粮草，故名。"[1]

按：今嫘祖镇粮坪村以运粮坪得名。运粮坪应是古代一处临时存放粮草、转运军需的地方，因建于山坪之中，故名"运粮坪"。运粮坪地处今西河与 241 省道之间，秦汉三国时处在临沮县至房陵县的山区驿道旁，关羽镇守荆州期间，其部将有可能在此建造粮草供给站，但更有可能是后世某个朝代的屯粮之地，至明清时期被民间百姓附会到关羽身上。

嫘祖镇将军寨

将军寨，山寨名，在今远安县嫘祖镇西河村境内，东南距嫘祖镇政府所在地约 12 公里。

《湖北省远安县地名志》云："将军寨：在荷花公社西北部，相传三国时关云长在此查看地形并建寨，故名将军寨。"[2] 王友贵主编《美丽远安》则解释将军寨得名缘由云：关羽大意失荆州，急忙从樊城撤兵，准备回救荆州，行至今远安县望家乡一山谷中，忽然天降大雨，士卒衣服、军旗全被打湿，无奈军情紧急，只得冒雨行军，不一会儿，雨过天晴，关羽命士卒晾晒军旗、衣服。他登上一个高岗上，抬眼望日，见天色尚早，便下令继续前进。"走了几十里，关羽看到前面一座山峰（海拔 1268.4 米），地势险要，易守难攻，便命军士们上山安营扎寨，休整几日。如今寨墙犹存。……人们为了纪念关羽，从此把关羽打湿旗的山沟叫'打湿旗'，把关羽晒过军旗的那个村子叫'晒旗村'，把关羽瞄日观天色的那个高岗叫'瞄日岗'（后作瞄儿岗），把关羽安营扎寨的那个山峰叫'将军寨'。"[3]

---

① 远安县地名领导小组编：《湖北省远安县地名志》（内部资料），1982 年，第 38 页。

② 远安县地名领导小组编：《湖北省远安县地名志》（内部资料），1982 年，第 359 页。

③ 王友贵主编：《美丽远安》，长江文艺出版社 2014 年版，第 163 页。

按：名号"将军寨"的地方颇为普遍，在高山险要处建兵寨，常常是因为此处为兵家争夺的要冲，多数时候是农民起义军或占山为王者为反抗官府镇压以求生存而建。嫘祖镇将军寨故事附会成分较浓，明显存在两个不大合乎情理之处：一是关羽从樊城回救荆州的时间是建安二十四年（219）秋冬季节，秋冬季节远安地界下暴雨的现象不多见，关羽冒雨行军被大雨打湿衣服、军旗的可能性较小；二是将军寨海拔高1268.4米，地势又险要，关羽爬上去需要足够的时间，下令士兵登山建寨更费时日，既然关羽急着回救荆州，他怎么会莫名其妙地爬到如此高的山上去建兵营呢？更何况关羽从襄阳回救荆州的行军路线应是荆襄驿道，不可能绕一个大圈跑到今嫘祖镇西北地界上来救援荆州。可见，将军寨应是后人将农民义军或占山为王者所建营寨附会到关羽身上的一处古兵寨。

插旗山、升旗沟、打鼓牌

插旗山，山名，亦村落名，在今远安县嫘祖镇沙泥坡村境内，东偏北距嫘祖镇政府所在地约14公里。《湖北省远安县地名志》云："插旗山：25人，村靠古路岗山岗制高点附近，三国时关云长行军，在此地插旗，故名插旗山，村以为名。"[1]

升旗沟，山沟名，亦村落名，在今远安县嫘祖镇升旗沟村境内，东北距嫘祖镇政府所在地约6公里，西偏北距插旗山约8公里。《湖北省远安县地名志》云："升旗沟：10人，三国时关羽行军在此沟旁扎营升过旗，故名升旗沟。"[2]

打鼓牌，又称擂鼓台，土台名，亦村落名，在今远安县嫘祖镇打鼓牌村境内，北距嫘祖镇政府所在地约5.5公里，西北距升旗沟约5.5公里。

---

[1] 远安县地名领导小组编：《湖北省远安县地名志》（内部资料），1982年，第168页。

[2] 远安县地名领导小组编：《湖北省远安县地名志》（内部资料），1982年，第155页。

《湖北省远安县地名志》云："打鼓牌：……三国时关公在此擂鼓交战，故名。"①

　　按：同治版《远安县志》卷一《疆域形胜图说》载曰："插旗山：在石管铺。关帝插旗作疑兵处，可设伏。擂鼓台：在石管铺。相传为关帝剿贼、张桓侯擂鼓助阵处。"②插旗山位于西河西侧，升旗沟位于西河东侧，打鼓牌位于升旗沟东南方向不远处，三地相隔不远，而且打鼓牌处在三国时期夷陵县至房陵县的山区驿道（今241省道）旁，升旗沟和插旗山处在临沮县至夷陵、秭归二县的山区驿道（今347省道）旁，而历史上关羽有过率部在今宜昌市夷陵区北部和远安县西部一带与曹魏名将乐进等人作战的经历，故而插旗山、升旗沟、打鼓牌（擂鼓台）等地确有可能是关羽行军、驻营、作战的地点，但古代民间有张飞助战之说，不知依据何在。故而，这些地名很难排除民间附会的可能性。

三、茅坪场镇三国地名

　　茅坪场镇位于今远安县中东部，西南与县政府驻地鸣凤镇相邻，西与旧县镇相接，西北与河口乡相邻，东北与襄阳市南漳县东巩镇交界，东与荆门市栗溪镇接壤，东南与当阳市庙前镇毗邻。茅坪场镇地处山区、丘陵地带，层峦起伏，溪流纵横，多条沮水支流和漳水支流穿越境内，水陆交通较为便利。

关口垭

　　关口垭，山垭名，亦关隘名，亦村落名，在今远安县茅坪场镇八角村境内，西至茅坪场镇政府所在地约5.6公里，西南至远安县城约18.5

　　①　远安县地名领导小组编：《湖北省远安县地名志》（内部资料），1982年，第174页。

　　②　《中国地方志集成·湖北府县志辑》影印本第50册，江苏古籍出版社2001年版，第344页。

公里。

《湖北省远安县地名志》云:"关口垭:……历史上是远安通往荆门的要道,三国时关云长曾在此设关卡,故名关口垭。村以为名。"①

按:关口垭处在沮水东岸著名支流巩河发源地附近,东与漳水支流紧邻,可以通过河谷地带前往荆门市(三国时为当阳县境),关羽确有可能在此设关卡、遣士卒戍守以保障道路畅通和传递军事信息,但难以找到史料依据,而且关口垭之名在今鄂西山区较为常见,当得名于置关设卡,与关羽姓氏无关,因而不能排除关口垭为后世所设置而民间将它附会到关羽身上的可能性。

呼儿寨

呼儿寨,古代兵寨名,在今远安县茅坪场镇铁炉湾村境内,南偏西距茅坪场镇政府所在地约 13 公里。

《湖北省远安县地名志》云:"呼儿寨:位于远安县东北中部,……传说三国时关云长,扎入此寨,与他儿子商定,有危急时以烟火为号,安排他的儿子扎营当阳河溶一带,故这里取名呼儿寨。至今山寨残存,山峰海拔 840 米,山势南北走向。"②

按:《湖北省远安县地名志》并未说清楚呼儿寨得名的来历,今远安民间传说则云:关羽镇守荆州期间,为保障荆州与蜀国大后方之间的补给通道,在荆州至巴蜀之间建造了许多兵站,兵站之间大多为一天左右的路程。远安境内兵寨星罗棋布,呼儿寨便是其中之一。呼儿寨地位显著,规模巨大,寨内林木茂盛,平坦开阔,可容纳数千人马驻扎,且有一处独特的天池,一年四季池水不干。关羽兵败麦城后,撤至呼儿寨,由关平断

---

① 远安县地名领导小组编:《湖北省远安县地名志》(内部资料),1982 年,第 194 页。

② 远安县地名领导小组编:《湖北省远安县地名志》(内部资料),1982 年,第 359 页。

后，关羽久等其子不至，思子心切，朦胧之间仿佛听见山下有人呼唤，遂披衣出帐，立于兵寨寨墙之上，大声呼喊关平。后世感关羽父子情深，遂将此兵寨更名为呼儿寨。

呼儿寨确实是一处古代兵寨遗址，今存多处寨墙和山间石道。远安县民间关于呼儿寨的传说存在两个问题：一是关羽镇守荆州时建造星罗棋布的兵寨，是否有足够的时间和人力、物力？呼儿寨海拔近千米，在如此高的山峰上建造兵寨，上下进出费时费力，能否起到相互救应的作用？二是关羽自麦城（今当阳市两河镇沮水之滨）兵败后沿沮水向西北方向退走，父子二人在今远安县洋坪镇西部回马坡被俘，他何以撤至东北方向的呼儿寨呼喊关平？呼儿寨地处茅坪场镇北部山区，比较偏僻闭塞，明清时期远安县曾是农民起义军重要的活动区域，李自成农民起义军也曾到过远安县茅坪场镇、旧县镇、鸣凤镇一带，还曾攻占过远安县故城（今远安县旧县镇）。呼儿寨等山区兵寨很有可能是农民起义军所建，民间百姓将其附会到关羽身上。当然，呼儿寨等兵寨应是世代积累而成，最初可能出自占山为王的土匪之手，被后世农民起义军或反抗官府的武装所增修使用。明清近代以来关公信仰盛行，百姓便将"呼儿寨"等古兵寨建筑附会至关羽父子身上。

关王场、凉风台

关王场，场地名，亦村落名，在今远安县茅坪场镇铁炉湾村境内，南偏西距茅坪场镇政府所在地约 15 公里。《湖北省远安县地名志》云："关王场：15 人，传说三国时关公常在此地玩耍、射箭，取名关玩场，后演变为关王场，村位于呼儿寨东侧山岗附近。"①

凉风台，土台名，亦村落名，在今远安县茅坪场镇铁炉湾村境内，南偏西距茅坪场镇政府所在地约 14 公里。《湖北省远安县地名志》云："凉

---

① 远安县地名领导小组编：《湖北省远安县地名志》（内部资料），1982 年，第141 页。

风台：6人，位于关王场村东南山岗，为一平台小山顶，传说三国时关公常到此地乘凉，故取名凉风台。"①

按：三国时期荆州乃四战之地，关羽镇守荆州压力之巨大、公务之繁忙可想而知。关王场、凉风台地处偏远山区，关羽岂有足够时间和悠闲心情经常跑到此地来玩耍乘凉？显然，关王场、凉风台等关公地名是由附近的呼儿寨衍生而来，带有十分明显的随意附会的性质，不足为信。

寄弓尖、扎关洞

寄弓尖，山峰名，在今远安县茅坪场镇境内，位于茅坪场镇政府所在地东南约12公里处。《湖北省远安县地名志》云："寄弓尖：位于茅坪场公社东南面，三国时关云长在此山峰西北侧扎营，寄放弓箭，故名寄弓箭，演变为寄弓尖。"②

扎关洞，山洞名，在今远安县茅坪场镇境内，位于茅坪场镇政府所在地东南的寄弓尖山西侧。《湖北省远安县地名志》云："扎关洞：位于茅坪场公社东南部，三国时关云长在此洞扎营，故名扎关洞。洞靠寄弓尖山峰西侧。"③

按：今远安县茅坪场镇东南部地处古当阳县至临沮县的驿道旁，寄弓尖山海拔三百余米，峰面坐西北朝东南，日照时间充裕，便于寄放和晾晒弓箭。名号"寄弓箭"，很可能是古代一处制作弓箭、晾晒兵器之地，但未必与关羽有关。扎关洞是寄弓尖山西侧一处天坑溶洞，"扎关洞"含有把住洞口如同卡住关口一样的意思。扎关洞可能在古代常常成为军队临时驻营地，亦可能是存放弓箭等兵器之地，但关羽是否率部到过此地安营，实缺乏可靠的文献依据，多半是明清时期民间附会的关公地名。

---

① 远安县地名领导小组编：《湖北省远安县地名志》（内部资料），1982年，第141页。

② 远安县地名领导小组编：《湖北省远安县地名志》（内部资料），1982年，第360页。

③ 远安县地名领导小组编：《湖北省远安县地名志》（内部资料），1982年，第364～365页。

均食沟

均食沟，溪沟名，在今远安县茅坪场镇权子坪村境内，西南距茅坪场镇政府所在地约 11 公里。

《湖北省远安县地名志》云："均食沟：为季节性小溪沟，发源于大尖山，向南流入晓坪河，流程 3.5 公里。……相传三国时关云长行军此沟，粮食短缺，与士卒均分而食，故而得名均食沟。"①

按：今茅坪场镇权子坪村一带地处晓坪河河谷，今 347 省道斜穿河谷，是唐宋以后远安县通往荆门州（今湖北省荆门市）的主要路径，也是三国时期临沮县通往襄阳郡宜城县的主干驿道。均食沟位于驿道旁，应是关羽足迹所至之地，但均食沟是否得名于关羽分食，则难以找到可靠的史料依据，不能排除民间随意附会的可能性。

竹马沟

竹马沟，村落名，在今远安县茅坪场镇白壁子屋村境内，西南距茅坪场镇政府所在地约 14 公里。

《湖北省远安县地名志》云：竹马沟原名粥粑锅，又名竹坝沟。传说三国时期关羽曾在此扎营，米刚下锅，敌军攻寨，关羽上马追赶，返回营地时见米饭已巴锅，笑道：粥粑锅了！故称此地为粥粑锅。"清代末年改称竹坝沟，1954 年成立初级社改为竹马沟至今。"②

按：今茅坪场镇竹马沟村亦处在 347 省道上，与均食沟相隔不远，亦是当年关羽及其荆州兵足迹所到之处，但粥粑锅传说附会性颇为明显，不足为信据。

---

① 远安县地名领导小组编：《湖北省远安县地名志》（内部资料），1982 年，第 383 页。

② 远安县地名领导小组编：《湖北省远安县地名志》（内部资料），1982 年，第 386 页。

马扎沟

马扎沟，溪沟名，亦村落名，在今远安县茅坪场镇周家棚村境内，位于茅坪场镇政府所在地西北约 7 公里处。

《湖北省远安县地名志》云："马扎沟：10 人，传说关公抓了一个草王子到此沟杀了，他回去时马不见了，故名。"①

按："草王子"，当是"草头王"的意思。马扎，本是一种可以折叠的小型坐具，源自西北游牧民族的胡床，从字面上理解，"马扎沟"乃制造马扎的山沟。远安民间传说马扎沟得名于关羽在溪沟中杀草头王而丢失马匹，含义不清，实令人费解。"马扎沟"当为"扎马沟"之讹传。民间盗匪常使用铁蒺藜，俗称三角钉，是一种用于专扎马蹄的器具。扎马沟可能得名于这一带常出现盗匪以铁蒺藜扎马蹄抢劫财物的现象，有一次盗匪头子扎马抢劫时被一位好汉所杀，后人将其附会至关羽身上。日久天长，当地百姓和行路客商觉得"扎马沟"不吉利，便改称"马扎沟"。

四、其他乡镇三国地名

远安县除了洋坪镇、嫘祖镇、茅坪场镇三镇外，还有鸣凤镇、旧县镇、花林寺镇、河口乡等乡镇。鸣凤镇为今县城驻地，位于远安县中南部；旧县镇为东晋至明代前期远安县（初名高安县）县城所在地，位于远安县中部偏西南；花林寺镇位于远安县南端，与宜昌市、当阳市交界；河口乡位于远安县北部，与襄阳市南漳县交界。旧县镇、河口乡尚未见有关三国人物的地名传说故事，鸣凤镇、花林寺镇则有少量三国地名传说。

脚痛湾

脚痛湾，村落名，在今远安县鸣凤镇季家村境内，位于远安县政府所

---

① 远安县地名领导小组编：《湖北省远安县地名志》（内部资料），1982 年，第126 页。

在地东南约 11 公里处，其南端与当阳市百宝寨景区相距不远。

《湖北省远安县地名志》云："脚痛湾：80 人，据传三国时蜀将关云长行军至此，脚走痛了，村因而得名。"①

按：脚痛湾地处今远安县南部边界，三国时期属临沮县地，其东境与当阳县交界，位于沮水东岸。建安二十四年（219）关羽败走麦城后沿沮水河谷向西北撤退，应当经过脚痛湾一带，关羽在仓皇撤退中是否受伤痛脚？脚痛湾是否因此而得名？实无任何文献依据。从关羽撤退线路和地名方位上看，脚痛湾传说可能是民间历史记忆的留存，但不能排除后世随意附会的可能性。

鸣凤镇将军寨

将军寨，山寨名，亦村落名，在今远安县鸣凤镇花园村境内，位于远安县政府所在地南约 8 公里处。

《湖北省远安县地名志》云："将军寨：21 人，此地从前有一个寨子，并建庙宇，内有关公、关兴、周仓之塑像，人称将军寨，村以此为名。"②

按：此处所说"关兴"当为"关平"之误，因为关公庙里常规情况是关羽塑像端坐中央、两侧由关平和周仓护卫侍立。鸣凤镇将军寨是因为建有关庙而得名，其内塑有关羽、关平、周仓三人塑像，足证为元明以后产生的地名，因为周仓是《三国演义》等文学作品中出现的人物，庙宇建造时间当晚于《三国演义》诞生的明初之世。

漂池岗

漂池岗，山名，亦小村落名，在今远安县花林寺镇吴家坪村境内，其西接近宜昌夷陵区分乡镇地界，与分乡镇著名的百里荒景区紧邻，东北距

---

① 远安县地名领导小组编：《湖北省远安县地名志》（内部资料），1982 年，第 257 页。

② 远安县地名领导小组编：《湖北省远安县地名志》（内部资料），1982 年，第 255 页。

远安县城区约 21 公里。

《湖北省远安县地名志》云："漂池岗：位于远安县西南部，为花林寺公社所辖，与宜昌县交界。该山南北走向，南与百里荒山连接，北至漂池村。……漂池岗顺山脊有一条蜿蜒山间小道，传说三国时关云长行军路过此山，发现一水池，便在池内漂洗马草，故名漂池，山引以为名曰漂池岗。"①

按：漂池岗地处偏僻，至今仍然是人烟稀少之地，当年关羽为何要行军至此蜿蜒山间小道？此说实难为信据。漂池岗与宜昌分乡镇百里荒连接，山岗上青草丰茂，乃天然山区牧场，山上泉水亦丰富，形成许多水池和水坑，确是养马漂洗草料之地，漂池岗故事可能出自后世牧马者的有意虚构和附会，其目的是提升该地的名气。

桃李溪河

桃李溪河，河名，亦村落名，在今远安县花林寺镇黄土坳村境内，位于沮水西岸，北距远安县城区约 10 公里。

《湖北省远安县地名志》云："桃李溪河：73 人，相传三国时曹操在此安营扎寨，在河中淘米，故名淘米溪河，后演变为桃李溪河，别名交岔河。"②

按：今远安县桃李村以桃李溪河为名。民间传说桃李溪河由曹操驻营于此、在河中淘米演变而来，并非信史。《三国志·武帝纪》载，建安十三年（208）九月，曹操从襄阳进军江陵，"下令荆州吏民，与之更始，乃论荆州服从之功，侯者十五人，以刘表大将文聘为江夏太守"③。所谓"更始"，即重新开始、除旧布新的意思。可见，曹操在南郡郡治江陵城里

---

① 远安县地名领导小组编：《湖北省远安县地名志》（内部资料），1982 年，第354 页。

② 远安县地名领导小组编：《湖北省远安县地名志》（内部资料），1982 年，第277 页。

③ 陈寿：《三国志》卷一，裴松之注本，中华书局 2000 年版，第 21 页。

花了不少时间处理政务，并任命文聘出任江夏太守，筹划东进江夏郡以追击刘备残部。十二月，曹操兵败赤壁退回南郡，令曹仁镇守江陵，自率主力返回中原，从此再也没有来过荆州南郡地界。从史籍记述来看，曹操既无空闲时间也无必要绕道至桃李溪河安营扎寨。说曹操在此河中淘米，实不足为据。但是，曹魏军队确有可能在此地驻营扎寨。《三国志·乐进传》曰："从平荆州，留屯襄阳，击关羽、苏非等，皆走之，南郡诸县山谷蛮夷诣进降。又讨临沮长杜普、旌阳长梁大，皆大破之。"[1] 乐进在曹操撤回中原后被任命为镇守襄阳的主官，他不仅在南郡境内与关羽等蜀汉将领有过多次交锋，还亲自率部讨伐刘备任命的临沮县县长杜普和旌阳县县长梁大，桃李溪河属古临沮县地，乐进所部在这一带有过军事行动或临时驻营确实存在很大的可能性。可见，桃李溪河是一处具有较高历史可信度的三国地名，只是与曹操本人没有关联。

本章考述了远安县境内各类三国地名和三国文化遗迹共计 36 个，绝大多数为民间传说地名，所涉及的三国名人主要有关羽、关平、潘璋、曹操等。除了"桃李溪河"外，其余 35 个地名和遗迹都是以关羽为基本内容的关公地名和遗迹，占全部三国地名和遗迹的 97% 以上。其中，章乡、南襄城、夹石（罗汉峪）、回马坡等为三国历史地名和文化遗存。此外，历史可信度较高或具有一定历史可信度的民间传说三国地名和遗迹约有 7 处，其余三国地名和遗迹附会成分较重。远安境内三国地名和遗迹如此集中在关羽一人身上，主要源于关羽在古临沮县的深远影响力：一是关羽镇守荆州时期将临沮县等地作为南郡北部的重要防区，并在这一带有过多次行军作战的经历，留下了十分丰富的足迹；二是关羽被俘于今远安县境，其生命的最后时刻是在此渡过的，民间百姓无不同情关羽的悲剧遭遇。到了明清时期，关公文化昌兴于世，远安百姓推波助澜，在历史真实基础上加以虚构附会，从而使得远安境内的关公地名高度集中。

---

① 陈寿：《三国志》卷十七，裴松之注本，中华书局 2000 年版，第 392 页。

第八章　宜都市三国地名

　　宜都市位于宜昌市南部偏东，地处鄂西南长江西南岸，东及东北与枝江市隔江相望，东南与荆州松滋市相邻，西南与五峰县接壤，西与长阳县毗邻，北与宜昌市区相接，市政府机关驻陆城镇，西北距宜昌市政府所在地约45公里。宜都处于鄂西山地和江汉平原的过渡地带，地势由东南向西北倾斜，西北地势高，东南地势低，西北为武陵山脉和巫山山脉交汇之地，东南为江汉平原边缘，长江自西北沿宜都市东北边缘流向东南方向，清江自西向东穿越宜都中北部汇入长江，渔洋河自西南向东北斜穿宜都市境在陆城西郊汇入清江，形成了三大江河汇集于宜都市的独特地势。如图8-1所示。

　　宜都历史悠久，西周至春秋战国时期地属楚国。从考古资料看，秦始皇时期便在宜都地界设置了夷道县，隶属荆州南郡。西汉末期王莽改夷道县曰江南县，不久复名。建安十三年（208）曹操分南郡枝江以西为临江郡，夷道县属之。建安十五年（210）刘备改临江郡曰宜都郡，辖夷道、夷陵、佷山、秭归、巫县五县，宜都之名始于此。三国时期，蜀汉张飞、孟达、廖化和吴国陆逊、雷谭等名将名士曾出任过宜都太守。东晋大臣桓温改夷道曰西道，后复名夷道。南北朝时期，军阀割据，大江南北对峙，后梁政权在江北设置夷道县，以示收复统辖江南夷道县之志，控制江南地区的陈朝便改夷道县为宜都县，宜都县名始于此。隋朝开皇七年（587）改宜都县曰宜昌县，隶属峡州。唐初又改宜昌县为宜都县，仍属峡州。两宋沿袭唐制，自此，宜都县名一直延续至今。元蒙时期宜都县隶属峡州

197

图 8-1　宜都市乡镇及部分三国地名方位示意图

路，明清时期隶属夷陵州，清雍正十三年（1735）以后，宜都县直属荆州府。民国时期属宜昌专署。1963 年宜都县和枝江县辖区进行调整，原宜都县江北的安福寺、白洋两区划归枝江县，原枝江县江南的城关、洋溪、茶园三区划归宜都县。1982 年又将原宜都县江北古老背镇更名为猇亭镇，划归枝江县管辖。1994 年猇亭镇又划归宜昌市直辖，并升为猇亭区。1987 年撤宜都县，设立枝城市，1998 年改称宜都市。从秦汉王朝设置夷道县起，宜都已有 2200 多年的历史，从陈朝改夷道县为宜都县起，宜都亦有 1400 多年的历史，属于名副其实的千年古县。

一、宜都三国历史地名

宜都位于长江、清江（古称夷水）交汇之地，交通便利，自古临江筑城、依山建堡，多岩石之山，为形胜之地，故又称岩邑。最初置县名"夷道"，实与地处要道相关联。县之西及西南多丘陵、高山，秦汉时期修建了多条通往西南少数民族部落的山区道路，称为夷道，并置县级行政机构来管理这片区域，即夷道县。汉末三国时期，夷道县占据着地理之便，是各方势力激烈争夺的战略要地之一，著名的猇亭之战（又称夷陵之战）的主战场在今宜都市和长阳县境内的清江流域，故而留下了不少三国历史地名。

宜都城、陆城

宜都城，即宜都郡城，又称陆逊城，简称陆城，在今宜都市区内，位于清江入江口附近，处在长江南岸，中华人民共和国成立后称"陆城镇"，现为宜都市政府驻地，称"陆城街道办事处"。今古城残迹不存。

《湖北省宜都县地名志》云："三国时期蜀汉大将关羽被东吴所杀，刘备率师十余万出川报复，兵抵猇亭。公元222年，东吴遣陆逊领兵迎战。《宜都县志》康熙版载：'吴大都督陆逊屯戍宜都，遂筑城于此，以拒蜀汉，后号曰陆城。'陆城是历代县治的中心。"[1]

按：以陆逊命名的陆城至少有三：一在今湖南岳阳临湘市，故址位于今临湘市东南约13公里处，三国时期属荆州长沙郡下隽县；二在今湖南常德桃源县，故址位于今桃源县西约2公里处，三国时期属荆州武陵郡沅南县；三在今湖北省宜都市，三国时期属荆州宜都郡夷道县。此陆城乃三国宜都郡郡治城，颇负盛名。

---

[1] 宜都县地名领导小组编：《湖北省宜都县地名志》（内部资料），1982年，第16页。

郦道元《水经注》卷三十四云："魏武分南郡置临江郡，刘备改曰宜都。郡治在县东四百步故城，吴丞相陆逊所筑也。为二江之会也。"① 郦道元所说"县东四百步故城"，有两种不同的理解：一种意见是说宜都郡城位于夷道县城之东，郡城周长大约为四百步；另一种意见是说宜都郡城位于夷道县城之东，从夷道县城向东走大约四百步即可到郡城。所谓"故城"，应是指夷道县旧县城。康熙版《宜都县志》卷二在"夷道城"条下云："按：陆逊所筑为宜都故城，有故城必有新城矣。故城在夷道县东四百步，则夷道又自为一城矣。"② 可见，三国时宜都郡城与夷道县城并非一城，也说明宜都郡城是陆逊在夷道县旧城的基础上修建的。建安十五年（210），刘备改临江郡为宜都郡，之所以改郡名曰"宜都"，与夷道县的地势和县名有着密切关系。夷道县地处二江交汇处，溯长江而上三十余里便至荆门虎牙西塞，溯清江而上七十余里可直通佷山县（今长阳县都镇湾），扼长江之要道，锁清江之咽喉，控西南夷道之便利，实为兵家必争之要地。于是，刘备取"夷道"的谐音，改临江郡为"宜都郡"，包含了"适宜建都""适宜都镇""利于昌大"等意义。刘备还任命其心腹大将张飞出任首任宜都太守，张飞最初很可能将郡治设在夷道县，而将夷道县县治西迁至清江之滨，距离郡治城不远，因而便有了故城与新城之分。陆逊所筑宜都城当是在蜀汉宜都郡治城的基础上进行增修的，后人习惯称之为"陆城"。

那么，陆逊是在什么时候增修宜都城的呢？《三国志》之《吴主传》《陆逊传》等文献记载，建安二十四年（219）冬十月，孙权下令偷袭荆州，"使逊与吕蒙为前部，至即克公安、南郡。逊径进，领宜都太守，拜抚边将军，封华亭侯"③；"陆逊别取宜都，获秭归、枝江、夷道，还屯夷

---

① 郦道元：《水经注》卷三十四，陈桥驿校证本，中华书局 2007 年版，第 795页。

② 宜都市党史地方志办公室整理：康熙版《宜都县志》，湖北人民出版社 2013年版，第 55 页。

③ 陈寿：《三国志》卷五十八，裴松之注本，中华书局 2000 年版，第 994 页。

陵，守峡口以备蜀"①。可见，从建安二十四年（219）冬至章武元年（221）刘备举兵伐吴之前，陆逊屯驻夷陵，其郡治当设在夷陵县（今宜昌西陵区前坪村一带），时夷道县处在宜都郡的后方。《三国志》之《先主传》载，章武元年（221）秋七月，刘备下令东征伐吴，蜀汉前锋吴班、冯习等很快攻占了陆逊部将李异、刘阿驻守的巫县（今重庆巫山县）、秭归（今湖北秭归县归州镇）；章武二年（222）正月，刘备亲率主力进驻秭归城，同时令吴班、陈式率蜀汉水军顺流而下一举夺取了西陵峡口及夷陵城，"吴班、陈式水军屯夷陵，夹江东西岸。二月，先主自秭归率诸将进军，缘山截岭，于夷道猇亭驻营"②。不仅蜀汉水军攻占了夷陵城，刘备还亲率主力南下清江流域，兵锋直指夷道城。在蜀军大兵压境的情况下，陆逊自然会将宜都郡治迁至荆门虎牙西塞下游的夷道县城，即章武元年至二年（221—222）刘备伐吴期间，陆逊增修宜都郡城（即夷道旧城），坐镇宜都郡城指挥了著名的猇亭之战。弘治版《夷陵州志》卷三《城池》明确认为宜都郡城增修于猇亭之战期间："宜都：城。三国时，吴陆逊拒蜀，于此筑城，号陆城。"③《湖广通志》卷十五亦有类似说法。这个说法是符合历史实际的。

总之，"宜都"最初为宜都郡郡名，源于刘备的更名，范围涵盖今湖北宜昌市中西部、恩施自治州中北部和重庆东北部等区域，同时也是城名，指宜都郡治之城，民间习称"陆城"。至南北朝时期，陈朝改夷道县曰宜都县，隋朝开皇七年（587）废宜都郡，"宜都"自此成为宜都县专名。公元 1998 年撤县设市，"宜都"自此成为宜都市市名。

猇亭

猇亭，亭名，古代一级行政区划，范围应在今宜都市五眼泉镇与长阳

---

①　陈寿：《三国志》卷四十七，裴松之注本，中华书局 2000 年版，第 829 页。
②　陈寿：《三国志》卷三十二，裴松之注本，中华书局 2000 年版，第 663 页。
③　宜昌市地方志办公室等整理：弘治版《夷陵州志》，鄂宜内图字 2008 第 77 号，第 23 页。

县磨市镇一带，东距宜都市城区约 24 公里。

　　康熙版《宜都县志》卷二曰："猇亭：俗称虎脑背，今名兴善坊。"①《大清一统志》卷二百六十八曰："猇亭：在宜都县北三十里大江北岸，一名兴善坊，今名虎脑背市。《三国蜀志先主传》：章武二年陆逊大破先主军于猇亭。"② 同治版《宜都县志》卷一亦云："猇亭：在县西三十里江北岸，蜀汉章武二年，先主伐吴，军于夷道猇亭，是也。"③

　　按：康熙版《宜都县志》只解释了"猇亭"的俗称等，《大清一统志》、同治版《宜都县志》则明确了猇亭之战的方位。作为历史上的古战场，猇亭方位问题存在颇多争议，但可以肯定的是，它位于两汉三国夷道县境内，在大江之南。前文所引《三国志·先主传》载曰："二月，先主自称归率诸军进军，缘山截岭，于夷道猇亭驻营。"《三国志·黄权传》亦曰："（先主）以权为镇北将军，督江北军以防魏师；先主自在江南。"④ 显然，刘备所统蜀军主力是从秭归（今秭归县归州镇）南渡长江，然后走江南山谷盐道进至夷道县猇亭驻营的，同时令黄权率偏师进驻江北夷陵道一带以防魏军夹击，夷陵道是秦汉时期修建的由夷陵县至临沮县、当阳县等地的驿道。北宋史学家司马光担心读史者弄不清刘备是从江北还是从江南进军，便特别作了非常明确的交代："（刘备）自江南缘山截岭，军于夷道猇亭。"⑤ 即是说，刘备驻营扎寨与吴军对峙的猇亭隶属于夷道县，而且位于长江之南。《宜都县志》《大清一统志》等清代方志、历史地理文献都指三国猇亭即江北虎脑背（又称古老背、兴善坊等），为什么会以为刘备大军驻营江北岸呢？是不是刘备大军先从江南进军然后再横渡长江至北岸

----

　　① 宜都市党史地方志办公室整理：康熙版《宜都县志》，湖北人民出版社 2013 年版，第 55 页。

　　② 《大清一统志》，见《四库全书》第 480 册，上海古籍出版社 1987 年版，第 230 页。

　　③ 宜都市党史地方志办整理：同治版《宜都县志》，湖北人民出版社 2014 年版，第 70 页。

　　④ 陈寿：《三国志》卷四十三，裴松之注本，中华书局 2000 年版，第 773 页。

　　⑤ 司马光：《资治通鉴》卷六十九，中华书局 1956 年版，第 2200 页。

驻营于虎脑背与吴军对峙呢？这种可能性几乎是零。其一，古代虎脑背一带非用武之地。同治版《宜都县志》卷一曾指出，宜都县上游江滨地带地处三峡之东端，不宜排兵布阵，"南北两岸，非用武之地，何者？江南多深山险阻，无孔道以通都会，江北稍有平地，而兴善、善溪、雅石、青泥、青庄五铺，西、南、东三面距江，形如罾罟，贼踪至此，自趋绝地"①。"罾罟"，即渔网。所言"兴善、善溪、雅石、青泥、青庄"五铺，相当于今天五个行政村，均位于江北岸，分布在今宜昌市猇亭区至枝江市白洋镇一带，其中"兴善铺"即兴善坊，亦即虎脑背。这一带形似渔网，是兵家死地，也是清代以来许多学者认可的陆逊火烧刘备连营的地方。但刘备再昏聩，也不至于一开始就"自趋绝地"、将七八万巴蜀将士送进"渔网"中驻营吧！其二，今江北虎脑背一带在秦汉三国时期隶属于夷陵县，非夷道县辖地。中国历代大一统的王朝在划分行政区划时常常遵循一个基本原则，即以大江大河和高山峻岭为辖区边界。秦汉时期的夷道县只管辖长江南岸地界，江北地界由夷陵县和枝江县管辖，故而王莽改制时直接改夷道县为江南县。汉末三国虽属分裂割据时期，但吴、蜀两个政权之间是东西分治而非南北分治，并未出现江南设夷道县、江北亦设夷道县的现象，所以如果刘备七八万大军驻营江北虎脑背一带，《三国志》等魏晋原始史籍一定会写作"（刘备）于夷陵猇亭驻营"，不会写作"（刘备）于夷道猇亭驻营"。

明清方志和历史地理文献何以认定江北虎脑背一带是"夷道猇亭"呢？这是后世行政区划的变化和文学创作带来的结果。南北大分裂的南北朝时期，陈朝占据着江南夷道、松滋、公安等县，而江北江陵、枝江、当阳、夷陵等县则被后梁小朝廷所控制。后梁小朝廷是西魏王朝扶持的一个傀儡政权，但其开国君主萧詧颇具好大喜功的心理，他在江北地区设置了许多与陈朝同级同名的州、郡、县，以示与陈朝分庭抗礼，如荆州、郢

---

① 宜都市党史地方志办整理：同治版《宜都县志》，湖北人民出版社2014年版，第67页。

州、竟陵郡、宜都郡、夷道县等。清初著名史地学家顾祖禹在《读史方舆纪要》卷七十八《湖广四》之"宜都县"条下云："夷道城，在县西北。后梁与陈划江为界，夷道属陈，梁因于江北岸别置夷道县，并立宜都郡治焉。隋开皇七年郡废，县属峡州。大业末萧铣置宜都镇于此。唐武德中属江州，寻并入宜都县。"① 顾祖禹所言夷道城、夷道县、宜都镇等均在江北岸，这种在相邻区域设置同名行政区名的做法非常容易引起后世混淆。今人傅高炬主编《宜昌纪胜》对此进行了分辨："梁陈时曾以长江为界，分江北夷道和江南夷道两县。陈文帝天嘉元年（560）改江南夷道县曰宜都县，宜都县名始于此。隋开皇七年（587）改宜都县为宜昌县。唐武德二年（619）复改为宜都县，贞观八年（634）撤江北夷道县并入宜都县。"② 可见，南北朝分裂时期在宜昌地区南北两岸同时存在两个夷道县的特殊历史，一直延续至唐朝初期。后梁政权在江北岸所设置的夷道县、宜都郡，辖区大致涵盖了今枝江市白洋镇、安福寺镇及今宜昌市猇亭区一带区域，唐贞观年间将这片区域划归江南宜都县管辖，使宜都县界横跨大江南北，也最终导致了明清时期民间开始将江南夷道猇亭附会至江北岸虎脑背（因猇亭之名与老虎相关，而虎脑背亦与老虎关联，民间将二者混为一谈）。

明初历史小说《三国演义》的文学虚构和描写对于民间将江南猇亭移位至江北岸也起到了推波助澜的作用。罗贯中在《先主夜走白帝城》一节中先叙述道："先主于猇亭尽驱水军顺流而下，沿江屯扎水寨……命黄权督江北之兵，以防魏寇；先主自督江南诸军，夹江分投结营。"接着虚构马良回川向诸葛亮汇报道："今移营夹江，横占七百里，下四十余屯。"再接着又描写陆逊排兵布阵，命"韩当引一军攻江北岸，周泰引一军攻江南岸"，刘备则"令关兴亲往江北，张苞亲往江南，各看虚实"。吴军发起火攻，结果"江南、江北，照耀如同白日"，"遍野火光不绝，死尸重叠，塞江而下"。罗贯中并不熟悉三峡地区尤其是夷陵、夷道等县的地形地貌

---

① 顾祖禹：《读史方舆纪要》，中华书局 2005 年版，第 3685 页。
② 傅高炬主编：《宜昌纪胜》，人文出版社（澳门）1992 年版，第 170 页。

（甚至将夷道、夷陵二县混为一县），将宜昌陡峭险峻的南北江岸描绘成平谷坦途，横渡长江也如同跨越一条小河溪。文学创作可以充分发挥想象力，作为文学欣赏，小说对于宜昌长江地形的描写则令人赏心悦目，作为历史研究则严重违背"实录"精神。而社会民众更容易接受文学的想象和浪漫的描写，以致于明清时期宜昌民间开始传扬三国猇亭在长江北岸的说法。但必须指出的是，《三国演义》在明代前期流传尚未深入民间，故而弘治版《夷陵州志》未谈及猇亭的具体方位，现存最早提及虎脑背即猇亭的文献是康熙版《宜都县志》。可见，猇亭位于长江北岸的说法应不早于明末清初。至乾隆时期编写《大清一统志》，沿袭了康熙版《宜都县志》的说法，由于《大清一统志》是由清朝政府组织各地学者们编写的历史地理著作（大部分内容是汇集各地方志），影响颇大，故而乾隆以后学术界和民间多认同"江北猇亭"之说，其实这是一个背离史实的观点，源自坊间传闻和浪漫的文学书写。

那么，历史上的猇亭应在何处呢？顾祖禹《读史方舆纪要》卷七十八《湖广四》之"宜都县"条云："猇亭：在县西。其地险隘，古戍守处也。蜀汉章武二年先主伐吴，帅诸将自江南缘山截岭，军于夷道猇亭。"① 由于时代久远，距离夷陵之战一千四百多年的顾祖禹不可能知道猇亭的具体位置，但他指出猇亭"在县西"（而不是宜都县北的江北岸），无疑是根据《三国志》记载"先主自在江南"所作的一种合理结论。吕思勉《中国史》也说："先主称帝之后，就首先自将伐吴。却又在猇亭（在如今湖北宜都县西边）给陆逊杀得大败亏输。"② 吕思勉认可"猇亭"位于"宜都县西边"的说法，其大体方位正是江南清江流域。郭沫若主编《中国史稿地图集》亦明确将猇亭标示在南岸的宜都县和长阳县交界一带。③

综上所述，猇亭是一处三国历史地名，将其大致位置定位在今宜都市西部与长阳县东部，较之江北虎脑背即猇亭的说法更接近历史真相。

---

① 顾祖禹：《读史方舆纪要》中华书局 2005 年版，第 3687 页。
② 吕思勉：《中国史》上册，中国社会科学出版社 2008 年版，第 224 页。
③ 参见郭沫若主编：《中国史稿地图集》，中国地图出版社 1979 年版，第 48 页。

鸡头山

鸡头山，山名，在今宜都市五眼泉镇鸡头山村境内，东偏南距宜都市城区约 8.5 公里。

《三国志·吴主传》注引《魏书》记载曹丕回复孙权的诏书云："老虏边窟，越险深入，旷日持久，内迫疲蔽，外困智力，故现身于鸡头，分兵拟西陵，其计不过谓可转足前迹以摇动江东。根未著地，摧折其枝，虽未刳备五脏，使身首分离，其所降诛，亦足以使虏部众凶惧。"①

按：孙权在猇亭之战大获全胜之后，改夷陵县为西陵县，派遣使节前往魏国上表为东吴参战将帅请功，并将战役情况向曹丕作了详细的汇报，曹丕便下诏表彰孙权。诏书所谓"老虏"，是曹丕对于刘备的蔑称。"现身于鸡头，分兵拟西陵"，是说刘备分兵佯攻西陵（即夷陵），而主力却杀向鸡头。"鸡头"即鸡头山，因山形似鸡头而得名，山名使用至今。同治版《宜都县志》卷一《地理志》载："鸡头山：在县北十五里，清江南岸，高里许。"②"县北"，实为县西偏北。鸡头山位于清江南岸，是一大片丘陵，其海拔高度在 250 米上下，最高处 450 米左右，绵延于宜都城西十七八里，适宜古代军队驻营戍守。鸡头山之西约 1.5 公里处为一故城遗址，极有可能是东吴悍将孙桓所据守的夷道城，曹丕诏书所说蜀军"现身于鸡头"，即指蜀军前锋直抵鸡头山脚下。而鸡头山脉之东，便是无险可守的宜都平原。这足以说明当年刘备率主力进入清江流域，其战略目标正是宜都郡城。

涿乡

涿乡，乡名，可能是蜀置乡名，具体范围及中心位置不详，大概涵盖今宜都市西北部与长阳县东南部一带。

---

① 陈寿：《三国志》卷四十七，裴松之注本，中华书局 2000 年版，第 832 页
② 宜都市党史地方志办整理：同治版《宜都县志》，湖北人民出版社 2014 年版，第 59 页。

《三国志·韩当传》载曰:"宜都之役,与陆逊、朱然等共攻蜀军于涿乡,大破之,徙威烈将军,封都亭侯。"①

按:"涿乡"之名仅见于《三国志·韩当传》,魏晋时期乃至后世不见任何历史地理学家谈及涿乡位于何处,故而其方位失考。今三国史学家张大可先生以为"涿乡在江北夷陵之西"②,这只是一种缺乏文献根据的推测。从《三国志》记述的线索看,此"涿乡"应在江南地区。古代大率十里设一亭,十亭为一乡,涿乡多半就是管辖猇亭的上级行政单位名,隶属三国夷道县,吴蜀猇亭之战发生于涿乡境内,韩当所部是猇亭之战中吴军主力之一,立下了卓越战功,被《吴书》等吴国史籍所记述,故而陈寿录入《三国志·韩当传》中。涿乡是一处三国历史地名,但仅知其名不知其详。刘备有更改地名、迁移地名之嗜好,笔者疑"猇亭"源于刘备迁移地名,疑"涿乡"亦是刘备迁移地名或更名地名。《三国志·先主传》曰:"先主姓刘,讳备,字玄德,涿郡涿县人。"③ 涿郡、涿县得名于涿水,刘备转战南方,长期离别北方家乡,出于对家乡亲人和山水的牵挂,将北方家乡地名迁移至南方,以示思念。这仅仅是一种推测,有待新的考古材料的佐证。

夷道城

夷道城,城堡名,可能在今宜都市五眼泉镇毛家沱村境内,东偏南距宜都市城区约 10 公里。

《三国志·陆逊传》曰:"初,孙桓别讨备前锋于夷道,为备所围,求救于逊。逊曰:'未可。'诸将曰:'孙安东公族,现围已困,奈何不救?'逊曰:'安东得士众心,城牢粮足,无可忧也。待吾讨展,欲不救安东,安东自解。'及方略大施,备果奔溃。"④

---

① 陈寿:《三国志》卷五十五,裴松之注本,中华书局 2000 年版,第 951 页。
② 张大可:《三国史研究》,甘肃人民出版社 1988 年版,第 100 页。
③ 陈寿:《三国志》卷三十二,裴松之注本,中华书局 2000 年版,第 649 页。
④ 陈寿:《三国志》卷五十八,裴松之注本,中华书局 2000 年版,第 996 页。

按：蜀汉章武二年（222），刘备亲率蜀军主力进驻夷道猇亭，其前锋试图攻占夷道城，以打开夺取宜都城的通道，东吴悍将孙桓据城拒敌，蜀军前锋张南等部围困夷道城，孙桓求救于陆逊，陆逊认为夷道城城牢粮足，易守难攻，可以借此牵制大量蜀军，无需援救。孙桓所守的夷道城，绝非夷道县城，因为夷道县城（即康熙版《宜都县志》所言"新城"）仅距宜都郡城"四百步"，陆逊坐镇宜都郡城，两城近在咫尺，陆逊没有不派兵救援之理，一旦夷道县城被攻破，宜都郡城岂能安稳？足见孙桓所镇守的夷道城与宜都郡城和夷道县新城存在一定的距离。古代一座城市处在兵家必争或战争频发之地，通常的做法是城池前方要道处建造城堡、设置关卡作为护卫前哨。夷道县地处江汉平原与西南山区蛮夷部落的接合部，冲突、战争常有发生，《后汉书》曾记载夷道县境内发生过多次武陵蛮的叛乱战争，故而在县城前方险要处建造城堡派遣军队戍守以备不测，实为情理之中，孙桓拒蜀的夷道城当属此类城堡。今宜都市五眼泉镇境内的毛家沱，为古代一处古城遗址，疑为三国孙桓所据夷道城旧址。毛家沱位于宜都市西北清江南岸的台地上，三面环山，一面临水，东距宜都市区约二十里。因江心有一巨石突起，水到此处形成一个回水沱，必须由熟悉水情的船夫把舵方可顺利行舟。过了毛家沱清江水便进入江汉平原之西界，抗战时期这里成为鄂西南交通要道上的一个栈口，乃水陆中转站。三国时期，作为宜都城的护卫城，无论从地形水势上看，还是从与宜都郡城间隔的距离上看，毛家沱皆有可能是孙桓据守的夷道城。可见，这座地处要隘、残留痕迹的古城堡，应是一处见载于史籍但有待寻找考古实证的三国历史地名和遗迹。

吴相台

吴相台，台名，以吴丞相陆逊命名，大体位置在今宜都市政府所在地西南约 1.5 公里处，今古台遗迹不存。

弘治版《夷陵州志》卷五在"宜都县"条下曰："吴相台：在县西三

里。吴相陆逊领兵屯此，因建此台。"① 同治版《宜都县志》卷一《地理志》亦云："吴相台：在县南三里，陆逊尝屯此。"②

按：《夷陵州志》和《宜都县志》所说吴相台的方位略有差异，大概是因为宜都县在发展过程中中心区域发生变化所致。《明一统志》卷六十二云："吴相台：在宜都县西三里，吴相陆逊领兵屯此，因建。"③ 康熙版《宜都县志》卷二《建置志》云："吴相台：在县南三里。吴赤乌七年，以陆逊为丞相，屯兵拒蜀，故筑此台。"④ 这种解释容易产生歧义。吴赤乌七年（244），吴国丞相顾雍病故，孙权以大将军陆逊为丞相。孙权后期与蜀汉政权一直保持和平相处的关系，不会派遣丞相陆逊亲自驻兵宜都，此时陆逊年老在吴国京都（今江苏南京市）理事，也不会溯江两千里到宜都修建此台。实际情况应是陆逊曾在章武二年（222）坐镇宜都郡城指挥猇亭之战大败刘备，赤乌七年（244）陆逊升任丞相，为了表彰丞相陆逊在猇亭之战中立下的盖世功勋，便在陆逊当年曾屯驻的地方修筑了一处点将台，后世称为"吴相台"。

陆抗城

陆抗城，城名，在今宜都市城区西郊，旧址东距宜都市政府所在地约1.5公里，今古城遗迹不存。

康熙版《宜都县志》卷二载曰："陆抗城：《宜都一记》曰：'今县治，系陆抗代巡都督时筑。'"⑤ 同治版《宜都县志》卷一亦载曰："陆抗

---

① 宜昌市地方志办公室等整理：弘治版《夷陵州志》，鄂宜内图字2008第77号，第23页。

② 宜都市党史地方志办整理：同治版《宜都县志》，湖北人民出版社2014年版，第70页。

③ 李贤等：《明一统志》，见《四库全书》第473册，上海古籍出版社1987年版，第292页。

④ 宜都市党史地方志办公室整理：康熙版《宜都县志》，湖北人民出版社2013年版，第55页。

⑤ 宜都市党史地方志办公室整理：康熙版《宜都县志》，湖北人民出版社2013年版，第55页。

城：顾氏《方舆纪要》：在县西三里。旧志：今县治。"①

　　按：顾祖禹《读史方舆纪要》卷七十八在"宜都县"条下云："陆抗城：在县西三里，亦谓之大城。又有吴相台，以陆逊尝屯此也。"②《读史方舆纪要》成书于清康熙三十一年（1692），康熙版《宜都县志》编修于康熙三十六年（1697），《宜都县志》应参照了《读史方舆纪要》的说法。《三国志·陆抗传》曰："建衡二年，大司马施绩卒，拜抗都督信陵、西陵、夷道、乐乡、公安诸军事。"③康熙版《宜都县志》说陆抗城是陆抗代巡都督时修筑，当指这个时期。夷道县坐落二江之会，战略地位重要，属于陆抗的军事防区，顾祖禹所说陆抗修城，不过是在原夷道县城的基础上进行增修加固而已，使城池规模有所扩大，故而又称为"大城"。吴国后期的几位君主都很尊崇、信赖陆氏父子，故而大城中的吴相台极有可能是陆抗都督夷道军事时奉旨修建的。

二、宜都民间传说东吴地名

　　建安二十四年（219）秋，陆逊率部攻占蜀汉宜都郡，被孙权任命为宜都太守、抚边将军。蜀汉章武二年（222），陆逊在宜都郡城（陆城）指挥了著名的猇亭之战，以全歼蜀军而名震天下。吴黄龙元年（229），陆逊被拜为上大将军，东移武昌（今湖北鄂州市）辅佐吴国太子，至此陆逊坐镇宜都郡已长达十余年。三国末期，陆逊之子陆抗曾都督西陵（今宜昌西陵区）、夷道（今宜都市）等地军事，在夷道县修建陆抗城、丞相台等；陆逊之孙陆晏亦曾为夷道监，驻守并战死于夷道县。总之，三国时期陆氏祖孙三代与宜昌市尤其是宜都市有着极为密切的关联，故而宜都民间留下了不少以陆逊及其部将故事为主要内容的东吴地名和文化遗迹。

---

　　①　宜都市党史地方志办整理：同治版《宜都县志》，湖北人民出版社2014年版，第70页。

　　②　顾祖禹：《读史方舆纪要》，中华书局2005年版，第3686页。

　　③　陈寿：《三国志》卷五十八，裴松之注本，中华书局2000年版，第1001页。

陆家垴

陆家垴，山岗名，现名娄家垴，在今宜都市高坝洲镇陈家岗村境内，东南距宜都市城区约 10 公里。

徐荣耀编《大战坡烟云》云：建安二十四年（219），孙权、吕蒙夺取荆州，关羽败走麦城，陆逊出任宜都郡太守，最初多有蛮族山贼武装不服，其中，吕亥领着一伙山贼劫夺了东吴从江夏郡运来的粮草。陆逊率领甘宁、凌统等吴将直扑山贼老巢，几次强攻虽然重创了山贼，但自身亦损失不少。次日，陆逊下令拔营退兵，吕亥闻讯大喜，以为吴军有紧急军务，便率领山贼倾巢出动追杀吴军。谁知陆逊伪装不堪一击，将吕亥诱入一条山谷深处，待吕亥全部人马冲进山谷后，吴军伏兵四起，将吕亥打得落花流水，吕亥被陆逊亲手斩杀，吴军终于剿灭了山贼，成功夺回了丢失的粮草。"陆逊铲除了山贼，不仅吴军山下欢呼雀跃，就连当地老百姓都敲锣打鼓。因为这伙山贼平日里欺压百姓，敲诈勒索，无恶不作。为了念及陆逊的好处，老百姓就称那座山为陆家垴。后来渐渐演变，就成了现在的娄家垴。"[1]

按：垴，民间地名常用字，指顶部较为平缓的山岗、丘陵，今丘陵山区多有以"垴"命名的地名，如沙洲垴、牯牛垴、南垴、关家垴、罗子垴，等等。《三国志·陆逊传》云："逊径进，领宜都太守，拜抚边将军，封华亭侯。备宜都太守樊友委郡走，诸城长吏及蛮夷君长皆降。逊请金银铜印，以假授初附。是岁建安二十四年十一月也。……前后斩获招纳，凡数万计。权以逊为右护军、镇西将军，进封娄侯。"[2] 陆逊在最初出任宜都太守的两年多时间中，确实花了许多精力来平定宜都郡境内的蛮夷部族武装的反抗，并取得了巨大成功，被孙权先后封为华亭侯和娄侯。宜都民间

---

① 参见徐荣耀搜集整理：《大战坡烟云》，中国文联出版社 2012 年版，第 102～107 页。

② 陈寿：《三国志》卷五十八，裴松之注本，中华书局 2000 年版，第 994～995 页。

将陆逊剿灭一处山贼的山岗称为"陆家垴"，后又称为"娄家垴"，与陆逊姓氏、封号及其经历均有密切关联。只是《三国志》并无甘宁、凌统等东吴大将跟随陆逊征战至宜都郡的记录，甘、凌二人应病逝于吕蒙偷袭荆州之前，他们征战于宜都郡是宜都百姓深受《三国演义》影响而附会的故事。可见，娄家垴是一处故事存在加工成分但又具有一定历史基础的三国地名。

藏军河

藏军河，位于今宜都市红花套镇境内，与江北虎脑背擂鼓台隔江相望，今难觅具体踪迹。

康熙版《宜都县志》卷二《建置志》云："磬寺后岭有擂鼓台，相传陆逊凿藏军河于南岸，筑台于此擂鼓。"[1]

按：从康熙版《宜都县志》记录的民间传说可知：陆逊在江北筑擂鼓台，又在擂鼓台江对岸凿藏军河。陆逊筑擂鼓台、凿藏军河，应与他防备刘备大军从水路进攻有关。今宜昌虎脑背上游十余里处是虎牙山，红花套上游十余里是荆门山。如前所述，自春秋战国以来荆门、虎牙二山就是楚国西部地区极其重要的江关要塞，古代兵家及文人学士常常将荆门虎牙二山视为三峡峡口与楚蜀门户，即"楚之西塞"，它们如同一道巨大的门槛，长江巨浪过了这道门槛便变得开阔平缓，而逆水而上进入门槛内则变得鼎沸难行。如果说南津关是夷陵古城之西门，那么荆门虎牙西塞无疑是夷陵古城的东门，同时也是荆州腹地的西大门。

陆逊"屯夷陵，守峡口以备蜀"，固然会在夷山（南津关）一带布防，但扼守楚之西塞更是重中之重，西塞下游江滨地带应是东吴水军大本营所在地。蜀汉章武二年（222）正月，蜀将吴班、陈式率水军顺流而下，一举夺取了夷山（南津关）附近的夷陵城及城外江滨地带，为刘备大举进攻

---

[1]　宜都市党史地方志办公室整理：康熙版《宜都县志》，湖北人民出版社 2013 年版，第 56 页。

荆州开辟前沿阵地，陆逊曾上疏孙权云："臣初嫌之，水陆俱进。"① 说的就是担心刘备采取水陆两路进攻之策略。正因为陆逊担忧刘备将长江水路作为主攻方向，故而立即对驻营夷陵城外江滨地带的蜀汉水军进行了一次局部反击："黄武元年春正月，陆逊部将军宋谦等攻蜀五屯，皆破之，斩其将。"② 黄武元年春正月，即章武二年（222）春正月，说明陆逊趁敌立足未稳之际发起反击。陆逊重创蜀汉水军给刘备以极大的震慑，迫使蜀军放弃水路而改陆路作为主攻方向，但局部反击战的胜利并未改变蜀强吴弱的基本格局。于是，陆逊一面部署重兵守关把隘，一面将水军主力收缩至荆门虎牙西塞下游设防。民间传说陆逊在北岸筑擂鼓台、在南岸凿藏军河应是这个时期。擂鼓台是操练水军和指挥作战的号令台；藏军河应是多条长江小支流或江滨湖汊，可以停泊水军小型战船，陆逊所谓"凿"不过是对江滨溪流或湖汊不便停泊船只的浅水处进行深挖而已。西塞下游江面开阔，适合水军作战，东吴水军装备了大量可容纳二三十名水卒的"走舸"，轻便快捷，机动灵活，擅长近距离实施火攻（《三国志·周瑜传》记载赤壁之战中黄盖突袭曹营水军船舰，所乘"蒙冲斗舰"和"走舸"在火攻战术中发挥了重要作用），一旦蜀汉水军战船冲过西塞关隘，吴水军走舸便可蜂拥出击。今宜都红花套在秦汉三国时期大部分地方处在江滨湖泊和水洲之中，芦苇丛生，有利于小型战船的隐藏。陆逊凿藏军河的传说具有较高的历史可信度。

向家巷

向家巷，街巷名，在今宜都市陆城区北缘，与东正街临近，南距宜都市政府所在地约 1 公里。

徐荣耀编《宜都地名故事全书》云：吴大都督陆逊身边有位名叫向毅的谋士，跟随陆逊征战多年，在对敌作战中举足轻重，实为陆逊左膀右

① 陈寿：《三国志》卷五十八，裴松之注本，中华书局 2000 年版，第 995 页。
② 陈寿：《三国志》卷四十七，裴松之注本，中华书局 2000 年版，第 832 页。

臂。刘备发动夷陵之战，在夷道一带与陆逊大军对峙，陆逊一时间愁眉不展。向毅便向陆逊"提出了火烧蜀营的策略，并自告奋勇要带士兵去打先锋。……吴军火烧连营八百里击溃了蜀军，可最终再也没有见到向毅归来。战斗结束后，陆逊眼前一直浮现向毅坚定决然离去的身影。一日，他在城中漫步，走过向毅曾住过的小巷，不禁想起曾与他一起朝夕相处的日子。陆逊为让后人永远记住这位为国捐躯的英雄，给那条巷子定名'向家巷'。让姓向的将士家人族人世代居住在那里"①。

按：向毅其人其事不见载于任何史籍。《三国志·陆逊传》记载，猇亭之战初期，东吴诸将"各自矜恃，不相听从。……及至破备，计多出逊，诸将乃服"②。最初东吴诸将有点瞧不起陆逊，但大战之中陆逊居功至伟，多数奇计妙策均出自陆逊，诸将终于心服口服。由于史籍记载之简略，我们无法排除陆逊身边有深通谋略之士，但如果这位谋士谋略过人，那么以陆逊谦和低调的品格，应不会埋没这位高士，东吴史官亦不会对这位高士一无所知。向家巷故事应是明清近代以来向氏族人为显示家族历史荣耀而虚构的三国地名故事。

望城岗

望城岗，山岗名，在今宜都市姚家店镇北部，紧邻陆城南郊，北距宜都市政府所在地约 2.5 公里。

徐荣耀编《宜都地名故事全书》云：陆逊拒蜀于宜都，其右先锋被刘备所俘虏，其左先锋与右先锋情同手足，急切向陆逊请兵要去解救右先锋。陆逊不许，要左先锋耐心等待时机，左先锋按捺不住，擅自带领一千多兵马连夜偷袭蜀营，结果被刘备杀得人仰马翻。陆逊十分恼怒，勒令其不再参战，将其关在离军营较远的一处山岭上闭门思过。自此左先锋"每天在那个山岭上瞭望城内外军情，观看蜀吴双方交战的战火，最终因悔恨

---

① 参见徐荣耀搜集整理：《宜都地名故事全书》，三峡电子音像出版社 2014 年版，第 7 页。

② 陈寿：《三国志》卷五十八，裴松之注本，中华书局 2000 年版，第 996 页。

而死。后来，当地的人便把这个山岗叫望城岗"①。

按：能充任陆逊左右先锋者必是东吴名将，然而历史上猇亭之战中东吴无一名将死亡或被刘备俘虏。猇亭之战的战火也未烧到宜都郡城城下，吴军"左先锋"也无法俯瞰。陆城南郊的望城岗，是因为地势高人们瞭望景观而得名，未必与三国吴军战将闭门思过相关。《三国演义》描写陆逊发起火攻突袭之前，先遣末将淳于丹偷袭蜀营以探虚实，结果被蜀将傅彤等杀得大败而回，望城岗故事当由此衍生而来。

营盘垴

营盘垴，山岗名，在今宜都市高坝洲镇青林寺村境内，位于弯曲的清江东岸，东南距宜都市城区约 24 公里。

徐荣耀编《大战坡烟云》云：夷陵之战中陆逊为了防止刘备偷袭，派大将周泰领五千精兵驻营于营盘垴，以监视刘备动向。营盘垴左靠清江，右邻长江，四周崇山峻岭，是一处军事要塞。周泰在营盘垴一带一面抓紧练兵，一面派小股人马日夜骚扰蜀军，令蜀军疲惫不堪。久而久之，刘备也不把吴军小打小闹当成一回事，渐渐放松了警惕。这正是陆逊的计谋：扰敌疲敌骄敌。"刘备又不听军中大将谋士的劝告，一意独断专行，还未开战就送了老将黄忠的性命。"陆逊乘大风之夜偷袭蜀营，将蜀营烧成一片火海；又令周泰从营盘垴杀出，截住蜀军退路，前后夹攻，蜀军血流成河，刘备只身逃回白帝城。"这正是：营盘垴上扎兵营，陆郎督军战猇亭。不知先前多少事，留下历史照古今。"②

按：魏晋史籍中并无周泰在猇亭前线作战的记录。《三国志·周泰传》曰："权破关羽，欲进图蜀，拜泰汉中太守、奋威将军，封陵阳侯。黄武

---

① 参见徐荣耀搜集整理：《宜都地名故事全书》，三峡电子音像出版社 2014 年版，第 374 页。

② 参见徐荣耀搜集整理：《大战坡烟云》，中国文联出版社 2012 年版，第 134~136 页。

中卒。"① 孙权袭破关羽后，有心向西北进军夺取汉中郡。从孙权任命周泰遥领汉中太守之职来看，周泰在夷陵之战战前和战中，其驻地应在江陵城一带，担负监视蜀军黄权所部和魏军动向之责。而蜀汉老将黄忠死于夷陵之战前一年。显然，黄忠、周泰参加夷陵之战并在夷道前线作战均为《三国演义》的加工虚构，而且宜都民间传说周泰驻营的营盘垴处在刘备大营的后方，周泰区区五千兵马是如何绕到刘备大营的背后？刘备对于身后这个极具威胁的"钉子"又为何不全力拔掉？从军事常识上看实难说通。可见，营盘垴是一处由《三国演义》虚构故事衍生而来的三国地名。

陆逊墓

陆逊墓，坟墓名，传说陆逊安葬之地，大体方位应在今宜都市陆城街道办事处东南部，西北距宜都市政府所在地约4.5公里，今难寻踪迹。

弘治版《夷陵州志》卷六《坟墓》云："陆逊墓：在宜都县东南一十里。逊，吴宜都太守，领兵拒蜀，卒葬于此。鲍宗诗：拒蜀征西一代臣，身亡尚不恨沉沦。三十六冢分明在，多少居民认不真。赵友次韵：不惝平生失所臣，徒思身死国遂沦。荒郊何事多遗冢，欲使人难识伪真。"②《湖广通志》卷八十一有类似说法。康熙版《宜都县志》卷二《建置志》则认同鲍宗的说法：陆逊死后建有三十六疑冢，宜都陆逊墓是"三十六疑冢"之一③。

按：无论是《夷陵州志》的说法，还是《宜都县志》的说法，都不足为据。陆逊死在吴国京城（今江苏南京市），西距今宜都市近两千里，绝无西葬宜都之理。陆逊被孙权封为华亭侯，明清时期有华亭县，隶属松江府，今属江苏昆山市。松江府华亭县是陆氏封地，陆逊及其子陆抗死后均

① 陈寿：《三国志》卷五十五，裴松之注本，中华书局2000年版，第953页。
② 宜昌市地方志办公室等整理：弘治版《夷陵州志》，鄂宜内图字2008第77号，第95页。
③ 宜都市党史地方志办公室整理：康熙版《宜都县志》，湖北人民出版社2013年版，第58页。

葬于华亭。《明一统志》卷九在"松江府"条下云："陆逊墓：在府城西北二十三里。"①《大清一统志》卷五十八又云："陆逊墓：在娄县西北二十三里。《太平寰宇记》：昆山有吴相昭侯陆逊墓。"② 娄县，是清代分华亭县所置。昭侯，是陆逊死后吴帝孙休对陆逊的追谥。《明一统志》《大清一统志》所说实为一处。可见，宜都陆逊墓乃陆逊衣冠冢。而陆逊长期镇守吴国西疆，又兼任宜都太守，积极推行仁政，发展农业生产，与宜都人民血肉相连，陆逊死后宜都人民怀念这位仁厚的大都督和太守，故筑衣冠冢以示纪念。陆逊为人低调，待人宽厚，亦非奢华之人，死后"家无余财"③，何用建造三十六疑冢？陆逊建三十六疑冢之说实属不实之词。出现这种不实之词，可能与明清时期小说《三国演义》流行于世有关，"拥刘反曹贬吴"是小说的基本倾向，而陆逊是偷袭荆州的主谋之一，又是大败刘备的吴军统帅，于是一些文人学士虚构"三十六冢"之说以显陆逊奸猾狡诈之恶德，实与宜都民间百姓修建陆逊衣冠冢的初心大相径庭。

除上述以陆逊及东吴战将故事为基本内容的东吴地名和遗迹外，今长阳县磨市镇等乡镇境内亦有部分以陆逊姓氏命名的三国地名，如陆溪、陆字坳、陆字坪等，三国时期这些陆氏地名所在位置大多隶属夷道县（今宜都市大部和长阳县东部），只是后来划入长阳县地界。为避免混淆起见，故将它们放在长阳县三国地名中予以考察。

三、宜都民间传说蜀汉地名

夷道县（今宜都市）是三国时期的战略重镇，无论是蜀汉集团，还是东吴集团，都十分看重此地依山据水的军事价值，故而无不派遣名将统领

---

① 李贤等：《明一统志》，见《四库全书》第 472 册，上海古籍出版社 1987 年版，第 238 页。

② 《大清一统志》，见《四库全书》第 475 册，上海古籍出版社 1987 年版，第173 页。

③ 陈寿：《三国志》卷五十八，裴松之注本，中华书局 2000 年版，第 1000 页。

重兵驻守此地。蜀汉集团统治夷道县仅十年，而东吴集团统治夷道县长达六十余年，故而今宜都境内的三国历史地名和遗迹大多与东吴英雄人物关联密切。然而在民间传说中，以讲述蜀汉英雄故事为主要内容的蜀汉地名和遗迹仍然占据多数，表现了蜀汉文化对于社会民众的强大影响力。

紫山

紫山，又名着紫山，山名，在今宜都市枝城镇境内，位于枝城镇政府所在地南约 2 公里处。

同治版《枝江县志》卷二《古迹》云："紫山，一名着紫山。相传汉昭烈入蜀，着紫衣登山，栽木主祀景帝于此。"[1]

按："木主"，即神主，为死者立的木制牌位。汉景帝被刘备视为先祖皇帝，最早记载刘备登紫山祭祀汉景帝的文献是《明一统志》。《明一统志》卷六十二曰："着紫山：在枝江县南五里。汉昭烈初入蜀尝于此息马、更衣，后人因名。昭烈爱其山水秀丽，建景帝祠。"[2] 刘备一生有过三次从荆州入蜀的经历：第一次是建安十六年（211），受刘璋之邀从江陵县出发经夷陵县入蜀，走的应是江北山道、栈道；第二次是建安二十年（215），从公安县出发入蜀；第三次是章武二年（222），从江南夷道猇亭逃至江北秭归县，再沿江北栈道入蜀。刘备至宜都县紫山祭祀汉景帝，当属第二次入蜀经过的地方，《明一统志》言"初入蜀"似不确切。

建安二十年（215），吴蜀之间爆发了争夺荆州江南三郡的军事事件，刘备亲率五万大军下公安县，遣关羽率三万精兵与吴军对峙于益阳（今湖南益阳市）。而此时曹操率部进攻汉中张鲁，威逼益州，刘备只得与孙权讲和，以湘水为界将长沙、桂阳等郡划归东吴。《三国志·先主传》曰：

---

① 枝江市档案局、枝江市史志办整理：同治版《枝江县志》，湖北人民出版社2017年版，第 111 页。

② 李贤等：《明一统志》，见《四库全书》第 473 册，上海古籍出版社 1987 年版，第 288 页。

"是岁，曹公定汉中，张鲁遁走巴西。先主闻之，与权连和……引军还江州。"① 江州，即今重庆市市区。刘备返回江州，走的是长江三峡航道还是三峡山道呢？长江三峡航道自古以来是巴蜀与荆楚之间的主要通道，但由巴蜀至荆楚往往选择走水道顺流而下，而由荆楚入巴蜀则多选择走陆路，运送军队更是如此，因为逆水行舟费时费力。郦道元《水经注》卷三十四在叙述长江经过夷陵县时云："袁山松曰：'自蜀至此五千余里，下水五日，上水百日也。'"② 由此可以推知刘备率部入蜀多半会选择走三峡山道。

那么，刘备第二次入蜀走的是江北山道还是江南山道呢？吴蜀争夺江南三郡，刘备坐镇公安县，所率五万人马均驻扎江南。江南公安县本东汉孱陵县，范围很广，涵盖今湖北公安、松滋、石首等市县，公安县西北与松滋市相邻，松滋市西北与宜都市（汉夷道县）紧邻，宜都市西北与长阳县（汉佷山县）紧邻，而长阳县北部又与秭归县（汉秭归县）交界，江南市县之间平原丘陵交错，丘陵高山相连，秦汉以来便有驿路、山道通连。刘备第二次入蜀行走的应是江南驿路和夷道，一些民间地名传说也佐证了刘备走江南山道的事实。《明一统志》卷六十二云："走马岭：在松滋县西南十五里，相传汉昭烈入蜀，于此驰马。"③《大清一统志》等清代历史地理著作亦有类似记载。明清时期松滋县县城在今松滋市北部老城镇，走马岭在其西南十五里，即今松滋市陈店镇东北与老城镇交界一带，而今松滋市陈店镇西部则与今宜都市枝城镇紧邻。《湖广通志》卷九在"枝江县"条下曰："紫山：县南三里，汉昭烈入蜀，载景帝木主息马此山，着紫衣，故名。"④ 同治版《枝江县志》释"紫山"云："在县南三里，山前有文笔

① 陈寿：《三国志》卷三十二，裴松之注本，中华书局2000年版，第658页。
② 郦道元：《水经注》，陈桥驿校证本，中华书局2007年版，第792页。
③ 李贤等：《明一统志》，见《四库全书》第473册，上海古籍出版社1987年版，第289页。
④ 《湖广通志》，见《四库全书》第531册，上海古籍出版社1987年版，第284页。

峰。"① 明清时期行政区划很复杂，江北枝江县辖江南枝城镇，而且县治驻地即在枝城（所谓枝城即枝江城之义），中华人民共和国成立后，将枝城镇划归宜都县管辖。紫山在宜都枝城镇政府所在地南约 2 公里处，东西走向，海拔 100 余米，北山坡陡峭，南山坡相当平缓，可轻松登上山顶，刘备路过紫山之南从南山坡登山祭祀汉景帝的可能性极大。紫山位于松滋走马岭之西，相距约四十里，与刘备西行入川方向吻合。由此可见，紫山是一处历史可信度较高的三国地名。

饮马池

饮马池，水池名，在今宜都市枝城镇境内，位于枝城镇政府所在地南约 2.2 公里处，与紫山紧邻。

《湖广通志》卷九在"枝江县"条下云："饮马池：县南三里，相传汉昭烈、关、张饮马于此。"② 同治版《枝江县志》卷二《古迹》照文抄录："饮马池，县南三里。相传汉昭烈同关、张饮马于此。"③

按：《明一统志》卷六十二载："饮马池：在枝江县南五里，相传汉昭烈尝饮马于此。"④《明一统志》所载饮马池距离和饮马人与《湖广通志》《枝江县志》所说略有差别。饮马池在紫山脚下，既然刘备有登紫山祭祀景帝的经历，那么他确有可能至紫山脚下水池中饮马。关羽、张飞是否有可能陪同刘备到宜都市紫山一带呢？刘备由公安县出发西进入蜀，作为荆州军政长官，关羽为刘备送行至紫山祭祀景帝再到山脚下歇足饮马的可能性存在。

---

① 枝江市档案局、枝江市史志办整理：同治版《枝江县志》，湖北人民出版社 2017 年版，第 102 页。

② 《湖广通志》，见《四库全书》第 531 册，上海古籍出版社 1987 年版，第 285 页。

③ 枝江市档案局、枝江市史志办整理：同治版《枝江县志》，湖北人民出版社 2017 年版，第 111 页。

④ 李贤等：《明一统志》，见《四库全书》第 473 册，上海古籍出版社 1987 年版，第 290 页。

那么，此次行动张飞是否同行呢？陈寿《三国志》等魏晋史籍缺乏明确记载。学者魏殿文在《蜀汉将领东征探微》一文中对此作了细致探讨，认为："公元215年，蜀汉刘备率5万精兵东征伐吴，史书明载关羽是从征主将。详加考索，张飞、黄权也兵临益阳，会战吴军，马超则督师临沮，镇守江北。更鲜为人知的是诸葛亮亦亲临荆州，参赞军机。"① 文章将建安二十年（215）刘备争夺荆州南三郡称为"东征伐吴"实不妥当，刘备此次行动是"争"而不是"讨伐"，且实际上双方并未真正开战，与几年之后的东征伐吴（即猇亭之战）不同。魏先生推断诸葛亮、马超参加了争夺南三郡的军事行动缺乏令人信服的依据，但判断张飞、黄权率部随行出征则颇有道理。张飞做过宜都太守，镇守过江陵城，熟悉荆州地理。黄权是一位有文韬武略的将军，具有优异的战略头脑。刘备命二人随行，可谓文武兼备。六年后即章武元年（221）刘备东征伐吴，最初出征主将亦是张飞、黄权，可惜张飞遭遇横祸。建安二十年（215）刘备率张飞、黄权等争夺南三郡时，曹操进攻汉中张鲁，蜀中惊惶不安。《三国志·黄权传》载黄权进谏刘备曰："若失汉中，则三巴不振，此为割蜀之股臂也。"② 于是，刘备只得与孙权握手言和分割荆州，然后统率大军返回江州（今重庆市区），并"以权为护军，率诸将迎鲁。鲁已还南郑，北降曹公，然卒破杜濩、朴胡，杀夏侯渊，据汉中，皆权本谋也"③。证明黄权在刘备身边，他率诸将迎接张鲁是从江州出发北进汉中一带的。从《三国志》多处记载看，张飞显然也在刘备身边。《先主传》载曰："遣黄权将兵迎张鲁，张鲁已降曹公。曹公使夏侯渊、张郃屯汉中，数数犯暴巴界。先主令张飞进兵宕渠，与郃等战于瓦口，破郃等，郃收兵还南郑。"④ 《张飞传》载曰："曹公破张鲁，留夏侯渊、张郃守汉川。郃别督诸军下巴西，欲徙其民于汉中，进军宕渠、蒙头、荡石，与飞相拒五十余日。飞率精卒万余人，从

---

① 魏殿文：《蜀汉将领东征探微》，《文史哲》1997年第5期。
② 陈寿：《三国志》卷四十三，裴松之注本，中华书局2000年版，第773页。
③ 陈寿：《三国志》卷四十三，裴松之注本，中华书局2000年版，第773页。
④ 陈寿：《三国志》卷三十二，裴松之注本，中华书局2000年版，第658页。

他道邀郃军交战，山道迮狭，前后不得相救，飞遂破郃。"① 刘备夺取益州后，设置巴西、巴郡、巴东三郡，以张飞为巴西郡太守，郡治阆中（今四川阆中市）。张飞武略不输曹魏名将张郃，而张郃数入巴西郡攻城略地，说明张飞及其万余精卒此时已离开阆中城。从张飞与张郃作战线路看，亦可证明张飞是由南向北进军打退张郃的。宕渠，即今四川渠县，位于江州（今重庆市区）之北约 120 公里；蒙头、盪石，皆山岩隘口名，位于宕渠（今四川渠县）东北约 4 公里处的八濛山中；瓦口，即瓦口关，位于阆中（今四川阆中市）东北约 8 公里处，而阆中位于宕渠（今四川渠县）之北偏西，相距约 110 公里。张飞进军作战线路可证张飞所部随刘备从荆州返回江州（今重庆市区），再向北进攻宕渠（今四川渠县），将张郃所部驱赶至西北阆中城外，再经过瓦口关之战，将其赶回南郑（今陕西汉中市）。

由此可见，《湖广通志》等方志记载刘备、关羽、张飞饮马于紫山之下，应是民间历史记忆的残留，饮马池是一处历史可信度较高的三国地名。

募旗山

募旗山，山名，在今宜都市枝城镇石马冲村境内，北偏西距枝城镇政府所在地约 11 公里，呈东西走向，长约 1 公里，主峰海拔 200 余米。

《湖北省宜都县地名志》云："据《荆州府志》载：募旗山，在县（今枝城）南二十里，相传关壮缪入蜀，树旗此山，以募军士，故名。"②

按：《荆州府志》说募旗山得名于关羽入蜀时招募军士的说法不可信。关羽长期镇守荆州，唯有兵败麦城无路可走之后才有入蜀行动，但发生于江北当阳、临沮二县地界，不可能在江南地界募军，仓皇逃命之时也不可能树旗募军。《大清一统志》卷二百六十八云："募旗山：在枝江县南二十

---

① 陈寿：《三国志》卷三十六，裴松之注本，中华书局 2000 年版，第 700 页。
② 宜都县地名领导小组编：《湖北省宜都县地名志》（内部资料），1982 年，第314 页。

里，相传汉关忠义树旗此山以募军士。"① 同治版《枝江县志》亦有类似说法。可见，指关羽入蜀树旗募军实属后人随意添加的说法。那么，关羽镇守荆州期间是否有可能在募旗山一带招募军士？可能性也很小。关羽招募士卒、扩充军队无疑会选择交通便利、人口稠密之地，不大可能跑到募旗山这样偏远的地方来募军，故而募旗山多半是明清时期民间附会的关公地名。

关垱、兵洞

关垱，土池名；兵洞，洞名。均在今宜都市枝城镇官垱村境内，西北距枝城镇政府所在地约 12 公里。

徐荣耀编《宜都地名故事全书》云："据传，三国时关公曾领兵到此，在这里筑了一个池子供战马饮水，后来这里便得名为关垱。而兵洞正是关公驻兵的地方，后人称其为兵洞。"②

按：垱，即用于灌溉的小土堤。"关垱"未必因关羽姓氏而得名，又写作"官垱"，足见民间书写地名常以同音字或音近字加以替代，随意性很强，错讹现象普遍。而兵洞不过是自然形成的溶洞，在鄂西和鄂西南地区普遍存在，许多溶洞深邃宽敞，可以容纳数百上千人，乱世百姓可以借此躲避战乱，军队行军可以借此作为临时驻营地。三国关羽镇守荆州期间在枝城镇兵洞驻兵的可能性极小，多半是民间附会的三国地名。

鹰子石

鹰子石，石头名，在今宜都市五眼泉镇龙口子村境内，东偏北距宜都市城区约 17 公里，西距五眼泉镇政府所在地约 2 公里。

徐荣耀编《宜都地名故事全书》云：五眼泉境内有座形似鹰子的石

---

① 《大清一统志》，见《四库全书》第 480 册，上海古籍出版社 1987 年版，第 218 页。

② 徐荣耀搜集整理：《宜都地名故事全书》，三峡电子音像出版社 2014 年版，第 109 页。

头，名叫"鹰子石"，乃是一只大鹏鹰子鸟所化。原来，大鹏鹰子鸟变化成精，每年春天要吃掉方圆百里的麦苗，然后每隔三天便要北飞至南阳，化作一个叫金大鹏的人到隆中酒店饮酒作乐，三日一醉，每醉口中吞吐红宝珠，鸡叫之前还巢修炼。那颗红宝珠已经修炼了三百年，一旦修炼成功，便可以呼风唤雨，法力无边。耕种于卧龙岗的诸葛亮听说后非常气愤，在一根竹拐杖里暗暗装满了石灰，并留有一个细小漏洞。那一天金大鹏喝得大醉，诸葛亮顺势将准备好的竹拐杖递到他手里，金大鹏不知是计，拄着竹拐杖回家，诸葛亮沿着竹拐杖留下的石灰印迹一路追寻至五眼泉鹰子鸟的老巢，金大鹏尚然醉得人事不省，诸葛亮将其口中的红宝珠一把抓在手里，忽地吞入肚里。鹰子鸟顿时惊醒，红宝珠没了，道行失效，便气败身亡现出原形。"鹰子鸟的羽毛被诸葛亮拔走了，身体化成了石头，因为形似鹰子鸟，所以人们都称它为'鹰子石'，后来鹰子石也成了这个地方的地名。"①

按：没有任何史籍记述诸葛亮到过夷道县西界（今宜都市五眼泉地界），鹰子石故事有着浓郁的道教神秘色彩，空间天南地北，文学虚构性、故事荒诞性均相当明显，显然是小说《三国演义》流行于世后民间百姓崇拜孔明智慧的结果，实不足为信据，但充分显示了诸葛亮文化的深刻影响力。

乌龟包

乌龟包，山包名，在今宜都市五眼泉镇庙岗村境内，南距五眼泉镇政府所在地北约1.5公里，东偏北距宜都市城区约20公里。

徐荣耀编《五眼泉流韵》云：五眼泉镇庙岗村一组有个山包，叫乌龟包。三国时期石羊山山脚下一个深水潭中住着一只千年乌龟，乌龟道行很深，吸尽周围农田稻谷的日月精华，使庄稼坏死，又祸害村民，百姓谈之

① 参见徐荣耀搜集整理：《宜都地名故事全书》，三峡电子音像出版社2014年版，第341~343页。

色变。刘备深知诸葛亮才华横溢，想封他做军师，但不知送诸葛亮什么礼物合适。听说石羊山下的千年乌龟外壳可用来做盔甲、衣服，能够逢凶化吉，而且刀枪不入，便带着关羽、张飞领八千兵马来到石羊山下大战千年老龟。最终千年龟"被关羽一刀取了首级，不一会就现出了原形。于是刘备取了乌龟壳，请裁缝用龟壳做了一件八卦衣，送给了诸葛亮。……那只沉落在水底的乌龟也日复一日、年复一年变成了一个三方环水、一面靠山、凸显近百米、形似乌龟的一座山包。从此以后，人们叫它'乌龟包'"①。

按：乌龟包故事有着浓郁的道教色彩，作为民间传说故事，具有丰富浪漫的想象力。但作为历史传闻，则显露太过浓重的虚构性，实不足为据，明显是明清近代以来民间崇拜诸葛亮、刘备、关羽等蜀汉英雄的产物。

石羊山

石羊山，山名，在今宜都市五眼泉镇境内，山之东南侧紧靠渔洋河，东偏北距宜都市城区约 19 公里。

毛正寿主编《夷陵大战主战场遗址考》云：石羊山曾是当年刘备军队的败阵之地。刘备前锋在鸡头山受到吴军夹击，"败退到石羊山，据山死守，吴军久攻不下，就在民间买了一百支（只）羊，羊角上绑上装了桐油的铁罐子，罐子里插上棉花条子，一齐点燃，从北边山麓放上山去。守山的蜀军都去观察带火的群羊一齐奔上山来是怎么一回事，吴军趁机从南边背后拿下了山头的蜀军阵地，迫使蜀军慌忙西奔，从拖溪退到马鞍山"②。

按：宜都五眼泉镇石羊山因山上多白石，伏地如羊状而得名。石羊山东西长 3 公里，南北宽 1.5 公里，主峰高约 300 米。山上有堰塘，旁边有

---

① 参见徐荣耀搜集整理：《五眼泉流韵》，中国文联出版社 2009 年版，第 72~74 页。

② 毛正寿主编：《夷陵大战主战场遗址考》，鄂宜内图字 2012 第 64 号，第 192 页。

大井，形如牛鼻，双孔喷泉注入堰塘中，终年不干涸。这种地形适合驻营扎寨，同治版《宜都县志》卷一记载过明朝末年一支农民起义军曾屯兵山上。三国时期刘备军队是否在此据山守寨，难以找到历史文献依据。不过，五眼泉镇地处清江南岸，位于古俍山山脉东端，山峦起伏，溪沟交错，是古宜都城西部之屏障，刘备大军与陆逊吴军对峙的夷道猇亭，应处在俍山山脉东端这个范围内。石羊山一带民间传说刘备蜀军曾在此败阵，或许源于历史往事的记忆，尽管故事具有较为明显的附会加工成分。

孔明碑

孔明碑，石碑名，在今宜都市五眼泉镇拖溪村境内，位于五眼泉镇政府所在地西南约3.5公里处，临近长阳县界。

刘明春编《长阳地名传奇》云：刘备夺得江南四郡后，封诸葛亮为军师。一次，带领诸葛亮及少量人马从荆州出发取夷道入捍关，准备去联络西南少数民族首领。行至夷道拖溪一带，便听见了一串来自密林深处的神秘声音，其中"马鞍马鞍，败退西川"八个字引起了诸葛亮的特别注意。诸葛亮命人取出《武陵山川图形》来，发现所在位置的正北方确有一座马鞍山，可是西川与马鞍山有什么相干呢？诸葛亮渐渐明白这是神仙语言，意即让他提醒主公留心。诸葛亮继续前行，走至一块悬空巨石之下，将令牌轻轻叩击巨石，形成了一个小小的令牌印记，望空作揖，拜谢神仙提醒。"令牌印记至今尚存，人称那悬空巨石为孔明碑。再后来刘备入川，又出川征吴，诸葛亮力阻无效，最后，兵败马鞍山，终于验证了'马鞍马鞍，败退西川'之说。"①

按：宜都孔明碑显然是由《三国演义》衍生的三国文化遗迹。《三国志》等魏晋史籍没有记载诸葛亮劝阻刘备伐吴的任何言论，从"隆中对策"规划"跨有荆、益"二州的宏伟蓝图看，诸葛亮更倾向于支持刘备夺

---

① 参见刘明春编：《长阳地名传奇》，鄂宜图内字［1998］第22号，第82~83页。

回荆州，而他力阻刘备东征伐吴不过是小说家罗贯中的加工，不足为信。孔明碑传说应是明清时期《三国演义》流行之后民间百姓附会的故事。

封洞

封洞，洞名，在今宜都市王家畈镇十三尖村境内，东北距宜都市城区约 50 公里，东距王家畈镇政府所在地约 21 公里。

徐荣耀编《宜都地名故事全书》云：三国时期，曹操被孙刘联军打败，带着残余人马逃到这里，见此地地势险要，决定先在此扎营。前方探子来报，说山脚下发现一处大山洞，里面锅碗瓢盆一应俱全，还有孙刘联军的旗帜，像是撤退时丢下的。曹操派人四处打探，没有发现孙刘联军的影子，便带着残兵败将住进洞中。岂知这是诸葛亮的请君入瓮之计，只等凌晨大雾起时就去偷袭，杀曹操一个措手不及。果然，第二天大雾弥漫，孙刘联军悄悄接近洞口，曹兵"出来一个杀一个，死尸把洞口都给堵住了"，只是"曹操生性多疑"，头天晚上带着几个亲信另选一处安身，躲过了一场杀身之祸，从此，此山洞便被人们叫做"封洞"①。

按：曹操失利于赤壁之战，被孙刘联军追击，虽然损失严重，但尚有足够实力护卫曹操撤向南郡郡治江陵县。事实上，曹操撤至江陵后即刻安排大将曹仁镇守荆州，然后自率大部人马北经襄阳回到许昌，不可能撤退至江南夷道县（今宜都市）西南部的大山中而遭到孙刘联军的封堵。宜都王家畈镇民间封洞故事富于文学想象力，但过于离奇，不足为信据，亦是民间百姓崇拜孔明智慧的产物。

马骡子岗

马骡子岗，山岗名，在今宜都市高坝洲镇境内，位于宋山风景区南端紧邻清江的蔡家河村境内，东南距宜都市城区约 16 公里。

---

① 参见徐荣耀搜集整理：《宜都地名故事全书》，三峡电子音像出版社 2014 年版，第 205～206 页。

徐荣耀编《大战坡烟云》云：建安十三年（208），曹操在当阳长坂坡大败刘备，刘备丢妻弃子。危急时分赵云调转马头冲入敌阵，终于救得甘夫人与幼主刘禅。白龙马驮着赵云等三人向南亡命奔跑，一直跑到宜都宋山东南角的一座山岗下，累得瘫软在地。曹军紧追不舍，赵云将甘夫人和幼主藏匿于一棵松树后，只身与曹营军将拼杀，无奈敌军越来越多，赵云渐渐体力不支，眼看就要被敌人生擒。紧急关头，山岗上突然发出一阵巨响，呼呼大风刮起，树林子里隐约冲出无数马一样身形的动物，朝着曹军冲去，吓得曹营军将落荒而逃，赵云乘机杀散魏军，三人终于摆脱了困境。原来此山之中有神灵，是赵云的忠勇"感动了大神"，神灵化作骡马救了赵云和甘夫人母子。"人们争相传诵这个故事，既敬佩赵云的忠诚，也敬重上天的仁慈，于是把这座山岗改名叫做'马骡子岗'，以纪念这件事。这个名称沿用至今，一直不曾改过。"①

按：历史上赵云单骑救刘禅与甘夫人事发生于江北当阳县长坂坡，刘备于长坂坡大败后率残部向东南汉水西岸的汉津撤退，与关羽水军、刘琦江夏军会合后沿汉水撤向夏口（今武汉市），赵云救下甘夫人母子后并无与刘备失散的经历，显然他也是向东南撤向汉津再至夏口的。宜都马骡子岗位于当阳长坂坡的西南方，且处在长江南岸，赵云不可能与刘备背道而驰逃至数百里外的清江之滨，他又是如何渡过长江的呢？宜都民间又说当年张飞做宜都太守时经常带领部下来马骡子岗跑马射箭，还说刘备连营七百里的江南起点也在马骡子岗，等等，可见民间地名故事内容的可变性。马骡子岗无疑是宜都民间附会的三国地名，表现了广大百姓对于蜀汉英雄的爱戴之情。徐荣耀编《宜都地名故事全书》收集的民间故事又说马骡子岗"是湖广通四川的要道之一，很久以前就有马帮赶着骡马源源不断地把布匹、谷物等运往四川，再把四川出产的盐和药材等驮往湖广。……因这

---

① 参见徐荣耀搜集整理：《大战坡烟云》，中国文联出版社2012年版，第70~74页。

条岗与骡马有缘，人们就称它为马骡子岗"①。这其实是马骡子岗得名的真正缘由。

张飞桥、张家河、跑马岗

张飞桥，桥名，在今宜都市高坝洲镇湾市村境内，位于清江北岸，东南距宜都市城区约 8 公里。张家河，即张飞桥上下一段清江江流。跑马岗，山岗名，位于张飞桥之西约 3 公里处。

徐荣耀编《大战坡烟云》云：张飞桥处在清江流入长江的最后一道拐弯处，如今这里有名无桥，只有一个渡口，叫张飞桥渡口。赤壁之战后，刘备任命张飞出任宜都太守。有一天刘备到了宜都，为感谢东吴联手抗曹，他让张飞筹措一批"金银财宝"，送往孙权驻地以示感谢，顺便看看能不能与孙权作进一步和谈。张飞挑选五千人夫，挑着礼金物品前往孙权驻地。当张飞人马来到清江河边，正值洪水季节，河水暴涨，一时间不知如何是好。当地村民闻知太守张飞要过江，便纷纷将自家船只和木板搬来搭建浮桥，使张飞人马顺利渡江。张飞十分感动，办完事后他又来到渡江处，决定为当地老百姓修建一座木桥。张飞带领数百人来到现在的天平山村，发现此地松树杉木很多，是架桥的最佳材料，于是下令驻营此地，以便伐木取材修建木桥。伐木修桥期间张飞在天平山一带练兵跑马，"后来当地人就叫这个地方为跑马岗了"。十个月后，"终于修起了一座长约三十米、宽约三米的水上浮桥"，当地一位儒士"在桥头木板上书写了斗大的三个朱红字——张飞桥"。张飞修建木桥时，木桥附近的江段船来人往，十分热闹，后来人们把这段清江叫做"张家河"②。

按：如前所述，张飞出任宜都太守期间，驻地应有三处：最初驻营宜都郡城（今宜都市区）；后迁至夷陵城（今宜昌市西陵区前坪村）；再后来

---

① 徐荣耀搜集整理：《宜都地名故事全书》，三峡电子音像出版社 2014 年版，第420~421 页。

② 参见徐荣耀搜集整理：《大战坡烟云》，中国文联出版社 2012 年版，第 126~129 页。

移至秭归县城（今秭归县归州镇）。张飞前往东南方去孙权驻地送礼，无论从哪一处太守驻地出发，都不大可能经过今宜都市清江北岸的湾市村一带。三国时期通用货币为五铢钱，唐宋以后才逐渐广泛使用金银做货币，而且用五千人马的庞大队伍挑送金银财宝实不合常理。可见，张飞桥、张家河、跑马岗等皆为后世民间附会的三国地名，亦表现了宜都人民对于蜀汉英雄的敬爱之情。

跑马岭、跺脚石、拴马石

跑马岭，山岭名；跺脚石，石板名；拴马石，石柱名。均在今宜都市高坝洲镇宋山风景区内。东南距宜都市城区约15公里。

宜都民间传说：张飞任宜都太守期间，常过清江到宋山游览，宋山主峰叫孤峰顶，向东北方向延伸出一条山岭，岭脊比较平缓，适宜练马奔跑。张飞因此常在宋山孤峰顶上操练骑兵，后来人们便称为跑马岭，并传下了"纵马高山岭，足底腾白云。飞跃下山寨，呼啸似虎鸣"的经典诗句。在操练骑兵时，兵士们饥饿难耐，便偷吃了农户地里的包谷，张飞治军严明，大喝一声，翻身下马，右手举鞭，左脚跺地，由于张飞天生神力，力大无比，居然在石板上留下了深深的一个脚印，后人称为跺脚石。张飞虽一介武夫，却也粗中有细，相传在月亮湾见风景特美，便将战马拴在一块石柱上，坐下来开怀畅饮，对酒当歌，后人便将石柱称为拴马石。

按：张飞担任宜都太守数年，不排除到过宋山孤峰顶等地。但跑马岭、跺脚石、拴马石等地名故事显然存在浓重的附会虚构成分。包谷，即玉米，原产于中南美洲，明代才传到中国并被大量栽种。明清百姓种植包谷时距离张飞任宜都太守时一千三四百年，张飞的士兵岂能偷吃农民的包谷？身为太守的张飞当年可能游览过宋山一带，而在小说《三国演义》中张飞更是声望显赫，故而明清时期宜都百姓便将跺脚石、跑马岭、拴马石等地名附会到张飞身上，以提升当地的知名度。

神马溪

神马溪，溪名，在今宜都市高坝洲镇境内，位于高坝洲镇西南角白鸭垴村附近，东偏南距宜都市城区约 18 公里。

徐荣耀编《大战坡烟云》云：三国时期，吴蜀争夺地盘，关羽率部在宜都清江一带追杀吴军。正值炎炎夏日，士卒和战马热得都跑不动了。一名本地兵士将大家带到一条溪流边，关羽赤兔马脚一蹬便跳进溪流里洗了整整一天，其他战马和士卒也跟着洗了整整一天。附近村民都说这是一条神溪，"赤兔马和关羽的队伍因沾了神水的灵气，在战场上个个神勇无比，英勇顽强，让关羽取得了一个又一个胜利。后来人们为了表示对关羽的敬重，就把神溪的两岸修葺一新，更名为'神马溪'"①。

按：建安十四年（209），刘备集团趁东吴都督周瑜同曹魏荆州守将曹仁大战南郡之际，以主力夺取了荆州江南四郡；次年（210）又从东吴集团手中借得南郡江陵、夷陵、夷道、当阳、枝江等数县之地。建安二十年（215）前后，吴蜀争夺长沙、零陵、桂阳三郡，其地界主要属于今湖南省。荆州宜都郡当时属于刘备集团腹地，关羽不可能在这一带追杀吴军，何况其时双方关系并未完全破裂，关羽不会也不敢擅自对吴军大开杀戒。故而，神马溪属于民间附会的三国地名无疑。

洗马池

洗马池，堰塘名，在今宜都市高坝洲镇白洪溪村境内，南偏东距宜都市城区约 13 公里。

徐荣耀编《大战坡烟云》云：三国争霸时期，关羽统兵追杀吴军。在一个雨夜天关羽骑着赤兔马急行军，第二天追上吴军打了个大胜仗。而赤兔马沾满了一身黄泥巴，脏得如一匹掉尽毛发的老病马。关羽亲自将赤兔

---

① 参见徐荣耀搜集整理：《大战坡烟云》，中国文联出版社 2012 年版，第 113~117 页。

马牵到一处存水不多的堰塘中间，仔仔细细地给赤兔马洗澡，洗完后关羽打算牵马回营时，赤兔马却扭头走进池塘中央，任凭关羽如何呼叫也无济于事，一会儿赤兔马失去了踪影，关羽带着士兵找了七天七夜，连个影子也没有找到。原来赤兔马是天神转世的神马，有着过人的灵气，它见当地人饱受战乱之苦，又常年缺少干净的水源，于是留下来保佑一方百姓。当地百姓"十分感激赤兔马的善良之举，于是都自发地保护这池水，还给池子取名为'洗马池'以纪念这件事"①。

按：明清时期各地多有"洗马池"之名，传说着不同时期历史人物的故事，宜都洗马池不见载于古代历史地理著作。赤兔马成为关羽坐骑是《三国演义》的加工虚构，小说描写赤兔马跟随关羽征战终生，关羽死后赤兔马不食而亡。可见，宜都"洗马池"当是由《三国演义》衍生的关公地名。

大战坡

大战坡，山坡名，在今宜都市高坝洲镇大战坡村境内，南偏东距宜都市城区约 12 公里。

徐荣耀编《大战坡烟云》云：刘备发起夷陵之战，沿三峡水陆东进，一路势如破竹，迅速抵达陆城地界，见一座山丘高三百余米，山顶平整，适宜设置中军指挥部。刘备登上山顶，"陆城周围地形尽收眼底，七条大冲盘绕山丘向东南方向延伸，山丘与陆城之间是一片开阔平坦之地，方圆有两百多平方公里，正是厮杀的好地方。……忙命七十万兵马分七冲连营扎寨，并重兵布防两江沿岸"，兵锋直指陆城。陆城西北方向的大战坡一带，正是当年吴蜀激战、陆逊火烧连营七百里的前锋阵地。②

按：所说"两江"，指长江和清江。历史上刘备伐吴总兵力不过十余

---

① 参见徐荣耀搜集整理：《大战坡烟云》，中国文联出版社 2012 年版，第 121~123 页。

② 参见徐荣耀搜集整理：《大战坡烟云》，中国文联出版社 2012 年版，第 1~16 页。

万人，整个蜀汉政权的军队不会超过四十万，《三国演义》夸张描写刘备统兵七十五万伐吴，由此可见大战坡故事产生于《三国演义》之后。而且大战坡距离宜都城不过二十来里路程，地属滨江平原，如果刘备大军占据大战坡一带山丘、登上山顶可以俯瞰"陆城周围地形"，则宜都城无险可守，吴军很难避免丢城失地的失败命运。《三国演义》以文学想象之笔描写刘备大军树栅扎营于大江两岸，宜都大战坡一带的三国地名故事多由小说衍生而来。

天子堰、天子院

天子堰，堰塘名，又名天子院，在今宜都市高坝洲大战坡村境内，南偏东距宜都市城区约12公里。

徐荣耀编《大战坡烟云》云：据当地的老年人讲，天子堰"是因为刘备曾经住过而得名"。这里是一处院子，本是蜀军主帅刘备的大营所在地，后来院子下沉成了一处堰塘，人们便把这里称作天子堰，又称天子院①。

按：民间地名故事随意更改内容的现象极为普遍。徐荣耀编《宜都地名故事全书》则收录了另一则关于天子院的传说：几百年前，这里有两位财主，一个姓王，一个姓侯。王姓财主刁钻恶毒，对百姓十分刻薄。侯姓财主乐善好施，在四周乡里颇有声望，只是侯夫人多年不能生育，侯姓财主亦不愿纳妾。有一天来了一个云游和尚，给了侯夫人一颗仙丹，告诫她服下之后一年能生下一个男娃，而男娃非同凡人，百日内不能见光，必须大门紧闭，百日之后男娃便会长大并成为天子。而王姓财主得知内情后，故意挑拨侯夫人母亲在百日之内强行推开侯姓财主家大门，终于导致男娃夭折，老夫人悔恨自杀，侯夫人亦气病交加身亡。后来，人们便把侯姓财

---

① 参见徐荣耀搜集整理：《大战坡烟云》，中国文联出版社2012年版，第83~86页。

主家的院子叫做天子院①。民间地名故事的随意性、多变性由此可见一斑，不同讲述者其故事主题往往呈现不同的风貌，说天子院为猇亭大战期间刘备驻营之地不足为信。

天灯坡

天灯坡，山坡名，在今宜都市高坝洲镇大战坡村境内，南偏东距宜都市城区约 12 公里。

徐荣耀编《大战坡烟云》云：天灯坡长约五十米，宽约三米，坡度平缓，地势开阔，"据传源于三国时期吴蜀交战"。夷陵大战中，少年虎将关兴、张苞先杀死了吴将李异、谢旌、谭雄等人，将孙桓围困于彝陵城中。接着，关兴杀了仇人潘璋，降将糜芳、傅士仁杀掉马忠投降刘备，刘备又将糜、傅二人处死祭奠关羽。再接着孙权被蜀军强大攻势所震慑，将杀害张飞的范强、张达并张飞首级交还刘备，刘备令张苞刀剐范、张以祭奠张飞。再后来刘备依旧不依不饶，执意灭掉东吴孙权，率大军进军大战坡。蜀汉年轻勇猛的将军们俘虏了不少吴军士兵，并将俘虏倒吊在树上，浇上油脂点燃火把将他们活活烧死。附近村民见了一边摇头一边小声嘀咕"人作孽不可活""天绝蜀"之类的话，对蜀军残忍行为表达了不满之情，也预感到蜀军必败的结局。果然，不久后吴军发起火攻，连破蜀军四十余营，刘备只身逃亡，正是失民心者失天下。"刘玄德之'仁'让这把火着实烧掉了不少。后来，因为在这里蜀军确实点过吴军俘虏的天灯，不知从哪朝哪代起，这里就叫'天灯坡'了。"②

按：此地名故事不足为信。其一，历史人物刘备以宽仁著称，推行仁政是蜀汉秉持的基本国策。在夷陵之战中，蜀军也没有特别残忍暴虐行为

---

① 参见徐荣耀搜集整理：《宜都地名故事全书》，三峡电子音像出版社 2014 年版，第 458~460 页。

② 参见徐荣耀搜集整理：《大战坡烟云》，中国文联出版社 2012 年版，第 108~136 页。

的记录，"点天灯"之说实无可信的依据。其二，刘备、关兴、张苞等人
残忍处死杀害关羽、张飞的仇人，不过是《三国演义》的虚构，目的是让
刘备兑现其复仇的意愿，成全不求同生、但求同死的桃园结义的誓言和义
名。但历史上害死关张的仇人却一个也没有死于刘备之手，潘璋等人在夷
陵之战后还活了足足十余年。其三，张苞在张飞死前便已经夭折，张飞死
于夷陵大战前，张苞岂能参加夷陵之战？关兴虽然死于夷陵之战之后，但
夷陵之战时尚未成年，不大可能成为少年虎将并在夷陵之战中刀剐仇人。
由此可见，天灯坡实由《三国演义》虚构加工的故事情节衍生而来的三国
地名。

还应指出的是，"天灯"不能简单地理解为"点天灯"。古代民间有新
年前后在高坡或高柱上悬挂灯盏以庆年节或祭祀祖先的习俗，灯盏彻夜通
明，谓之"天灯"。明代文人杨慎作《甲午临安除岁》诗云："邻墙儿女亦
无睡，岁火天灯喧五更。"近人孙犁作《白洋淀纪事·天灯》亦云："今年
正月……却看见东头立起一个天灯，真是高与天齐，闪亮的灯光同新月和
星斗争辉。"《恩施县地名志》载有恩施县类似地名"天灯包"云："村旁
山包上坟墓多，后人为纪念先祖，曾在此点过天灯，故名。"① 可见，宜都
"天灯坡"当得名于民间祭祖或庆丰年等，与点天灯无关。

本章考述的宜都市三国地名和三国遗迹共计 37 个（含一地多名和异
地同名），其中，见载于魏晋史籍和后世历史地理文献的三国历史地名和
遗迹多达 8 个（含一地多名和异地同名），许多民间传说三国地名也具有
较高的历史可信度。宜都境内的各类三国地名，涉及刘备、关羽、张飞、
赵云、诸葛亮、张苞、关兴、曹操、陆逊、陆抗、韩当、孙桓、周泰、甘
宁等三国名人，大多为蜀汉地名，其次为东吴地名，个别地名涉及曹魏人

---

① 恩施市地方志编纂委员会编：《恩施县地名志》，方志出版社 2016 年版，第
360 页。

物。而其中以陆逊父子及其部将故事为基本内容的东吴地名和遗迹多达近12个（含一地多名），反映了三国时期陆逊父子尤其是陆逊在宜都境内非同凡响的影响力。此外，在宜都民间传说蜀汉地名中，关公地名4个，诸葛亮地名4个，刘备地名6个，张飞地名6个，说明关羽在宜都民间的影响力不仅不及陆逊，亦不及刘备、张飞、诸葛亮等蜀汉名人，这可能与关羽绝少涉足宜都地界有关。

第九章 长阳县三国地名

长阳县位于宜昌市西南部，北与秭归县相连，东北与点军区、夷陵区相接，东与宜都市毗邻，南与五峰县交界，西与恩施州巴东县接壤，今县政府驻龙舟坪镇，北偏东至宜昌市城区约57公里。长阳县境内山峰高耸起伏，少有平原谷地，"山脉属武陵山系的南岭支脉，至县内分支杂出，大致为东南至西北走向，多孤峰长岭"①，唯东南磨市镇地属丘陵岗地。八百里清江自恩施州巴东县入境，自西向东横穿长阳县中南部，至宜都市城区北郊汇入长江，成为古代长阳县最为重要的水上交通线。如图9-1所示。

长阳县古名佷山县，西汉时置，以境内佷山而得名，属荆州武陵郡，东汉改属荆州南郡，县治设在同昌市（今长阳县都镇湾镇境内）。建安十三年（208），曹操分南郡置临江郡，佷山县属临江郡。建安十五年（210），刘备改临江郡为宜都郡，佷山县属宜都郡。南朝宋永初元年（420），宋武帝立佷山男相（即侯国），隶属荆州宜都太守辖区。南朝梁武帝改宜都郡为宜州，西魏改宜州为拓州，北周改拓州为硖州，均辖佷山县。隋开皇八年（588），改佷山县为长杨县，以境内长杨溪（今称南汉溪）而得名，并于州衙坪（今长阳县都镇湾镇驻地附近）置睦州，辖长杨县。不久废睦州，长杨县隶属荆州南郡。隋炀帝大业元年（605）置清江郡，郡治设在今资丘镇，辖巴山、盐水二县。唐高祖武德元年（618），唐

---

① 长阳县地名志领导小组编：《长阳县地名志》（内部资料），1982年，第1页。

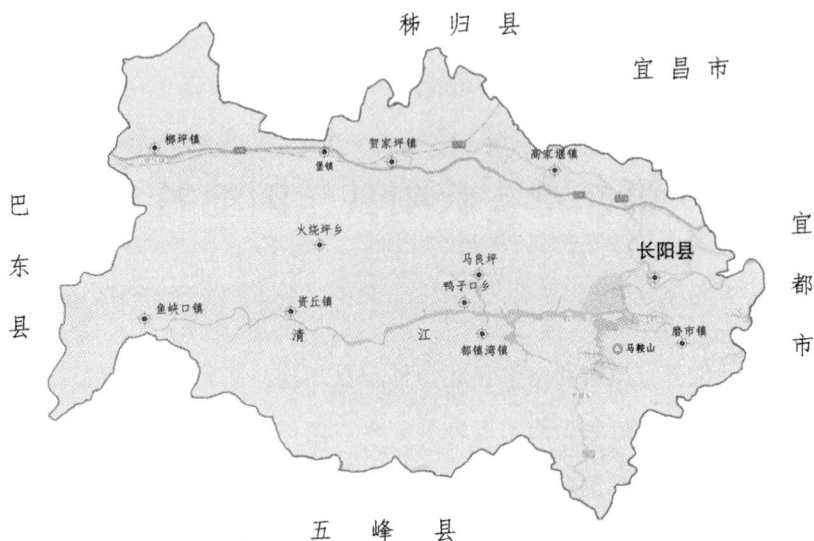

图 9-1　长阳县乡镇及部分三国地名方位示意图

人忌隋姓，改长杨县为长阳县。不久废清江郡，省盐水县入巴山县，同时复置睦州，领巴山、长阳二县。旋即废睦州，以二县隶属东松州，后又改属峡州。唐玄宗天宝八年（749），省巴山县入长阳县，隶属山南东道峡州。五代十国时，长阳隶属南平峡州。两宋时期，长阳属荆湖北路峡州，县治由州衙坪迁至今龙舟坪镇。元代长阳属荆湖北道峡州路，明朝初长阳县属峡州府，后峡州府改为夷陵州，长阳县属夷陵州。清初，隶属荆州府彝陵州，后改属归州；雍正十三年（1735）改土归流，升彝陵州为宜昌府，长阳县隶属宜昌府；乾隆元年（1736），分长阳县清江以南部分地域，置长乐县（今宜昌五峰县），次年又将渔洋关一带（今五峰县政府驻地）划归长乐县。中华民国初期，长阳隶属鄂西道，后改属荆宜道；1927年废道，直属湖北省政府；1931年设宜昌行政专员公署，长阳县隶属宜昌行政专员公署。中华人民共和国成立后，长阳县属湖北省宜昌地区行政公署，县人民政府驻龙舟坪镇至今。由此可见，从西汉置很山县起，长阳已有

2000 余年的悠久历史，从唐代改长杨县为长阳县起，亦有 1400 余年的历史，无疑属于名副其实的千年古县。

一、传说关羽行踪和故事的关公地名

两汉三国时期的佷山县地广人稀，大体范围涵盖今宜昌长阳县、五峰县大部及恩施自治州巴东县南部，不仅是荆州西部重要的产盐区，也是荆州、益州之间重要的通道之一，亦是蛮夷部落集聚地之一。作为镇守荆州的主官，不能排除关羽到过佷山县甚至举行过重要活动，但关羽主要精力用于防备荆州北部的曹魏势力和监视荆州东南部的东吴势力，佷山县境内居民大多为亲近蜀汉政权的蛮夷部族，又地处荆州西部，紧邻蜀汉大本营益州，故而关羽亲临佷山地界举行重大活动尤其是军事行动的可能性很小。然而，长阳县民间仍然流传着若干关于关羽行踪和故事的关公地名。

咬草岩、咬草溪

咬草岩，山岩名，在今长阳县龙舟坪镇刘家坳村境内，邻近宜昌市点军区联棚乡地界，南偏西距长阳县城区约 17 公里。咬草溪，小溪名，位于咬草岩山下。

刘明春编《长阳地名传奇》云：三国时期，吴军乘胜追击蜀军。蜀将关羽率部来到一条溪流边，试图翻越一座小山，小山很陡，山路窄险，关羽骑着赤兔马在溪沟里急得直兜圈子上不去，后面吴军追杀声越来越近，"关云长休走"的喊声此起彼伏。关羽无心恋战，用力勒了勒缰绳，对赤兔马说：赤兔马呀，关某的生死存亡全仗你了！"说来也巧，突然间马显神威，它前腿一跃，如长了翅膀似的直朝山岩顶端飞驰而去，看看要到山岩顶了，但还差那一点点儿，要是掉下去，不被吴军杀死也是摔死。在这千钧一发之际，那马竟咬住岩沿上的一蔸草，嗖的一声，跃上了岩

239

顶。……赤兔马咬草翻岩的地方至今还叫咬草岩。"① 又《长阳县地名志》
云："咬草溪：……源头咬草岩，悬崖峭壁，相传关公骑马路过此地，路
陡难行，马咬草而上山顶，溪以此得名。"②

按：咬草岩、咬草溪应为后世民间附会的关公地名，基本理由有二：
一是关羽坐骑为赤兔马是《三国演义》的加工，赤兔马在万分危急时分一
跃而上山岩的神异故事，与《三国演义》浓墨重彩描写刘备马跃檀溪的情
节颇多相似之处，显然是接受了小说的影响和启发。二是关羽镇守荆州期
间，从未在佷山县境与吴军有过作战经历，最后兵败走麦城，被俘于临沮
县章乡，麦城、章乡位于江北地区（今当阳、远安境内），而咬草岩、咬
草溪位于江南，关羽在江南被吴军追杀明显属于文学故事，不足为信据。
清同治五年（1866）编纂《长阳县志》卷一《山水》载曰："咬草岩：县
北三十五里。蚕丛鸟道，仅堪容足。乾隆四年知县杨复晋开修。"③ 可见咬
草岩是一处险要山道，开凿于清代乾隆四年（1739），与关羽行踪没有任
何关联，从而证明了咬草岩得名于关羽的传说当产生于近代以后。

候儿坡

候儿坡，山坡名，亦村落名，在今长阳县高家堰镇李家湾村境内，西
偏北距高家堰镇政府所在地约 13 公里，东南距长阳县城区约 25 公里。

《长阳县地名志》云：候儿坡在李家湾村东约 600 米处，"传说三国
时，关云长在此等候过他的儿子得名"④。村因山坡而得名。

按：三峡区域各市县几乎都有"候儿坡""候儿岭""候儿山""候儿

---

① 参见刘明春编：《长阳地名传奇》，鄂宜图内字［1998］第 22 号，第 91 页。
② 长阳县地名志领导小组编：《长阳县地名志》（内部资料），1982 年，第 751
页。
③ 《中国地方志集成·湖北府县志辑》影印本第 54 册，江苏古籍出版社 2001 年
版，第 445 页。
④ 长阳县地名志领导小组编：《长阳县地名志》（内部资料），1982 年，第 117
页。

冲"之类的地名，一般源于父母等候儿女归来的亲情故事。三国时期关羽、关平父子情深，又同时被东吴所杀，具有令人同情、令人叹惋的悲剧命运。关羽崇拜兴盛于世后，民间常将这类地名附会到关羽父子身上，表现了广大人民对于悲剧英雄的缅怀之情。长阳县候儿坡故事当属此类。长阳县高家堰镇民间还有关于"候儿坡"的另一说法：刘备兵败猇亭之后，在一山坡前焦急地等待关兴归来，称关羽次子关兴为"我儿"，候儿坡由此得名。[①] 由此可见民间地名故事内容的不确定性。如前所述，关兴参加夷陵之战是《三国演义》的虚构加工，因此无论是关羽候关平，还是刘备候关兴，"候儿坡"之类的地名多半是由《三国演义》衍生的三国地名。

点兵河

点兵河，河名，又名点心河，在今长阳县高家堰镇西北部，点兵河为丹水支流，入口处东南距高家堰镇政府所在地约10公里。

《长阳县地名志》云：点兵河在高家堰境内，"相传关公曾于此点兵而得名，地处施（恩施）宜（昌）大道要冲，过往行人常于太史桥西北3华里的地方食宿，且此地点心颇负声誉，故又名点心河"[②]。

按：长阳县境内有丹水，是清江北岸一条较长的支流，发源于贺家坪镇境内堡镇附近的山区，自西向东再折向东南至龙舟坪镇注入清江。点兵河为丹水支流，位于丹水中游。佷山县（今长阳县）地处蜀汉荆州大后方，加之山高水深，关羽至此活动的可能性不大，点兵河因关羽点兵而得名当属误传。长阳民间又传点兵河因刘备点检残兵败将而得名，此说可能与史实更吻合（详后）。

---

① 参见刘明春编：《长阳地名传奇》，鄂宜图内字［1998］第22号，第100~101页。

② 长阳县地名志领导小组编：《长阳县地名志》（内部资料），1982年，第755页。

关口

关口，山口名，位于今长阳县贺家坪镇境内，紧邻龙王冲村，西偏南距贺家坪镇政府所在地约 17 公里。

《长阳县地名志》云：关口位于龙王冲村东北 0.7 公里处，"村北悬岩陡壁，是点军河上龙王冲的人行道的要口，相传三国时关公路过，曾在此歇息，故名关口"①。

按：古代常在山垭进出口、交通要隘处设置关卡，民间习称关口，与三国名将关羽没有特别的关联。长阳县贺家坪镇民间说关口得名于关羽路过此地，实不足为信，多半是望文生义的附会之词，产生于关公崇拜昌盛的明清时期或近现代。

三箭坡

三箭坡，山坡名，亦村落名，在今长阳县贺家坪镇境内，紧邻龙王冲村，西偏南距贺家坪镇政府所在地约 17.5 公里。

《长阳县地名志》云：三箭坡位于龙王冲村东北 1 公里，村处山坡。"相传三国时，关公侦探石城的吴军阵地，曾向对面山坡上射过三箭，故名三箭坡。"②

按：此说法颇不合史实。关羽镇守荆州期间，东吴前沿阵地在今公安县以东，佷山县地处关羽辖区腹地，与东吴前沿阵地相距三四百里，吴军是不可能跑到佷山县来占据石城这座城堡的，何来关羽侦探地形并向对面山坡射出三箭之说？三箭坡的本意应是山坡较长，大约相当于一个射箭手射出三箭的最大距离，故称三箭坡。

---

① 长阳县地名志领导小组编：《长阳县地名志》（内部资料），1982 年，第 85 页。

② 长阳县地名志领导小组编：《长阳县地名志》（内部资料），1982 年，第 85 页。

磨刀溪

磨刀溪，溪名，亦村落名，在今长阳县贺家坪镇陈家坪村境内，西距贺家坪镇政府所在地约 18 公里。

《长阳县地名志》云：磨刀溪位于陈家坪村东偏北 2.3 公里。"村东一溪，相传三国时关云长在此磨刀，名磨刀溪，村以溪口而得名。"①

按：三国时期佷山县地处偏僻之乡，磨刀溪又处在佷山县北部，与清江之间横亘崇山峻岭，直线距离尚有四五十里之遥，关羽到如此偏僻的溪流里磨刀，实难令人信服。磨刀溪当为后世产生的三国地名，大概这条溪沟里的石头和流水适宜磨刀，历代多有军队士兵在溪流中磨过战刀，磨刀溪不外乎得名于此。明清近代以来，关羽崇拜兴盛，民间百姓便将此溪传说附会到关羽身上，以提升此溪的知名度。

兵营溪

兵营溪，小溪名，亦村落名，在今长阳县贺家坪镇陈家坪村境内，西距贺家坪镇政府所在地约 18 公里。

《长阳县地名志》云：兵营溪位于陈家坪村东 1.4 公里，"相传三国时关云长带兵扎营于此，故名兵营溪，村处溪边，以溪得名"②。

按：兵营溪与磨刀溪相邻，当与历史上此溪岸边曾经驻扎过兵营有关，但未必是关羽荆州兵在此驻营。隋唐以后，三峡地区扩建了多条山地驿道，今长阳县贺家坪镇陈家坪村一带地处施（恩施）宜（宜昌）大道旁，军队从陆路入川或出川多经此地，在这一带活动与临时驻营是常见之事，兵营溪、磨刀溪等地名当产生于隋唐以后，至明清时期附会到

---

① 长阳县地名志领导小组编：《长阳县地名志》（内部资料），1982 年，第 117 页。

② 长阳县地名志领导小组编：《长阳县地名志》（内部资料），1982 年，第 117 页。

关羽身上。

马回溪

马回溪，溪名，发源于贺家坪镇青岗村境内云台观山北麓，流至高家堰镇境内注入点兵河，入口处东南距高家堰镇政府所在地约 10 公里。

《长阳县地名志》云：马回溪位于长阳县北部，"相传关公于此溪兵败，勒马回点兵河点兵，得名马回溪"①。

按：马回溪地处山区，史籍并无关羽兵败佷山县的记载，当是后世误传或附会的关公地名。长阳民间又传说刘备兵败仓皇逃跑至此而回马，可能更接近史实（详后）。

马下岩

马下岩，山岩名，在今长阳县贺家坪镇三友坪村境内，西距贺家坪镇政府所在地约 5 公里。

《长阳县地名志》云：马下岩位于贺家坪镇三友坪村东北 1 公里，"相传三国时，关公在此作战，战马跌下了岩，故名"②。

按：如前所述，史籍并无关羽在佷山县境内作战的记载，当属后世误传或附会的关公地名。马下岩可能与刘备兵败逃亡有关，刘备兵败猇亭，率残部向西北逃向秭归，应路经马下岩一带，军兵慌不择路之际容易导致战马跌下山岩。可见，马下岩是一处有一定历史基础却被以讹传讹的三国地名。

大刀庙

大刀庙，寺庙名，在今长阳县都镇湾镇龙潭坪村境内，位于都镇湾镇

---

① 长阳县地名志领导小组编：《长阳县地名志》（内部资料），1982 年，第 755 页。

② 长阳县地名志领导小组编：《长阳县地名志》（内部资料），1982 年，第 779 页。

政府所在地南偏西约 16 公里处。

张颖辉、覃庆华主编《都镇湾故事》云：关羽镇守荆州期间，注重体察民情。有年初夏时节，关羽一行人乘船溯清江西上来到佷山县。此处是土司辖区，又是通往湘西的要道之一，关羽由佷山县折向西南，来到龙潭坪。不料夏季雨多，不一会儿倾盆大雨下个不停，致使庄稼泡在积水里奄奄一息。着急的村民们把希望的眼光投向关将军，关将军举起青龙偃月刀往洪水漩涡里扎下去，左右摇了几摇，大刀扎处洪水迅速消退，忽地轰隆一声，洪水消退处竟塌下去几里长、十余丈宽的大沟壑，洪水完全消退，庄稼安然无恙。当地百姓"为了纪念关羽，便在龙潭坪通往湘西的大路边修了一座庙，名为大刀庙，庙墙上刻着一位将军，肩扛大刀，那就是关羽"①。

按：土司制度始于元明时期，三国时期佷山县境内多蛮夷部族，龙潭坪位于清江之南三十余里处，在两汉三国时期是否为通往湘西的要道，尚难找到可靠的史料依据。大刀庙故事着力神化关羽，充满神异色彩，当是当地百姓因建有大刀庙（关庙）附会出来的关公故事和遗迹。

三义寺

三义寺，寺庙名，在今长阳县都镇湾镇龙潭坪村境内，位于都镇湾镇政府所在地南偏西约 17 公里处。

张颖辉、覃庆华主编《都镇湾故事》云：龙潭坪有位张姓老木匠，为人忠厚，颇讲义气，仰慕结义的刘关张，便在一座小山顶上修了一座小庙，庙里修了三尊木像，刘备居中，关羽居左，张飞居右，起名"三义寺"。张木匠住地距离三义寺有些路程，但他每逢三、六、九日必入寺敬拜三人。不想这一天关羽来到龙潭坪，听说有人为他们三兄弟修建了一座

---

① 参见张颖辉、覃庆华主编：《都镇湾故事》，崇文书局 2014 年版，第 69~70页。

活人寺庙，便当即拜访了年迈的张老木匠。关羽了解事情来龙去脉后感慨万分，对张木匠深表敬意，命手下给老木匠留下一些银两和一匹白马，银两是为补贴生活，白马是为了老人上山省脚力。关羽临走时深情地对老木匠说：山高路遥，我关羽未必还重来此地。望张叔保重，应当寿比南山苍松！"关羽果真未曾再来，不久便败走麦城了。但三义寺的香火却日渐兴旺。"①

按：史籍并无刘关张三人结为异性兄弟的记录，仅载他们"寝则同床，恩若兄弟"②，刘关张桃园三结义的故事是小说《三国演义》等文艺作品的艺术加工。很明显，三义寺故事应为后人附会虚构的故事，三义寺当是明清近代以来修建的寺庙。

死马溪

死马溪，小溪名，又称洗马溪，在今长阳县都镇湾镇境内，溪流发源于都镇湾镇与五峰县交界处的黄草坪村的三角架山，流至龙潭坪村入龙潭河，全长约 11 公里。

张颖辉、覃庆华主编《都镇湾故事》云：关羽为张老木匠修建三义寺而感动，特送了一匹马给老木匠。那匹马气力非凡，颇具灵性，见过大世面，面对犬吠狼嚎，全无惧色。张木匠压根儿舍不得骑它，但走到哪里牵到哪里，彼此不离不弃，如同知己。只是那匹马精神总是不佳，常常闲步走到当初关羽辞别的地方张望着关羽离去的方向长啸几声，而后静静地立在那里不动，似乎在静听回音。因为马常去那里站立长啸，以致石板上踩成了深深的马蹄坑。终于有一天马倒在那块张望关羽离去方向的石块上，再也没有起来。张木匠悲痛欲绝，请人把马弄到溪河里洗个遍，并将马毛梳理干净整洁，隆重地掩埋了那匹义马。从此，这条溪河便叫洗马溪，又

---

① 参见张颖辉、覃庆华主编：《都镇湾故事》，崇文书局 2014 年版，第 71～72 页。

② 陈寿：《三国志》卷三十六，裴松之注本，中华书局 2000 年版，第 697 页。

称"死马溪"。①

按：关羽坐骑有灵性，与关羽情深义厚，是罗贯中《三国演义》的文学描写。洗马溪当属《三国演义》衍生的关公地名，表达了民间百姓对忠义之士关羽的敬仰之情。

私钱洞

私钱洞，山洞名，在今长阳县都镇湾镇龙潭坪村境内，位于都镇湾镇政府所在地南偏西约18公里处。

张颖辉、覃庆华主编《都镇湾故事》云：位于龙潭坪西南约三里处，有一处小山洞，是一位中年汉子私铸钱币的去处。中年汉子因无钱安葬亡父，便向钱庄借了三十六文钱葬父。哪知黑心钱庄老板在借据上将"三十六文"改为"三千六百文"，使得中年汉子无法偿还借款。汉子只得跑到龙潭坪山中一处人迹罕至的山洞里私铸钱币以还清钱庄债务。有人报告坐镇荆州的关羽，关羽一听大怒："这还了得？私铸钱币，律当死罪！"关羽亲自寻到龙潭坪山洞前，中年汉子被抓到面前，不料他不慌不忙，对于自己的罪过供认不讳，并坦言请关将军开恩让他铸完三千六百文钱以偿债务，不多铸一文钱。关羽问明情况后，毁掉私铸铜钱和铸钱器具，掏出一些钱送给汉子，让他还清欠债，剩余的作为回家盘缠。从此，那个山洞被后人称为"私钱洞"。②

按：先秦时期就已经出现货币兑换的现象，但专门从事兑换货币业务从中赚取利息的钱庄的出现，是在宋元以后。明代中前期，政府宝钞贬值，私铸钱币现象十分普遍，钱庄业务亦十分发达。由此可见，私钱洞多半是明清时期出现的地名，私钱洞故事应是明清以来民间百姓附会的关公地名故事。

---

① 参见张颖辉、覃庆华主编：《都镇湾故事》，崇文书局2014年版，第73页。

② 参见张颖辉、覃庆华主编：《都镇湾故事》，崇文书局2014年版，第74~75页。

二、传说刘备驻营及活动的三国地名

三国时期吴蜀两大集团之间在荆州宜都郡境内发生了一场生死大战，魏晋原始史籍称为"宜都之役"。近代以来人们则普遍称之为"夷陵之战"，是因为《三国志》等史籍中多有刘备"败绩于夷陵""孙权破刘备于夷陵"之类的记述，加之夷陵又是宜都郡的政治文化中心，故而"宜都之役"逐渐被"夷陵之战"所取代。而人们又习惯将夷陵之战称为"猇亭之战"，是因为陆逊在猇亭一带发起的火攻之战是整个夷陵之战中的转折点，对于吴军取得全胜发挥了关键性的作用。然而，关于猇亭具体位置何在？魏晋历史地理文献未作任何记录，以致于今天学界仍然存在着较大争议。但根据魏晋原始史籍对于蜀汉主力行踪的简单记载，可以肯定的是：三国猇亭隶属于夷道县，处于大江之南。

今长阳县东部和宜都市西部等地处于大江之南，民间流传着若干有关猇亭战火的地名故事，其中，在长阳县磨市镇马鞍山山脚下，有许多当年刘备大军驻营及相关活动的地名，一直流传至今。磨市镇位于长阳县东南角，与宜都市五眼泉镇、高坝洲镇紧邻，东距宜都市城区约 28 公里。汉之佷山县与夷道县相接，从地处清江下游的位置看，今长阳磨市镇一带应处在《三国志》所载"夷道猇亭"的地界中。从古代设置行政区划的常规制度看，猇亭应隶属于涿乡，而涿乡当隶属于夷道县。涿乡、猇亭均为魏晋原始史籍记载的三国历史地名，当是猇亭之战中蜀吴军队驻营和对峙之地，乡名、亭名很可能源于刘备的更名或移位地名。由于原始史籍记录过于简略，今天很难弄清涿乡、猇亭的具体范围和位置，但将它们定位于长江之南的宜都市和长阳县交界一带，是依据历史文献提供的基本线索所作出的合理推断。而长阳县磨市镇民间广泛流传着若干刘备安营扎寨及相关活动的地名故事，从一个侧面也佐证了《三国志》等史籍记载刘备驻营的"夷道猇亭"位于长江之南的事实。

大营头

大营头，军营名，今为村落名，在今长阳县磨市镇境内，位于磨市镇政府所在地之西偏南约 2.5 公里处。

《长阳县地名志》云："相传三国时，蜀吴相争，曾于此地驻兵扎营，故名大营头，与救师口大队的小营头相对称。"[1]

按：《长阳县地名志》并未指明大营头是蜀军军营还是吴军军营，但磨市镇民间普遍传说大营头是刘备的中军大本营，是刘备坐镇打仗的地方，故而名"大营头"。大营头背靠马鞍山，其西端可登山，山坡走几里路至马鞍口，再盘旋而上可登上马鞍山山顶。大营头的南北两面均为山岭，唯有东面是一片长约十五里、宽约一里的开阔地，直达清江岸边。大营头整体地形十分独特，坐西朝东，居高临下，进可攻，退可守，既合乎古代择地驻营的军事常理，又与刘备称王称帝及其喜欢吉祥的迷信心理相吻合，故而磨市镇民间说大营头是蜀军主帅刘备之营寨，具有一定的历史基础。

小营头、营台山

小营头，军营名，今为村落名，在今长阳县磨市镇境内，村口位于磨市镇政府所在地南偏西约 1.5 公里处，与大营头相邻。《长阳县地名志》云："小营头：100 人，救师口南 1.5 公里，相传三国时，刘备部将曾于此处驻兵设营得名。"[2]

营台山，山名，今称云台山，在今长阳县磨市镇境内，位于磨市镇政府所在地西南约 5 公里处，与小营头相连接。毛正寿主编《夷陵大战主战

---

[1] 长阳县地名志领导小组编：《长阳县地名志》（内部资料），1982 年，第 430 页。

[2] 长阳县地名志领导小组编：《长阳县地名志》（内部资料），1982 年，第 429 页。

场遗址考》云：小营头是因驻扎了刘备的一支精兵而得名，营台山则是一处紧紧连接小营头的制高点，"可以远眺宜都陆城和烟波浩渺的长江"，实为距离刘备大寨最近的一处"瞭望哨"。①

按：小营头位于大营头的东南侧，是一处长约六七里、宽约一里的山冲。小营头西北靠马鞍山，北隔和尚山与大营头相连，其地势犹如一张弯弓，对其北面之大营头呈半圆形护卫状态。磨市镇民间传说小营头正是刘备的护卫营，其主要职责便是确保刘备主帅营的安全。与小营头相连接的营台山，海拔达 700 余米，是磨市镇丘陵群山中一座较高的山岭，紧挨马鞍山，可向东望见清江和长江，确实具备瞭望台、观察哨的优越条件。因白云常常缭绕山顶，加上明清时期曾在山顶处建造了云台观，故而营台山又改称云台山。笔者曾多次实地考察过这一带地形，完全符合古代军队排兵布阵的常理。作为刘备护卫营的驻营地和瞭望台，小营头、营台山具有一定的历史可信度。

驻马溪、哨望坪、擂鼓坡

驻马溪，溪名，亦村落名，在今长阳县磨市镇境内，位于磨市镇政府所在地南约 2 公里处。哨望坪，山坪名，擂鼓坡，山坡名，均在驻马溪的东端。

《长阳县地名志》云：驻马溪因刘备"曾在此处驻过兵马得名"②。毛正寿主编《夷陵大战主战场遗址考》说得更明白：驻马溪是夷陵之战中刘备的"骑兵驻地"，这一带水草丰富，是牧马的极好去处，而且距离吴军前哨阵地最近，"一旦发现敌情，可以迅速报告中军大本营"③。

---

① 参见毛正寿主编：《夷陵大战主战场遗址考》，鄂宜内图字 2012 年第 64 号，第 55~56 页。

② 长阳县地名志领导小组编：《长阳县地名志》（内部资料），1982 年，第 416 页。

③ 参见毛正寿主编：《夷陵大战主战场遗址考》，鄂宜内图字 2012 年第 64 号，第 59~60 页。

按：驻马溪发源于马鞍山东麓，西连马鞍山，北接小营头，东连陆溪。整个溪流总长约二十余里，由西北向东南再转向东北流入清江。溪流上游约五六里长，称驻马溪；中游约十里长，称陆溪；下游约五里长，称下溪。磨市镇民间传说驻马溪一带是蜀军马军驻营处；中游陆溪一带，则是吴军前沿阵地，两军对峙相距仅有四华里之遥。驻马溪与陆溪西端接壤处，有一个高出的小山包，山包上有一处数十亩的大坪，是观察敌情的绝佳之地，刘备马军在此设有瞭望寨，密切注意吴军动向，后人称作哨望坪。又在附近南山坡上，修建了一个擂鼓台，以便为蜀军擂鼓助威，后人称作擂鼓坡。直到今天，还有村民将三国故事写成对联刻在大石柱上，其中一副对联的下联写道："狮包换颜人道三国曾驻马。""狮包"，即"狮子包"，是驻马溪村一处小地名；"换颜人"，即死去的老人。可见，驻马溪的传说可能是世代相传的历史记忆，且与小说《三国演义》描写的故事毫无关联，具有较高的可信度。

矛戈头、院子坪、考箭坝、牛角冲、烧炭冲

矛戈头，山岭岗地名，亦村落名，在今长阳县磨市镇境内，位于磨市镇政府所在地南约1公里处。院子坪，坪名；考箭坝，小土坝名；牛角冲、烧炭冲，皆小山冲名。这些小地名均在矛戈头山岗中。

毛正寿主编《夷陵大战主战场遗址考》云：夷陵之战中矛戈头曾驻扎了刘备制造兵器的军队，人们"将此岗称之为矛戈头，意为制造戈矛之地"[1]。

按：矛戈头一带有关刘备练兵、活动的小地名相当集中，笔者曾深入民间做过客观调查，并在拙作《夷陵之战研究》中对于民间传说故事作过评述："在马鞍山的东麓，有一条从山腰伸出的自西北向东南、长约六里、

---

[1] 参见毛正寿主编：《夷陵大战主战场遗址考》，鄂宜内图字2012年第64号，第63~64页。

宽约二里的岭岗，这条岭岗长满茅草，故称'茅岗头'。传说刘备大军来到此地后，令其工兵驻扎于此，负责制造兵器。从此，人们将茅岗头改称为'矛戈头'，意为制造戈矛之地。矛戈头西靠马鞍山，南侧为驻马溪；北侧为小营头，东头直抵哨望坪。矛戈头的中心地带，有一块高出四周的大平地，名叫'院子坪'，是刘备的工兵制造兵器的地方。过去，坪的周围有超过三米高的石头垒上去的院墙，院子坪因此而得名。……院子坪东边，有一块长约300米、宽约200米的平地，人称'考箭坝'，是刘备训练和考核弓箭手的地方。在考箭坝的东头有个'牛角冲'，是蜀军用牛角吹号的地方。矛戈头的东北角，有个小山冲叫'烧炭冲'，是蜀军烧木炭为院子坪制造兵器提供燃料的地方。有关矛戈头及其相关地名传说，虽然不排除附会成分，但这些地名传说非常具体，彼此之间联系紧密，能自圆其说。"[1] 诚然，确定矛戈头就是当年刘备工兵驻地尚缺乏历史文献依据和考古佐证，但这些小地名故事与小说名著《三国演义》没有丝毫关联，至少说明它们并非由《三国演义》衍生的地名，可能存在着相当久远的历史渊源。

军营冲

军营冲，山冲名，亦村落名，今称金银冲，在今长阳县磨市镇境内，位于磨市镇政府所在地东偏北约3.5公里处。

《长阳县地名志》云："金银冲：80人，磨市西北2.5公里。原名军营冲，以古时蜀、吴相争，此处曾驻军扎营得名。后根据谐音演变为金银冲。"[2]

按：老磨市镇所在地在二十世纪九十年代因宜都市高坝洲水库蓄水而西迁，故《长阳县地名志》说金银冲位于磨市镇西北，今位于磨市镇东

---

① 王前程：《夷陵之战研究》，中州古籍出版社2013年版，第204页。

② 长阳县地名志领导小组编：《长阳县地名志》（内部资料），1982年，第429页。

北。军营冲是一个呈南北走向、北高南低的小山冲，西偏南距大营头约 7
公里，磨市镇民间传说猇亭之战中刘备的一支精兵曾驻营于此。军营冲
东、西两侧各有一道山梁为屏障，东面山梁较为高险，不易攀爬，如果吴
军进攻，只能从南边的冲口进入。此山冲因蜀军驻营而得名军营冲，后人
希图吉利和发财便讹为"金银冲"。蜀军擅长山地作战，军营冲地形较为
险要，是一处易守难攻之地，应是刘备实地勘察后选择的一个驻防地，这
与《三国志·吴主传》所载"蜀军分据险要，前后五十余营"① 相吻合，
故而军营冲的传说具有一定的历史可信度。

待令坪

待令坪，坪名，在今长阳县磨市镇玉宝村境内，北距磨市镇政府所在
地约 3 公里，位于驻马溪南约 1 公里处。

毛正寿主编《夷陵大战主战场遗址考》云：待令坪东距陆溪约三华
里，是一处地势较高、视野开阔的坪地，刘备曾在此"设立了一个机动
营"，"待令坪由此得名"。二十世纪一个地质勘探队来到此地，认定此坪
地下有石油，从此"待令坪"便称作"待油坪"了。②

按：从地形条件看，待令坪适合古代军队驻营。但刘备是否在此驻扎
过一支机动部队？刘备排兵布阵是否如此缜密？难以找到可靠的史料依
据，不能排除民间附会之可能。

马鞍口

马鞍口，山口名，即马鞍山入山口，在今长阳县磨市镇境内，东北距
磨市镇政府所在地约 5 公里。

毛正寿主编《夷陵大战主战场遗址考》云：传说刘备在此山口"设

---

① 陈寿：《三国志》卷四十七，裴松之注本，中华书局 2000 年版，第 832 页。
② 参见毛正寿主编：《夷陵大战主战场遗址考》，鄂宜内图字 2012 年第 64 号，
第 77~78 页。

置了一个后备营寨。这个营寨有两大作用：一是观察大本营东、南、北三个方面的敌军动向；二是一旦有事，接应大本营的主公退却或进攻"①。

按：清康熙十二年（1673）纂修《长阳县志》载："马鞍山：刘昭烈曾安营于此。"② 同治版《宜昌府志》卷二《山川》亦载曰："马鞍山：（长阳）县西南三十里，山极高大，宽广约数十里，中峰突起，自宜都望之，形如伏马，相传汉昭烈驻师于此。"③ 从大营头西端向马鞍山走三四里坡路，便可至马鞍口。马鞍口像一个 V 字形的缺口，镶嵌在马鞍山的东端边缘，非常险要，山口内侧有狭窄坪地，可驻少量兵马。磨市镇民间传说刘备曾在此设置后备营寨，与古代方志记载相吻合，具有一定的历史可信度。

刘家山

刘家山，小山名，亦村落名，在今长阳县鸭子口乡刘家坪村境内，南距鸭子口乡政府所在地约 5 公里。

刘明春编《长阳地名传奇》云：刘备率七十五万人马伐吴，来到佷山县地，先派侍中马良联络五溪蛮夷，以解决后勤补给问题。但远水难解近渴，于是刘备亲自出马，到清江北岸刘家坪、刘家山一带认宗联亲，刘家山一带百姓尤其是刘姓宗亲便慷慨解囊，粮食、器具等源源不断送至马鞍山前线。为表感激，刘备向刘家山庄主回赠了一样珍贵的用品，即刘备用来搁皇冠的帽筒子，乃檀香木制的。"檀香能做药用，于是远亲近邻，竞相来刮了做药用，刮了一千六百多年，到民国年间才刮完。帽筒子没有

---

① 参见毛正寿主编：《夷陵大战主战场遗址考》，鄂宜内图字 2012 年第 64 号，第 51~52 页。

② 长阳县方志办整理：康熙版《长阳县志》，方志出版社 2014 年版，第 21 页。

③ 《中国地方志集成·湖北府县志辑》影印本第 49 册，江苏古籍出版社 2001 年版，第 65 页。

了，但刘家山、刘家坪一带的刘姓都承认自己的先辈确曾在一千六百多年前是和刘备联过宗的。"①

按：刘家坪、刘家山位于清江北岸支流之滨，土壤肥沃，坪地较为开阔，适宜耕作，且水陆交通便利，顺支流下至清江南岸的古佷山县城仅有十来里路，顺清江而下到夷道前线马鞍山、猇亭一带亦不过六七十里路。尽管刘家山故事具有明显的文学虚构和夸张想象成分，但历史上刘备为解决蜀军后勤保障，确有可能在佷山县城周边村落筹措过军粮物资，因而刘家山等地留下了有关刘备认宗联亲的传说故事。

望山亭

望山亭，山岗名，亦古驿站名，现为村落名，在今长阳县磨市镇望山亭村境内，位于磨市镇政府所在地西北约 6 公里处，南偏西距马鞍山约 5.5 公里。

刘明春编《长阳地名传奇》云：望山亭处在金子山的南坡，是刘备南渡清江之后逗留的第一个去处。刘备曾带着马良等将佐来到望山亭，南望高耸的马鞍山，觉得气势雄壮，便打定主意到马鞍山一带驻营。马良等部下一一遵循刘备旨意，在马鞍山之东南面安置了大营头、小营头、驻马溪、军营冲、营台山等多处营寨，兵锋直指宜都城，并在"刘备观察马鞍山的地方还修建了一座小庙，名之为望山亭"②。

按：长阳磨市镇民间还有另一说法：望山亭下建有驿站，刘备登高南望，在一片丘陵之中，耸立的马鞍山十分显眼，刘备即刻拿定主意要将主帅大营安置到马鞍山下。刘备兴致勃勃从山岗下到山坳，来到驿站旁的亭子前，将亭子改名为"望山亭"，一直流传至今。这类传说难免存在附会

① 参见刘明春编：《长阳地名传奇》，鄂宜图内字［1998］第 22 号，第 94~95 页。

② 参见刘明春编：《长阳地名传奇》，鄂宜图内字［1998］第 22 号，第 93~94 页。

加工成分，但自望山亭向东南行三十余里至下溪口，再向东行约三十余里便至宜都城，符合古代三十里上下设置驿站的惯例。猇亭大战前刘备是否到过望山亭？望山亭是否由刘备临时改名？不得而知，但刘备大军经过望山亭一带确实存在着可能性。

三、传说吴蜀激战及刘备兵败的三国地名

长阳县磨市镇政府驻地及周边地带，有不少地名被民间百姓传为吴蜀大军激战和刘备兵败之地。以现知古代文献资料很难确定这些地名是历史上猇亭大战留下的痕迹，但它们绝大多数并非由《三国演义》衍生而来，因而又不能排除它们是世代相传的历史记忆的残留。

落阵岭

落阵岭，山岭名，亦村落名，在今长阳县磨市镇三口堰村境内，位于磨市镇政府所在地东南约8.5公里处。

《长阳县地名志》云：相传落阵岭是刘备连营之地，吴蜀大军经过激战，"打到此处才落阵"，故称"落阵岭"[1] 毛正寿主编《夷陵大战主战场遗址考》亦云："落阵岭是当年刘备的前哨营地。"[2]

按：落阵，即败阵的意思。关于落阵岭的得名，磨市民间有两个不同的说法：一是说蜀军驻营于此山岭，吴军发起进攻，结果败下阵来，故称落阵岭；二是说吴军大举反攻，猛攻此山岭上的蜀军营寨，蜀军败阵逃窜，故称落阵岭。不管是哪一种说法，都肯定此处为吴蜀两军激战之地。落阵岭位于磨市镇军营冲东南方向大约4公里处的下溪东岸，其正北三里

---

[1]　参见长阳县地名志领导小组编：《长阳县地名志》（内部资料），1982年，第686页。

[2]　参见毛正寿主编：《夷陵大战主战场遗址考》，鄂宜内图字2012年第64号，第89~90页。

处为下溪口，即下溪汇入清江之口。二十世纪九十年代清江下游高坝洲水库开始蓄水，下溪及两岸地带大多被淹没。但落阵岭海拔约 200 米，地势较高，依然屹立于高坝洲水库中段的东侧。从军事常识上看，磨市镇民间传说落阵岭为吴蜀交战之地具有一定可信度。落阵岭西面紧邻下溪，北面通连清江，南面连接陆溪，东面临近箭楼子（今宜都五眼泉镇政府驻地），具有一定的局部战略价值。而且落阵岭高于四周丘陵山岗，站在山顶上，居高临下，可以观察四周情况，便于防守和进攻，有着非同寻常的地形优势。因而，落阵岭成为吴蜀两军争夺的阵地实属自然。

铁门槛

铁门槛，山口名，亦村落名，在今长阳县磨市镇多宝寺村境内，位于磨市镇政府所在地北约 1.3 公里处。

毛正寿主编《夷陵大战主战场遗址考》云：铁门槛是刘备当年设置的一处军营，处在军营冲之后方，与军营冲"互为犄角"①。

按：铁门槛位于军营冲的西北面，其四面环山，南面两个山包把一条小山冲包在中间，如同两扇山门，山门之间为小山冲的狭窄冲口，有凸起的土台，如同一座门槛。磨市镇民间传说吴军发起反攻之后，很快打进了军营冲，但在进攻这条小山冲时却遭到了蜀军的顽强抵抗，使吴军损失较大。故而，吴军将此山冲冲口土台称为"铁门槛"。此地名传说具有一定的历史可信度，至今磨市镇民间尚流传着一句东吴谚语："打进军营冲，难过铁门槛！"在吴蜀猇亭之战的反攻大战中，蜀军很少胜绩，铁门槛阻击战算是难得一见的一次局部胜仗。

累死坡

累死坡，山坡名，在今长阳县磨市镇宝山坪村境内，北距磨市镇政府

---

① 参见毛正寿主编：《夷陵大战主战场遗址考》，鄂宜内图字 2012 年第 64 号，第 85~86 页。

所在地约 2.2 公里。

毛正寿主编《夷陵大战主战场遗址考》云：传说驻马溪南坡是吴军截杀蜀军、蜀军士兵仓皇逃命累死之地，后人便将这块山坡，取名叫"累死坡"①。

按：累死坡位于驻马溪边缘，与擂鼓坡仅一沟之隔。磨市镇民间传说陆逊火攻刘备连营，驻马溪的蜀汉马军军营亦遭到大火焚烧，整个驻马溪浓烟滚滚，火光冲天，唯有南坡火小烟稀，蜀军士卒们纷纷逃向南坡。从驻马溪沟底爬上南坡足有两里多路程，蜀军好不容易爬上南坡，却又遭到吴军的凶猛截杀。惊惶失措的蜀军边跑边战，许多军士当场被杀死，受伤没死的，也大多累死在坡上，从此南坡得名"累死坡"。后来，当地人嫌累死坡晦气，便弃之不用，而以沟对面的擂鼓坡来统称此地。不排除累死坡故事的文学夸张和附会成分，但它形象地反映了当时蜀军遭到吴军火攻之后惊惶失措、狼狈逃窜的惨状。

跑散坪

跑散坪，山坪名，在今长阳县磨市镇宝山坪村境内，北距磨市镇政府所在地约 2.5 公里。

笔者在《夷陵之战研究》中收录了一则长阳磨市镇民间传说故事云："跑散坪位于累死坡之南约一里处。从累死坡坡顶向南走一里地，便是一个十数亩的大平地。蜀军败兵在累死坡没有被砍杀和累死的，便跑到了这块开阔的大平地上，而这块大平地不像累死坡那里只有一条独路可走，而是可以向四周各自逃散，从而使许多蜀军士卒因此保住了性命。从此，人们便将此坪叫做跑散坪。后来，当地人还是觉得不吉利，便将跑散坪易名'宝山坪'。"②

---

① 参见毛正寿主编：《夷陵大战主战场遗址考》，鄂宜内图字 2012 年第 64 号，第 123~124 页。

② 王前程：《夷陵之战研究》，中州古籍出版社 2013 年版，第 208 页。

按：与累死坡传说一样，不能排除其民间附会成分，但它却形象地反映了猇亭之战中蜀军狼狈不堪的情状，有可能是真实的民间记忆的残留。

马鞍山

马鞍山，山名，在今长阳县磨市镇境内，东西长 10 余公里，南北宽约 3 公里，山之东端东距磨市镇政府所在地约 5 公里。

《长阳县地名志》云："马鞍山：位于长阳县东南部，为平洛和磨市公社所辖。东起马磨河，西至平洛河，南起晓麻溪，北抵清江及车溪沟。……马鞍山地势险要，为历史上兵家必争之地。据清道光本《长阳县志》记述，三国时，连营兵败后，刘备曾令部将马良驻师马鞍山，慰五溪蛮，由僻径返川。今马鞍山东有大营头、小营头，相传为刘备部将扎营之地；驻马溪为刘备牧马之处；擂鼓坡为当年鼓手擂鼓之所；还有落阵岭，相传连营之战，打到此处才落阵，等等。长阳清代著名文人彭淦有诗曰：'群峰连沓倚空蒙，俯视荆宜一气中。绝壁人随云下上，清江天堑蜀西东。斜阳细草迷残垒，古道寒烟锁故宫。吴汉当年争战地，车书今见人方同。'"①

按：磨市镇民间传说此马鞍山既是刘备驻营地，亦是兵败之地，与史籍记载相吻合。《三国志·陆逊传》曰："（陆逊）敕各持一把茅，以火攻拔之。一尔势成，通率诸军同时俱攻，斩张南、冯习及胡王沙摩柯等首，破其四十余营。备将杜路、刘宁等穷逼请降。备升马鞍山，陈兵自绕。逊督促诸军四面蹙之，土崩瓦解，死者万数。"② 毫无疑问，马鞍山是一个三国历史地名。但三峡地区大小马鞍山不下二三十座，刘备兵败的马鞍山究竟在何处呢？宋元以来学术界多认为刘备兵败于江北夷陵县马鞍山，但显然是不符合史实的。《三国志·先主传》载："（章武二年）二月，先主自

---

① 长阳县地名志领导小组编：《长阳县地名志》(内部资料)，1982 年，第 686~687 页。

② 陈寿：《三国志》卷五十八，裴松之注本，中华书局 2000 年版，第 995 页。

秭归率诸军进军，缘山截岭，于夷道猇亭驻营，自佷山通武陵，遣侍中马良安慰五溪蛮夷，咸相率响应。镇北将军黄权督江北诸军，与吴军相拒于夷陵道。"①《三国志·黄权传》载："先主不从，以权为镇北将军，督江北军以防魏师；先主自在江南。"②司马光《资治通鉴》卷六十九："汉主不从，以权为镇北将军，使督江北诸军；自率诸将，自江南缘山截岭，军于夷道猇亭。"③

诸多原始史籍记载表明，夷陵之战期间，刘备率蜀军主力在江南夷道县猇亭境内驻营和作战，猇亭是双方对峙和吴军发起火攻的前沿阵地，而马鞍山下应是刘备坐镇指挥之地，两地之间的距离不会太远。陆逊在猇亭以火攻一举击溃蜀军，溃散蜀军逃向马鞍山，其时尚有数万人马。陆逊不给蜀军喘息之机，督促吴军迅猛围攻马鞍山，在蜀汉将军或战死猇亭，或被迫投降，建制被打乱的情况下，逃窜至马鞍山的数万蜀军便很快失去了战斗力。长阳磨市镇马鞍山方圆数十里，横跨东西，足可以容纳数万人马作战。从磨市镇民间若干地名传说故事看，马鞍山一带极有可能是刘备驻营和兵败之地。清代方志亦多有记载，如前述康熙十二年（1673）纂修《长阳县志》载云："马鞍山：刘昭烈曾安营于此。"同治版《宜昌府志》卷二《山川》载云："马鞍山：（长阳）县西南三十里，山极高大，宽广约数十里，中峰突起，自宜都望之，形如伏马，相传汉昭烈驻师于此。"

猇亭火攻战是刘备伐吴之战的关键转折点，而马鞍山之战则又是蜀军主力被彻底击败的一场大战。除了《陆逊传》记载了蜀军在马鞍山"土崩瓦解"的惨状之外，蜀将傅肜的英勇战死也露出了端倪。《三国志·邓张宗杨传》云："义阳傅肜，先主退军，断后拒战，兵人死尽，吴将语肜令

---

① 陈寿：《三国志》卷三十二，裴松之注本，中华书局2000年版，第663页。
② 陈寿：《三国志》卷四十三，裴松之注本，中华书局2000年版，第773页。
③ 司马光：《资治通鉴》卷六十九，中华书局1956年版，第2200页。

降，肜骂曰："吴狗！何有汉将军降者！'遂战死。"① 在马鞍山战败前，刘备还想试图凭借手中数万兵马以扭转战局，但在吴军凌厉的攻势下很快方寸大乱，被歼灭和投降者数万，迫使刘备率残部突围逃窜。蜀将傅肜负责断后，陷入吴军重围，拒不投降，最后英勇战死。毋庸置疑，蜀军在马鞍山之战中打得十分惨烈，不可能不在当地民间留下深刻记忆。磨市镇马鞍山所处的地理方位和若干传说故事，与魏晋原始史籍记录大体吻合，应是一处可信的三国战场。

走马岩、马蹄岩

走马岩，山岩名，又叫马蹄岩，在今长阳县磨市镇马鞍山上，东偏北距磨市镇所在地约 8 公里。

刘明春编《长阳地名传奇》云：刘备被困马鞍山，急于寻找突围线路，"骑着马在悬岩边走来走去……形成了许多马蹄窝，至今仍叫马蹄岩"②。

按：刘备失利于猇亭的时间是蜀汉章武二年（222 年）闰六月，即相当于今天七八月间。这个时间是夷陵地区（今宜昌）天气最炎热的时节，陆逊重兵围困退守马鞍山上的刘备，一定会采取断绝水源的措施，致使蜀军不战自乱。局势对刘备越来越被动，如果不及时突围冲下马鞍山，就有被活捉之危险。刘备骑着马在马鞍山四周寻找突围之路，走来走去，心急如焚，以致留下了一串深深的马蹄印，当地百姓称之为"走马岩"，又称"马蹄岩"。同治版《宜昌府志》卷二《山川》载曰："走马岩：（长阳）县南二十二里，坑窝俨然马蹄，或云汉昭烈帝曾走马于此。"③ 同治版

---

① 陈寿：《三国志》卷四十五，裴松之注本，中华书局 2000 年版，第 805 页。

② 参见刘明春编：《长阳地名传奇》，鄂宜图内字［1998］第 22 号，第 95~96 页。

③ 《中国地方志集成·湖北府县志辑》影印本第 49 册，江苏古籍出版社 2001 年版，第 68 页。

《长阳县志》卷一《山水》有相同说法。走马岩传说传奇色彩较浓，但它较为真实地反映了刘备被困马鞍山的窘况，具有一定的历史可信度。

瞎马堰

瞎马堰，堰塘名，在今长阳县磨市镇黄荆庄村境内，位于磨市镇政府所在地东北约 14.5 公里处。

刘明春编《长阳地名传奇》云：刘备前线军队被陆逊一把大火烧得惨败，蜀军潮水般向西北退却。一匹独行马朝黄荆庄颠来，马鬃、尾毛全不见了，双眼也被熏瞎。瞎马一会儿从路上栽倒在田里，一会儿又撞到田埂上，最后竟一蹦一跳地栽进一口堰塘里，发出最后一声哀鸣后，终于陷入深深的淤泥中死去，将干净的堰塘水弄得污臭不堪。从此，这口堰塘便得名"瞎马堰"了①。

按：瞎马堰故事不能排除民间附会成分，但它形象地反映了猇亭之战中蜀军遭受重创的惨烈悲剧，有可能是民间代代相传的历史记忆的残留。

四、传说刘备与蜀军逃亡的三国地名

从长阳县磨市镇马鞍山至长阳县贺家坪镇堡镇坳两百多里的地域内，民间广泛流传着许多有关刘备及蜀军兵败猇亭后仓皇败退的地名故事，相当真实而集中地反映了刘备自东南向西北夺命逃亡的大体线路。

歇马台

歇马台，台名，在今长阳县磨市镇花桥村境内，位于马鞍山之北约 7 公里处，其东偏南约 1.5 公里处即望山亭。

---

① 参见刘明春编：《长阳地名传奇》，鄂宜图内字［1998］第 22 号，第 98~99 页。

毛正寿主编《夷陵大战主战场遗址考》云：歇马台地处夷道县（今宜都市）至很山县（今长阳县都镇湾镇）古驿道的南侧，是一堆巨石垒起的一个高于周边的大平台，后世在台上建有灵守寺。传说此处是蜀军粮草物资转运地，因处在马鞍山后方，刘备留有兵马守护。刘备从马鞍山突围后一路向西北仓皇逃去，来到此处已是人困马乏，守护粮草物资的军士劝刘备在此歇马。刘备站在高台上一边休息，一边等候那些沿路阻击吴军而狼狈逃回的蜀军将士，心中焦虑不安。刘备作了短暂停留后，立刻带着残兵败将继续策马北行。后人便"将刘备兵败退逃时歇息之地叫做歇马台"[1]。

按：歇马台传说难免存在附会成分，它是否为刘备粮草物资补给站？不得而知。但歇马台位于马鞍山之北，是刘备从马鞍山突围出来后北归的必经之地，刘备在此等候败逃归来的将士亦属于情理之中。

叹气沟

叹气沟，小峡谷名，在今长阳县龙舟坪镇境内，位于磨市镇马鞍山之北约12.5公里处的清江南岸，江对岸即今长阳县政府驻地龙舟坪镇。

刘明春编《长阳地名传奇》云：刘备从马鞍山突围后向西北逃亡，在张苞、关兴的护送下来到一条小峡谷之中。小峡谷悬岩绝壁，羊肠小道，极难攀登。时值六月炎天，刘备疲惫已极，心情极度不好，张苞等将士找了一个石座扶刘备坐下喘息，刘备眼望那一线天似的峡谷和奔腾而下的瀑布，无心观赏。他思量当初来时的雄壮军威和压倒一切的气势，而如今却被陆逊火烧连营，落得个丢盔卸甲、狼狈而归，有何面目再见巴蜀父老？于是，刘备叹气连连。直至今天，人们把刘备仰天长叹的地方叫做"叹气沟"。[2]

按：张苞、关兴参加夷陵之战是《三国演义》虚构的故事，故而不能

---

[1] 参见毛正寿主编：《夷陵大战主战场遗址考》，鄂宜内图字2012年第64号，第97~99页。

[2] 参见刘明春编：《长阳地名传奇》，鄂宜图内字［1998］第22号，第99~100页。

排除叹气沟为小说衍生地名。但叹气沟位于马鞍山之北、清江之南，是刘备残兵败将渡江北归的必经之地，其地理方位与传说故事，同《三国志·陆逊传》所载刘备"吾乃为逊所折辱，岂非天邪"① 的长叹声与沮丧情绪相吻合。因而，叹气沟传说亦有可能是民间百姓历史记忆的传承，只是在《三国演义》流行于世后，人们又在叹气沟传说中掺杂了小说描写的人物故事。

永和坪

永和坪，坪地名，在今长阳县龙舟坪镇境内，现为长阳县城东郊，南距磨市镇马鞍山约 15 公里。

长阳民间关于"永和坪"的地名传说云：永和坪南临清江，北靠后山，东接白氏溪注入清江的"白氏雄关"，是一块依山临水的近千亩大坪。三国时期，刘备为了防止吴军逆清江而上来堵截蜀军后方，在南渡清江前于永和坪驻扎了一个大营，又在其周边的龙舟坪、花坪、桃坪、白氏坪各扎了一个小营，以监视清江下游动向并保障后方安全。当刘备在马鞍山遭到东吴大军的围攻时，永和坪一带的蜀军营寨也遭到来自清江下游的东吴水军的火攻。蜀军猝不及防，被吴军打得四处逃散。当刘备率残兵北过清江后，不仅没有得到清江北岸蜀军的有力接应，反而遭到江北吴军的截杀，刘备只得领着败兵仓皇逃向西北的州府口（今长阳县高家堰镇政府驻地）。后来，"人们便将吴军引火烧营的地方称为'引火坪'；再后来，为求吉祥，人们将它改叫'永和坪'。而在引火坪周围，吴军同时引火烧营的地方不止一处，所以引火坪又被人们分为'上引火坪''下引火坪'等"②。

按：引火坪传说，不排除深受《三国演义》描写"火烧连营七百里"故事的影响。但吴军在六月炎天里采用火攻是最奏效的进攻战术，《三国

---

① 陈寿：《三国志》卷五十八，裴松之注本，中华书局 2000 年版，第 995 页。

② 王前程：《夷陵之战研究》，中州古籍出版社 2013 年版，第 210 页。

志》等史籍记载刘备"处处结营",诸多军营在吴军反攻中被烧毁,因而长阳引火坪传说应具有一定的历史可信度,可能源自民间百姓的历史记忆。

交战头

交战头,山冲名,亦村落名,在今长阳县高家堰镇木桥溪村境内,位于高家堰镇政府所在地西偏北约 2 公里处,东南距磨市镇马鞍山约 46 公里。

《长阳县地名志》云:"交战头:50 人,州府口村西偏北 2 公里,村以传说是古战场的上端得名。"①

按:《长阳县地名志》并未指明古战场的时代和交战对手,但长阳民间却传说刘备在清江北岸引火坪等地被吴军追击,急匆匆沿着归夷驿道(秭归县至夷道县之驿道)向西北方向奔逃,一路士气低落,辎重丢弃无数。刘备来到一座山下,登山察看四周地形,看见山头西北有一条口袋形的山冲,是一处伏击敌人的绝佳之地,于是刘备决定在此给吴军迎头痛击,以鼓舞蜀军士气。岂料精明的吴军赶来,隐隐察觉到了前面的危险,因而一面派小股军士大摇大摆地朝山冲行进,一面派精兵迅速迂回穿插到蜀军侧翼,形成两面夹击之势。当蜀军向山冲里的吴军发起猛攻之后,迂回穿插的吴军从蜀军侧后发起进攻,受到夹击的蜀军顿时方寸大乱。刘备无心恋战,带着残兵败将逃命而去。从此,人们将吴蜀两军交战过的山冲叫做交战头。

交战头传说很难排除民间附会因素,但它确实处在当年刘备败退的线路上,从军事常识和复杂地形上看,刘备在两个多月的大撤退中,不可能一路狂奔,只能是边打边撤。所以,交战头等地名传说又具有一定的历史真实性。

---

① 长阳县地名志领导小组编:《长阳县地名志》(内部资料),1982 年,第 115 页。

马回溪

马回溪，溪流名，在今长阳县贺家坪镇五爪观风景区境内，与高家堰镇交界，西南距贺家坪镇政府所在地约 12.5 公里，东南距磨市镇马鞍山约 62 公里。

刘明春编《长阳地名传奇》云：传说刘备自马鞍山败退下来，一路上马不停蹄，急速西退。刘备人马慌不择路，顺着一条溪流一路走下去，山谷越来越窄，两边山峰越来越陡，路也高一脚低一脚十分难走。刘备渐渐觉得走得不对头了，他出川时也是走这条线路，可没见过这么难走的路呀？可又一想，本是沿丹水进来的，应该不会有错。于是继续往峡谷深处钻去，直到被千仞石壁挡住了去路，才知道确实走错路了！原来他们已钻进了丹水的一条小支流，一直走到了源头处五爪观了，这里像一个深桶的底部，四周石壁高耸，瀑布从石壁间飞落，已无路通行了。刘备只得回转马头，沿着溪流朝谷口往回走，最后找到了走岔的路口。"刘备误入深谷、拨马回头的小溪沟直到如今仍叫马回溪。"[1]

按：如前所述，《长阳县地名志》说马回溪得名于关羽兵败此溪，但查阅史籍记载，关羽在佷山县（今长阳县）境内并无同敌作战的经历，恰与刘备兵败逃亡经历相吻合。但马回溪得名于刘备走岔而回马的传说，也应掺杂了民间附会成分。所说丹水指清江北岸的支流北丹水，从《水经注》记述可知：魏晋南北朝时期这条清江北岸的支流应未称作"丹水"，清江南岸的最大支流被称作"丹水"，明清时期改称"汉洋河"，今习称"渔洋河"，发源于今宜昌市五峰县，自西南向东北流经宜都市区北郊注入清江。称清江北岸支流为"丹水"应是近代以来的事。但清江北岸的丹水确实位于刘备败逃秭归的线路上，因而这个地名传说又具有一定的历史可信度。

---

[1]　参见刘明春编：《长阳地名传奇》，鄂宜图内字［1998］第 22 号，第 101～102 页。

点军河

点军河，河名，又名点兵河，在今长阳县高家堰镇境内，位于高家堰镇与贺家坪镇交界处，东南距高家堰镇政府所在地约 10 公里，距磨市镇马鞍山约 60 公里。

刘明春编《长阳地名传奇》云：传说刘备误入马回溪，从绝路之处拨马回头，三四里路便回到了走错的丹水岔口。此时人困马乏，上下神情沮丧，刘备便令将士们在稍稍平坦一点的溪河边歇息。刚坐定便有人慌忙报告，说有一队兵马并无旗号，顺河边飞奔而来。刘备急忙站起身准备上马迎战，往丹水下方一瞄，见那支人马零落不堪，原来是各路被打散的士卒，在关兴的带领下撤到此处。刘备见关兴归来，又增加了一些人马，心中稍安，便命令身边随从点检蜀军人数，并进行了重新整合，继续向堡镇进发。"刘备遇见关兴、整合点检军队的地方，后人即名为点军河。"①

按：与马回溪一样，点军河得名于刘备点检军队人数的说法较为合理。虽然点军河传说夹杂关兴故事乃明显受《三国演义》影响所致，但那只是明清时期民间百姓的添油加醋而已。点军河传说与刘备兵败猇亭、蜀军仓皇败退的情形相吻合，有着较为可信的历史真实性。

跌马坡

跌马坡，山坡名，亦村落名，在今长阳县贺家坪镇堡镇村境内，位于贺家坪镇政府所在地西约 8 公里处，东南距磨市镇马鞍山约 95 公里。

《长阳县地名志》云："跌马坡：50 人，下堡子村东南 1.7 公里，以村处山坡、相传三国时刘备的战马在此跌过跤得名。"② 刘明春编《长阳地名传奇》亦云：刘备带领残兵败将快到堡镇坳时，遇上了一场大暴雨，路

---

① 参见刘明春编：《长阳地名传奇》，鄂宜图内字［1998］第 22 号，第 102~103 页。

② 长阳县地名志领导小组编：《长阳县地名志》（内部资料），1982 年，第 88 页。

面如同一盆稀泥巴。为了彻底摆脱吴军追杀，刘备催促人马继续雨中赶路。在过一段斜山坡时，因坡陡路滑，许多战马滑到山沟里摔死了。部下急问刘备：是否歇一歇，等雨停了再走？刘备惨淡一笑："此地不可久留！我们难走，陆逊他们也难走！"刘备人马过后，陆逊兵马也打着"陆"字旗号一路追杀而来，照样摔死了好几匹马。从此，后人把这段陡山坡，叫做"跌马坡"①。

按：跌马坡传说亦不排除民间附会成分，但故事提及的堡镇坳，处在长江三峡之南施宜古道（施州至宜昌，即今恩施至宜昌）和归夷古道（秭归至夷道，即今秭归至宜都）的交汇处，无论刘备从归夷古道回川，还是从施宜古道回川，堡镇坳一带是其必经之地。从《三国志》之《先主传》等文献记载看，刘备走的应是归夷古道，是经堡镇坳向北经板桥沟（今秭归县杨林桥镇境内）撤退至秭归的，故而跌马坡传说应具有一定的历史真实性。

火烧坪

火烧坪，山坪名，今为乡名，即今长阳县火烧坪乡政府驻地，东偏南距长阳县城约 95 公里，多为曲折山路。

刘明春编《长阳地名传奇》云：吴蜀夷陵之战时，"刘备有相当一部分人马驻扎在火烧坪一带"，最后遭到陆逊一支精兵追杀，坪地营寨被烧毁②。长阳一则民间传说云：据说驻扎在佷山县（今长阳县都镇湾镇）的蜀军，闻知刘备突围北撤后，他们也北渡清江经鸭子口向西北方向撤退，陆逊派遣一支人马乘胜追击。当蜀军在一处大坪上宿营时，吴军悄悄摸到营寨前，四面放火烧营，一时间不知吴军究竟来了多少人马，已成惊弓之鸟的蜀军仓皇逃窜，丢弃军械粮草无数。后人便将此处称作"火烧坪"，

---

① 参见刘明春编：《长阳地名传奇》，鄂宜图内字［1998］第 22 号，第 103～104 页。

② 参见刘明春编：《长阳地名传奇》，鄂宜图内字［1998］第 22 号，第 104～105 页。

此地名一直沿用至今。

按：火烧坪与清江北岸重镇资丘镇毗邻，东南距佷山县城（今长阳都镇湾镇）亦不过八十里，刘备大军南下清江流域进攻宜都城，自会留下一支军队驻扎于佷山县城。猇亭、马鞍山大败后，驻营于佷山县城的蜀军向西北撤退走火烧坪一带是最便捷的路径。火烧坪传说虽不免民间附会成分，但从地理方位和刘备败绩江南的史实来看，其历史可信度较高。

观包

观包，山包名，又称冠包，在今长阳县火烧坪乡境内，位于火烧坪乡政府所在地西北约8公里处。

刘明春编《长阳地名传奇》云："吴军由火烧坪火烧蜀营之后，乘胜追击，追至小峰垭"，小峰垭八里山坡下是观包。观包是一处圆圆的小山包，夹在两山之间，像一顶七品芝麻官的纱帽，当地有人称之为"冠包"。吴军快追至冠包时，突然惊叫起来，冠包顶上现出一尊巨大的身影，脸阔髯长，大刀横槊，有排山倒海之势，吴军见之吓得纷纷倒退，败逃的蜀军将士才安全脱险。原来是关云长突然在此显灵，救了危急中蜀军将士。后来吴蜀两国握手言和，蜀汉军士在山上"修了一座纪念关羽显圣退吴兵的寺庙，是为观包"[1]。观包，即庙宇的意思，道教寺庙称观。

按：传关羽显灵事始于南北朝隋唐时期的宗教界（佛教、道教均争相神化关羽），明初小说《三国演义》还生动地描写了猇亭之战中关羽显圣杀潘璋的情节。长阳民间传说关羽显圣救蜀兵的故事，显然是受了《三国演义》的影响，不足为信，而且猇亭之战后吴蜀虽然和好相处，佷山县归属吴国管辖，不大可能让蜀汉军士来佷山县境修建纪念关羽的寺庙。但小峰垭一带是古佷山县通往秭归的一条山道，败退的蜀军将士经过这一带确实存在可能性。可见，观包既是一处后世附会的关公文化遗迹，也是一处

---

① 参见刘明春编：《长阳地名传奇》，鄂宜图内字［1998］第22号，第104~105页。

记述蜀军逃亡的三国地名。

五、传说其他三国英雄行踪的三国地名

历史上的猇亭之战是吴蜀两大政治军事集团之间的生死之战，刘备、陆逊是作战双方的军事统帅，马良则是蜀汉参战将帅中战死的职位最高的文官，故而长阳民间除了流传大量有关刘备行踪以及猇亭战火的三国地名之外，还传扬着陆逊、马良等其他一些著名三国英雄人物的地名故事。

陆溪

陆溪，又称陆水，溪水名，上接驻马溪，下连下溪，在今长阳县磨市镇芦溪村境内，与宜都市五眼泉镇交界，东距五眼泉镇政府所在地约 3 公里。

刘明春编《长阳地名传奇》云：夷陵之战中刘备与陆逊在今长阳县与宜都县交界一带对峙，刘备的骑兵驻扎在驻马溪，而"陆逊的大量兵马就埋伏在离驻马溪不远的地方，现叫陆溪"①。毛正寿主编《夷陵大战主战场遗址考》云：发源于马鞍山的一条溪流，自西向东流入清江，溪流的上游称驻马溪，下游称下溪，汇入清江口处叫下溪口，溪流的中游"是东吴陆逊的抗蜀大军前锋阵地，此后人们叫它陆溪"②。

按：秦汉三国时期陆溪应隶属夷道县辖地，今属长阳县磨市镇，紧邻宜都市五眼泉镇地界。民间传说夷陵之战时，陆逊曾部署精兵驻扎于此溪一带，负责监视蜀军动向和保障吴军侧翼安全，后来人们称此溪为"陆溪"。中华人民共和国成立前一直称为"陆溪"，现写作"芦溪"，今长阳磨市镇有芦溪村。《长阳县地名志》解释"芦溪"云："溪水两岸，芦苇丛

---

① 参见刘明春编：《长阳地名传奇》，鄂宜图内字［1998］第 22 号，第 94 页。

② 参见毛正寿主编：《夷陵大战主战场遗址考》，鄂宜内图字 2012 第 64 号，第 173~174 页。

生，得名芦溪。又因常有鹿群出没，亦名鹿溪。"① 此说不可信，一条河流处处丛生芦苇，何以中游称"芦溪"而上游称"驻马溪"，下游又称"下溪"？长阳县境内古代山高林密草深，多虎豹豺狼，几乎没有野鹿群生存的空间，何来因鹿群出没而得名？

关于"陆溪"地名演变问题，长阳县谭从炳、张哲年、詹祖益等地方学者曾数次深入磨市镇芦溪村走访调查，在调查中获得了三条可供佐证的信息和材料：第一，祖辈言传。年已九十余岁的刘祥麟老人介绍说：他家世代住在溪边，一直叫此溪为"陆水"，陆水周边的地域叫"陆溪"，是三国陆逊驻军之地。第二，墓碑物证。刘祥麟老人提供了一个物证：他家一里开外，有一座清朝进士刘元恺的墓碑，碑文中有"陆溪"字样，墓联中有"陆水"字样。此墓碑如今尚在，"陆水"等字样清晰可见，足以证明清代芦溪原本叫"陆水"，这块地域原本叫"陆溪"。第三，信件地址。民国时期刘祥麟曾在宜昌城里读书，所写家信地址是：长阳县磨峰乡第四保陆溪刘祥麟家中收②。将"陆溪"改成"芦溪"，是解放以后大队干部在书写地名时随意书写或笔误的结果。可见，芦溪本名陆溪、因陆逊驻军而得名的说法是比较可信的。

陆字坳

陆字坳，山坳名，在今长阳县磨市镇三口堰村境内，与宜都市五眼泉镇交界，东偏南距五眼泉镇政府所在地约3公里，西北距磨市镇政府所在地约6.5公里，与陆溪紧邻。

毛正寿主编《夷陵大战主战场遗址考》云：陆字坳位于陆溪之东不远处，此处有两个山包相对峙，中间有一个坳口便是陆字坳。传说刘备大军初来猇亭时攻势凶猛，陆逊为了避免硬碰硬，一方面派遣一支精兵进驻陆

---

① 长阳县地名志领导小组编：《长阳县地名志》（内部资料），1982年，第763页。

② 参见毛正寿主编：《夷陵大战主战场遗址考》，鄂宜内图字2012第64号，第173~177页。

溪以牵制蜀军，一方面将吴军主力撤至险隘处防守。为了摆脱紧追的蜀军，陆逊吩咐手下在山坳的小坪地上遍插"陆"字旗，以迷惑蜀军。蜀军得知吴军主力后撤后，立刻发起迅猛追击，当追至山坳时发现了遍插的"陆"字旗，便犹疑不决。过了半天才派尖兵发起冲锋，结果吴军无一人应战，原来不过是一个疑兵阵。陆逊巧设疑兵阵，顺利将吴军主力撤到有利防线，未损一兵一卒。从此，人们将这个山坳称作"陆字坳"，并一直流传下来。①

按：陆字坳传说不排除民间附会成分，但陆字坳、陆溪等地并非因陆姓人口聚居而得名，又与小说《三国演义》毫无关联，且符合陆逊行事缜密、善用疑兵布阵的特征。陆字坳等地名传说很有可能源自世代相传的历史记忆。

陆字坪

陆字坪，山坪名，亦村落名，又叫炉子坪，在今长阳县贺家坪镇堡镇村境内，在跌马坡之西，紧邻贺家坪镇与榔坪镇交界处。

刘明春编《长阳地名传奇》云：刘备人马才过跌马坡，陆逊的兵马便打着"陆"字旗号一路追赶而来。来到跌马坡，坡陡路滑同样摔死了好几匹马。陆逊总算追过了跌马坡，来到一块较为平坦的山坪，望见前面全是高山深壑，担心天色已晚再追下去会遭不测。于是，下令将士在山坪东侧扎营，多树"陆"字旗震慑蜀军以免遭夜间劫营。从此，那块山间小坪地便被人们称作"陆字坪"，后世又讹为"炉子坪"②。

按：《三国志》并未详细记录陆逊追杀刘备的具体路线，堡镇陆字坪一带处在大山深处，陆逊是否经过此地，实难为信据。但从《陆逊传》等文献记载看，陆逊统兵作战多亲临前线，堡镇一带位于夷道县通往秭归县的转折处，战略位置十分重要，陆逊亲临此处的可能性确实存在，陆字坪

---

① 参见毛正寿主编：《夷陵大战主战场遗址考》，鄂宜内图字 2012 第 64 号，第 181~182 页。

② 参见刘明春编：《长阳地名传奇》，鄂宜图内字［1998］第 22 号，第 104 页。

应是一处具有一定历史可信度的三国地名。

马连坪

马连坪，坪名，亦村名，在今长阳县鸭子口乡马连坪村境内，位于马连溪东岸，东南距鸭子口乡政府所在地约 9 公里。

《长阳县地名志》云：马连坪村辖六个村小组，均称马连坪，"传说原名马良坪，系三国时，刘备战陆逊，派马良回蜀，路经此处宿营得名。后因此片村在马连溪边，更名为马连坪"①。

按：秦汉三国时期，三峡地区山高水深，巴楚之间路途艰险难行，刘备派马良从猇亭回川向诸葛亮汇报前线情况之后又折回猇亭，是小说《三国演义》的虚构，不足为据。长阳民间传说马良坪得名于马良回蜀时临时宿营，实受《三国演义》虚构故事影响而以讹传讹。但马良坪得名于马良行踪确有可能。《三国志·先主传》载："（先主）于夷道猇亭驻营，自佷山通武陵，遣侍中马良安慰五溪蛮夷，咸相率响应。"② 《三国志·马良传》亦载："先主称尊号，以良为侍中。及东征吴，遣良入武陵招纳五溪蛮夷，蛮夷渠帅皆受印号，咸如意指。"③ 东汉三国时期，侍中常常由皇帝亲信充任，侍从皇帝左右，出入宫廷，参与朝廷军政大事。可见，马良颇得刘备信赖。刘备伐吴之初，武陵郡蛮夷部落纷纷遣使表示支持，故而刘备派遣得力大臣马良亲自前往五溪蛮夷地区（涵盖今湘西和鄂西南清江中上游地区），联络部族渠帅共同出兵伐吴及筹措蜀军粮草、解决后勤保障等问题。

由《先主传》等历史文献记载可知，刘备遣马良前往蛮夷地区的出发地应是佷山县城。佷山县城故址在今长阳县都镇湾镇政府驻地附近，现淹没于长阳县隔河岩水库之下。马良坪位于古佷山县城之西约二三十里处，

---

① 长阳县地名志领导小组编：《长阳县地名志》（内部资料），1982 年，第 326 页。

② 陈寿：《三国志》卷三十二，裴松之注本，中华书局 2000 年版，第 663 页。

③ 陈寿：《三国志》卷三十九，裴松之注本，中华书局 2000 年版，第 730 页。

而武陵蛮夷部落位于佷山县西南方向，马良坪当是马良前往武陵蛮夷地区途中歇息或联络蛮夷部族的第一站。马良最终目的地是山高路险的湘西，佷山县与湘西地区相距五六百里，马良深入各地蛮夷部族授予渠帅印号，商讨共同伐吴相关事宜，加之路途往返，至少需要耗时两三个月。如果他从湘西返回夷道猇亭又被刘备派回蜀地，再返回夷道并战死于前线，这又需要多长时间呢？因此，马良坪得名于马良回蜀宿营的说法不可信，但它确有可能得名于马良前往湘西联络蛮夷部族时曾宿营于此地，是一处具有较高历史可信度的三国地名。

救师口

救师口，小山口名，亦村落名，又称"救主口"，在今长阳县磨市镇境内，东偏北距磨市镇政府所在地约 1 公里，西距大营头约 1.5 公里。

刘明春编《长阳地名传奇》云：马良回蜀向诸葛亮汇报情况后，诸葛亮命马良速返前线救刘备。马良点了精兵数千直奔马鞍山，正逢陆逊重兵围困刘备于马鞍山，马良如神兵天降，杀开一条血路，使得刘备乘机脱险。"至今，马良神兵天降的马磨河一段，因马良飞兵救皇叔的缘故而叫做救师口。"[1] 磨市镇一则民间传说故事则云：传说刘备被困马鞍山上，形势十分紧急，正为如何突围犯愁。这时，马良带着一支蛮兵从武陵赶来，得知刘备被吴军团团围困在马鞍山上，便率领蛮兵从外围向吴军发起攻击，吸引了大量吴军前来堵截。刘备在山上望见山下救兵来到，便指挥手下乘势杀下马鞍口，两军在马鞍口外拼死冲杀，杀得尸横遍野，蜀军终于杀开一条血路，刘备带着残兵败将向西北方向逃去。这是一场地地道道的恶仗，军士死伤无数，至今救师口百姓中尚流传着"尸骨堆成山，人马塞满槽"的民间谚语，讲述了当年马良救主、刘备突围时吴蜀双方拼杀后的惨景。由于马良的救援，使得刘备最终脱险，后人便将马良向吴军发起进

---

[1]　参见刘明春编：《长阳地名传奇》，鄂宜图内字〔1998〕第 22 号，第 97～98 页。

攻的地方称作救师口。"据救师口民间传说，这地方原本不叫救师口，而叫'救主口'。后来，有些文人雅士认为，把刘备惨败的地方叫成地名很不吉利，不如将它改成'救师口'，即拯救王师之地的意思。"①

按：救师口传说无疑接受了《三国演义》的影响，但所述吴蜀双方厮杀的惨烈场景与《三国志》之《陆逊传》中"逊督促诸军四面蹙之，土崩瓦解，死者万数"的记载相符，应是一处具有较高历史可信度而民间又掺杂了小说故事的三国地名。

诛陆溪

诛陆溪，溪名，亦村落名，今名株木溪，在今长阳县磨市镇磨市村境内，位于磨市镇政府所在地东偏北约5.5公里处。

毛正寿主编《夷陵大战主战场遗址考》云：诛陆溪是一条南北向的小溪，其北端有一山坳，当地人称"倒坡坳"。马良在救师口勇救刘备之后，率部向东北方向撤退以分散追击刘备的吴军。一支吴军对马良所部穷追猛打，数百名蜀军弓箭手预先伏在山坳两边的山头上，当吴军追至倒坡坳时，数百支箭一齐射出，吴军士兵纷纷倒下，尸体塞满山坳。"从此，这条溪因堵住陆逊吴军的追赶而留下了一个叫'诛陆溪'的地名，意即陆逊部队遭到诛灭的地方。"后来东吴统管佷山、夷道等县，吴国官员忌讳"诛陆溪"之名，便"把诛陆溪改为'株木溪'"②。

按：株，指树木的根、茎或指"一棵树"。"株木溪"的叫法不大合乎情理，实不如"诛陆溪"含义明确，存在人为更改的可能性。诛陆溪是否得名于马良所部成功伏击陆逊吴军，无法找到原始文献依据，但马良为了减轻刘备北撤的压力而率部向东北方退却的行动合乎军事常理，诛陆溪故事有可能是民间历史记忆的留存。

---

① 王前程：《夷陵之战研究》，中州古籍出版社2013年版，第210页。
② 参见毛正寿主编：《夷陵大战主战场遗址考》，鄂宜内图字2012第64号，第135~136页。

釜烂滩

釜烂滩，滩名，在今长阳县磨市镇南岸坪（今南峰坪）村境内，位于磨市镇东北角清江南岸，西南距磨市镇约 16 公里，其清江北岸为宜都市地界。

刘明春编《长阳地名传奇》云：马良解救刘备之后，为了继续吸引吴军以减轻刘备压力，先自西向东再自南向北又向西北顺着清江的大弯道带着追击的吴军转了半个圈儿，来到一处江滩北渡清江。"马良命部下将所有的锅、釜、碗、盆后勤辎重全部扔在河滩上，只带一点轻武器，朝西北拼命追赶大部队，因为他以为拖延吴军的事已做完了。这些锅呀釜呀扔在河滩上被砸烂的地方，即后来之釜烂滩——清江下游的七十二滩之一。"①

按：釜烂滩传说明显存在民间附会成分，是否得名于马良砸烂釜碗器具，不得而知。但从地理方位上看，它吻合马良所部选择的撤退路线，合乎军事常理。

被难溪

被难溪，溪名，在今长阳县龙舟坪镇刘家冲村境内，全长约 7 公里，流经今宜都市西北部边界汇入清江，其源头处西南距长阳县城区约 13 公里，东偏南距清江南岸釜烂滩约 5 公里。

毛正寿主编《夷陵大战主战场遗址考》云："马良在清江北岸追赶西逃的刘备途中，遇上了在江北放火的吴军，经过一番厮杀，寡不敌众，在乱军中被杀，时年 36 岁。马良被杀的地点，至今名叫'被难溪'。"② 刘明春编《长阳地名传奇》亦有类似说法。

按：《三国志·马良传》曰："先主败绩于夷陵，良亦遇害。"③ 马良

---

① 参见刘明春编：《长阳地名传奇》，鄂宜图内字［1998］第 22 号，第 99 页。

② 参见毛正寿主编：《夷陵大战主战场遗址考》，鄂宜内图字 2012 第 64 号，第 144 页。

③ 陈寿：《三国志》卷三十九，裴松之注本，中华书局 2000 年版，第 730 页。

战死，是蜀汉在夷陵之战中损失的最重要官员之一。许多学者依据《马良传》的记述认为马良死于江北夷陵县，其实刘备主力在江南，马良亦应在江南，《马良传》所述"败绩于夷陵"可能是"败绩于夷道"之误。当然，夷陵县是两汉三国时期整个宜都郡的政治文化中心，陈寿亦有可能用"夷陵"来代指宜都郡。长阳民间传说被难溪是马良遇害所在，与马良退却路线吻合，也与史籍有关马良死于前线的记载一致，应是一处具有一定历史可信度的三国地名。

张飞过河一拳一脚

张飞过河一拳一脚，石壁名，在今长阳县龙舟坪镇孙家湾村境内，位于龙舟坪镇东端清江北岸，西南距长阳县政府所在地约 15 公里。

刘明春编《长阳地名传奇》云：吴蜀交战，蜀军大败，吴军从宜都向西追杀蜀军至南岸坪，一直追杀到清江边。蜀将张飞见吴军还在凶猛追杀，便怒火中烧，转身对江对岸的吴军大吼一声，朝岸边一堵石壁一拳一脚，轰隆两声巨响把吴军震得目瞪口呆，吴将见士卒惊魂未定，便下令退回夷道。从此，"张飞过河的地方，留下了一八个字地名：张飞过河一拳一脚"①。

按：历史上吴蜀军队在江南夷道县和佷山县境内交战只有猇亭之战，而张飞死于猇亭之战前，不可能在猇亭之战惨败后来到清江岸边扬威。张飞过河一拳一脚传说不过是一个虚构的文学故事，实为一处民间百姓随意附会的三国遗迹。

宝箭山

宝箭山，山名，亦村落名，在今长阳县龙舟坪镇黄家坪村境内，东南距长阳县政府所在地约 10 公里。

《长阳县地名志》云："宝箭山：……相传三国时，一大将在咬草岩山

---

① 参见刘明春编：《长阳地名传奇》，鄂宜图内字［1998］第 22 号，第 92 页。

上张弓射箭，一箭头落于村旁山头，得名宝箭山，村以山命名。"①

按：宝箭山传说中未指明射箭的三国大将是谁，这应是民间地名故事讲说者记不清故事主角的缘故。说宝箭山得名于一位三国大将射箭箭头落在村旁山头，实不足为信据，多半出自民间的随意附会。宝箭山可能因山上树木适宜制作弓箭而得名。

本章考述的长阳三国地名和三国文化遗迹共有 57 个（含同名异事地名和一地多名地名），其中，史籍记录过的三国历史地名 1 个，关公地名和遗迹 14 个，与刘备及蜀军相关的地名 33 个，与陆逊相关的地名 3 个，与马良相关的地名 5 个，与张飞及佚名将军相关的地名各 1 个。长阳县三国地名和三国遗迹中，关公地名和遗迹基本属于民间附会。与刘备、马良、陆逊相关的地名多达 43 个，大多具有较高的历史可信度，全部与猇亭之战紧密关联，而且绝大多数地名故事与小说《三国演义》并无因果关系，深刻表现了历史上猇亭之战在长阳县境内所产生的非凡影响力。特别值得一提的是有关马良的地名传说，在蜀汉英雄人物中，马良的知名度不算高，但在长阳民间却产生了不少以马良为故事主角的地名故事，这充分说明马良在猇亭之战中曾经发挥过重要作用，也充分说明猇亭之战发生于长阳和宜都地界的可能性极大。当然，确定历史上猇亭之战的具体方位仍需要得到古代文献和考古实物的进一步佐证。

---

①　长阳县地名志领导小组编：《长阳县地名志》（内部资料），1982 年，第 219 页。

第十章　兴山秭归等地三国地名

除了当阳、枝江、宜都、远安、长阳、夷陵、点军、猇亭等市县区外，宜昌市还辖有兴山、秭归、五峰三县。兴山县位于宜昌市西北部，秭归县位于宜昌市西部，五峰县位于宜昌市西南部，三县均为典型的山区县，山高水深，层峦叠嶂，地广人稀，交通不便，故而流传下来的三国地名和三国文化遗迹相对偏少。但秭归、兴山等地地处长江三峡腹地，乃三国时期吴蜀争夺的焦点之一，依然留下了一些三国英雄行踪足迹的地名传说。秭归、兴山二县地理方位参见图10-1。

一、兴山县三国地名

兴山县，地处湖北省西部、宜昌市西北角，东与宜昌夷陵区交界，南与秭归县毗邻，西与恩施州巴东县北部交界，北与神农架林区接壤，东北角与襄阳保康县相连。古夫镇为今兴山县政府驻地。兴山县属大巴山余脉，地处巫山山脉与荆山山脉之间。县内海拔2000米以上高峰有10余座，著名的有高岚山、万朝山、万福山、仙侣山、牛角大尖等，大体为西北向东南走向。东河、西河、夏阳河、高岚河等汇成香溪河水系，纸厂河、杜家河等汇成凉台河水系，两大水系自北向南在秭归县归州镇东西两侧注入长江。

两汉时期，兴山县属于秭归县北境，三国吴国永安三年（260），吴景帝孙休分秭归县之北界立兴山县。南北朝时期，合秭归县、兴山县置长宁

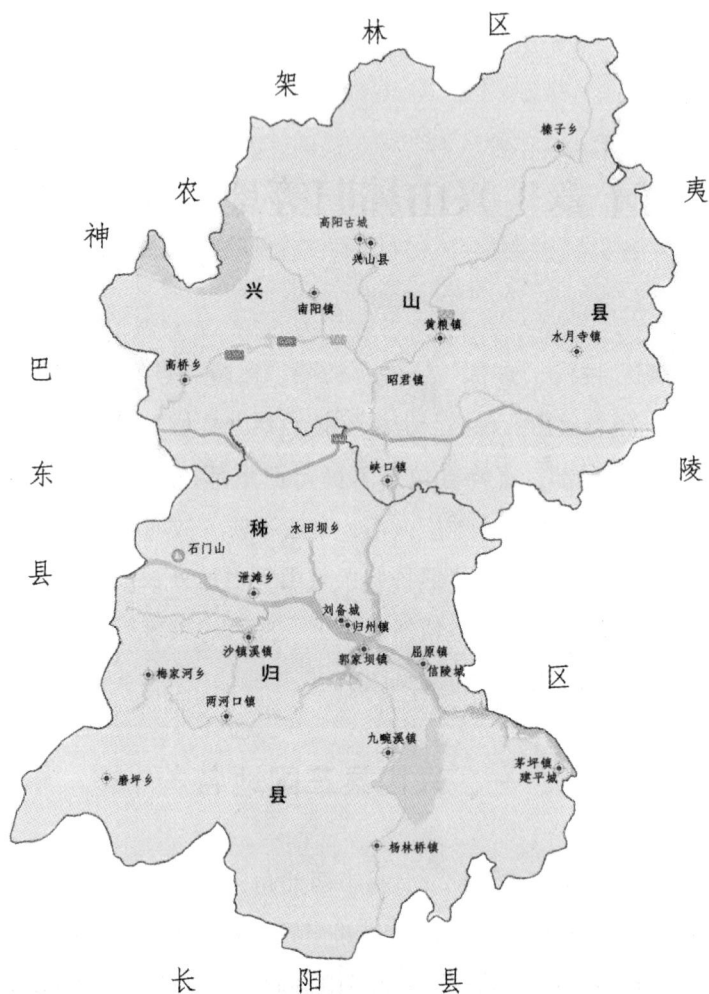

图 10-1　兴山县秭归县乡镇及部分三国地名方位示意图

县；隋朝开皇元年（518），改长宁县为秭归县，兴山县属秭归县地。唐朝
武德三年（620），再分秭归县置兴山县，并置归州，兴山县隶属归州。北
宋熙宁五年（1072），省兴山县入秭归县。明正统七年（1442），将兴山县
并入巴东县；成化七年（1471），复置兴山县，寻废；弘治二年（1489），
再置兴山县，隶属归州。清雍正十三年（1736）再置兴山县，隶属宜昌

府，今隶属湖北省宜昌市。中华人民共和国成立后兴山县辖区曾有过两次大的变化：1950 年，将秭归县西北角部分区域划归兴山县（即今兴山县高桥乡），1970 年将兴山县西北部新华等乡镇划归神农架林区。民间流传兴山县曾名"萧山县"，大概是明末清初抗清义军首领李来亨据兴山抗清期间所置，其县治为邓家坝县堂坪。从三国时期立县算起，兴山县断断续续至今已有近 1760 年的悠久历史。

兴山

兴山，县名，三国时期吴国置县，今县政府驻地古夫镇位于宜昌市城区西北约 132 公里处。

清同治七年（1868）纂修《兴山县志》（以下简称同治版《兴山县志》）卷一《沿革》云："吴永安三年分宜都置建平郡（《吴志·三嗣主传》）；吴景帝永安三年分秭归县之北界立兴山县，属建平郡（《吴志》）。"① 今编《兴山县地名志》释县名云："据《兴山县志》（光绪版）记：'兴山环邑皆山，县治兴起于群山之中，故名兴山。'"②

按：事实上，《吴志》（指《三国志·吴书》）记载了吴景帝分宜都郡置建平郡，但并未记载分秭归县北界立兴山县。《晋书·地理志》记载了建平郡辖巫、信陵、兴山、秭归、沙渠等八县，但未说明八县立于何时。《宋书·州郡三》认为兴山等县可能设置于吴永安三年（260）："建平太守，吴孙休永安三年分宜都立，领信陵、兴山、秭归、沙渠四县。晋又有建平都尉，领巫、北井、泰昌、建始四县。……信陵、兴山、沙渠，疑是吴立。"③ 后世历史地理著作均认可这一说法。

光绪版《兴山县志》解释兴山县得名的缘由，是源自宋人王象之《舆地纪胜》的说法，《舆地纪胜》卷七十四在"兴山县"条下云："兴山者，

---

① 政协兴山县委员会翻印：同治版《兴山县志》影印本，2017 年，第 111 页。
② 兴山县地名领导小组编：《兴山县地名志》（内部资料），1982 年，第 20 页。
③ 沈约：《宋书》卷三十七，中华书局 2000 年版，第 740 页。

环邑皆山也，县治兴起于群山之上，故名。"① 王象之说兴山县城兴建于群山之上，故名"兴山"。这个说法只是解释了兴山县城所在的高山地形。事实上，兴山含有"吴国兴旺于山中"之意。两汉三国时期盛行谶纬学，迷信符瑞之言，在设置或更改行政区划名时特别喜欢使用吉祥的名字，如"汉寿""宜都""魏兴""魏昌""吴兴""吴昌"，等等，可见吴景帝孙休设置兴山县等郡县时怀有一种期盼祥瑞的心理。孙休立"兴山县"，有历史原因也有现实原因，建安二十四年至二十五年（219—220），陆逊率部在秭归北界群山之中打过多次胜仗："又攻房陵太守邓辅、南乡太守郭睦，大破之。秭归大姓文布、邓凯等合夷兵数千人，首尾西方。逊复部旌讨破布、凯。布、凯脱走，蜀以为将。逊令人诱之，布帅众还降。前后斩获招纳，凡数万计。"② 房陵、南乡，均为汉县，汉房陵县与秭归县北界相邻，汉南乡县在南阳郡（今河南淅川县境内），刘备夺取汉中郡后应设置了房陵郡（含今湖北房县、竹山及陕西镇坪等县）和南乡郡（含今陕西西乡、镇巴、岚皋等县），两郡紧邻。"部旌"，即统领谢旌所部；谢旌，陆逊部将，骁勇善战。邓辅、郭睦是刘备任命的房陵太守和南乡太守，他们曾率部在秭归县北界与吴军作战，被陆逊打得大败。文布、邓凯，其事迹不详，应与房陵太守邓辅关系亲密，他们纠合数千蛮夷兵在秭归县与陆逊周旋，亦被陆逊统率谢旌所部打败，最后投降陆逊。《三国志·三嗣主传》载，吴永安三年（260），孙休"以会稽南部为建安郡，分宜都置建平郡"，裴松之注引《吴历》曰："是岁得大鼎于建德县。"③ 原来，吴国地方官在建德县（今浙江境内）从古墓中挖出了一个大鼎，进献于朝廷，这对于迷信皇权的孙休而言无疑是个好兆头，在设置新郡县时当然会以祥瑞吉兆为命名原则。建安郡、建平郡、兴山县等郡县的得名都同这种祈盼吉利的心理存在着密切关联。

---

① 王象之：《舆地纪胜》，中华书局1992年版，第2460页。

② 陈寿：《三国志》卷五十八，裴松之注本，中华书局2000年版，第994～995页。

③ 陈寿：《三国志》卷四十八，裴松之注本，中华书局2000年版，第856页。

今兴山县境内的高阳古城是吴国兴山县县治所在地，高阳城即兴山县驻地古夫镇之丰邑坪，位于香溪河支流东河西岸。同治版《兴山县志》卷一《古迹》云："高阳城：县西北四十里，今丰邑坪。《元和志》：楚自以为高阳氏裔，故名。《唐书》：兴山县旧治高阳城。"① 宋以后迁县治至高阳镇（现已改名为昭君镇），一直延续至今。2002 年兴山县驻地再迁至古夫镇，高阳镇（今昭君镇）位于古夫镇南 16 公里，故同治版《兴山县志》载高阳古城位于"县西北四十里"（今十六公里略等于古代四十里）。由此可知，"兴山"是典型的三国政区名。

歇马溪、三步垭、断缰坪

歇马溪，溪水名，亦村名，曾改名"快马溪"，在今兴山县古夫镇西郊大庙岭村境内，小溪长约 5 公里，自西向东流入古夫河。《兴山县地名志》云："歇马溪大队：相传三国名将关羽兵进四川，在此溪内休息饮马，故名。"②

三步垭，山垭名，在今兴山县古夫镇白竹场村境内，位于兴山县城区西偏南约 9 公里处，距离南阳镇地界不远。《兴山县地名志》云："三步垭：位于南阳公社白营大队白竹场东北 1 公里，海拔 1100 米，是南阳至古夫的要道。"③

断缰坪，坪名，在今兴山县黄粮镇庙塮村境内，与仁圣村交界，西偏北距兴山县城区约 20 公里。《兴山县地名志》云："断缰坪：位于店子东南 2.5 公里，村处于坪，传说关公骑马过此坪时，断了缰绳。村以坪得名。"④

按：歇马溪等地名传说故事不足为据。关羽兵进四川是在他败走麦城

---

① 政协兴山县委员会翻印：同治版《兴山县志》影印本，2017 年，第 183～184 页。

② 兴山县地名领导小组编：《兴山县地名志》（内部资料），1982 年，第 133 页。

③ 兴山县地名领导小组编：《兴山县地名志》（内部资料），1982 年，第 394 页。

④ 兴山县地名领导小组编：《兴山县地名志》（内部资料），1982 年，第 189 页。

之后，走的路线在今远安县境，至夹石（罗汉峪）回马坡一带遭吴军伏击被俘，关羽兵败麦城后应未到过今兴山县界。歇马溪等当属明清时期关羽信仰兴盛之后民间附会的关公地名。当然，不能排除建安十五年（210）前后关羽与曹魏大将乐进作战时到过歇马溪一带，而民间则误传为关羽兵败入川之时，因为兴山民间关于三步垭、断缰坪等地名传说与歇马溪似有关联性：关羽率部行经一处山坪，因催马加鞭赶路而致缰绳拉断，故名"断缰坪"。而关羽在歇马溪歇马后，其马健步如飞，三步跨过山垭，故名"三步垭"。断缰坪、歇马溪、三步垭三处地名可视为关羽一次军事行动足迹所到之地。

歇马墒

歇马墒，山坪名，亦村落名，在今兴山县水月寺镇老林湾村境内，北距水月寺镇政府所在地约 10 公里，西偏北距高岚风景区约 11 公里。

《兴山县地名志》云："歇马墒：位于老林湾村北 1 公里。传说关公骑马经过，在此歇马，村以墒得名。"[①]

按：如前所述，"墒"乃山间平地之意，与"坪"意基本相同而空间范围小于坪。山间出现一块较为平坦的草地，适宜于歇马休息，无论是军队还是从事山区运输的盐帮、马帮等常常会选择这样的地形歇息和牧马。歇马墒最有可能是山区盐帮、马帮等经常歇马之地，明清时期关公信仰盛行，民间将其附会到关羽身上。自然，与歇马溪等地名一样，亦不能完全排除历史上关羽曾率部到过此地的可能性。

百羊寨关庙碑

百羊寨关庙碑，庙碑名，在今兴山县南阳镇百羊寨村境内，位于南阳镇政府所在地西约 4 公里处，是一处著名文物古迹。

《兴山县地名志》云：百羊寨关庙碑，即圣帝行宫之碑。清初抗清义

---

① 兴山县地名领导小组编：《兴山县地名志》（内部资料），1982 年，第 294 页。

军首领李来亨所建，位于今兴山县西部南阳镇西八里处。李来亨以关羽为楷模，祭祀关羽激励抗清意志，同时祈求关帝护佑。永明王朱由榔于永历九年（1655）为联明抗清的李来亨等义军将领送来封官晋爵的诏书，并在百羊寨建造圣帝行宫碑，"石碑由碑帽和碑文两部分组成，碑帽为半圆形，雕有'二龙戏珠'图案，图案下，横刻'圣帝行宫之碑'六个篆书大字。再下是碑文。……碑文 800 余字"①。

按：百羊寨关庙碑是兴山县一处明清时期留存下来的著名文物古迹，1975 年，兴山县文化部门对石碑进行了维修，今石碑嵌在矩形牌坊里，高 4 米，宽 1.5 米，坐东朝西，碑前为 100 多平方米的场地，显得颇为雄伟壮观。百羊寨关庙碑虽非三国时期遗物，但与关羽信仰密切相关，是明末清初建造的关公文化古迹，三国忠义文化在明清时期对于朝野的影响力由此可见一斑。

棋盘柱

棋盘柱，风景名胜地名，位于今兴山县水月寺镇高岚风景区境内，东北距水月寺镇政府所在地约 10 公里。

《兴山县地名志》云：关于棋盘柱，有两个优美的传说："其一曰，三国争战时期，诸葛亮帅军由夷陵（今宜昌）进取四川，在此与部将张飞对弈之处。其二曰，古八仙中的韩湘子、吕洞宾端坐祥云对弈之处。"②

按：这两个传说故事均不足为信据，八仙对弈虚无缥缈不足论，诸葛亮和张飞对弈亦不可确信。张飞镇秭归，距离高岚数十里，有可能到过此地，但诸葛亮身居江陵，既无诸葛亮到秭归县的文献记载，诸葛亮更无理由跑到如此偏远的山区跟张飞对弈。若说对弈于棋盘柱乃建安十八年（213）诸葛亮、张飞一起统兵入川歇息时所为，但《三国志》明确记载他们"溯江而上"进军巴蜀，并未走山路经过今兴山县水月寺镇棋盘柱一

① 兴山县地名领导小组编：《兴山县地名志》（内部资料），1982 年，第 410~411 页。

② 兴山县地名领导小组编：《兴山县地名志》（内部资料），1982 年，第 415 页。

带。显然，棋盘柱传说多半是民间百姓附会的故事。

张飞垭

张飞垭，山口关隘名，在今兴山县榛子乡老院子村境内，南偏西距榛子乡政府所在地约 19 公里。

《兴山县地名志》云："张飞垭：位于榛子公社前进大队老院子西北 3.5 公里。传说此山口，三国时张飞路过此垭，故名张飞垭。该垭海拔 1506 米，是兴山、保康边境的重要关隘，也是兴山、保康两县交往的要口之一。"[1]

按：建安十五年（210），张飞出任宜都太守，大部分时间驻扎在秭归县城（今秭归归州镇），主要处理秭归、巫县等地事务，目的是为西进巴蜀做准备。张飞垭位于秭归之北，两地相距约百余里，虽然路程不远，但山高谷深，崎岖难行，且张飞当时战略重点在三峡之西的益州，故而张飞本人前往今兴山、保康边境的可能性很小。但不排除张飞派遣手下将佐率部前往山垭一带驻守，因为这里是当时蜀魏边界，张飞垭可能得名于此。可见，张飞垭未必与张飞本人相关，但却是一处具有一定历史可信度的三国地名。

二、秭归县三国地名

秭归县位于宜昌市之西，北与兴山县交界，东与宜昌夷陵区毗邻，南与长阳县接壤，西与恩施州巴东县相接。长江自西偏北向东南奔流，横穿秭归县境，江北有归州镇、屈原镇、泄滩乡、水田坝乡，江南有茅坪镇、郭家坝镇、沙镇溪镇、九畹溪镇、杨林桥镇、两河口镇、梅家河乡、磨坪乡，共计八镇四乡，县政府驻茅坪镇。

秭归是中国古代第一位伟大爱国诗人屈原的故乡。郦道元《水经注》

---

[1]　兴山县地名领导小组编：《兴山县地名志》（内部资料），1982 年，第 392 页。

卷三十四云："袁山松曰：屈原有贤姊，闻原放逐，亦来归，喻令自宽。全乡人冀其见从，因名曰秭归。"① 袁山松以为秭归得名屈原之姊。秭归县历史极其悠久，相传尧舜时代称归乡，后乐官夔封归乡，称为后夔国。春秋早期，楚子熊渠子熊挚封于后夔国，称夔子，为楚国附庸。《左传·僖公二十六年》载，楚成王时，因夔子后人不祭奠楚国始祖而兴师问罪，"楚人灭夔，以夔子归"②，秭归之名，盖由此演绎而来。秦一统天下，实行郡县制，秭归县隶属荆州南郡，正式见载于史籍。两汉、三国、两晋因之。后周置秭归郡，改秭归县为长宁县；隋废郡置信州，复秭归县名。唐武德二年（619）置归州，天宝元年（742）改置巴东郡，治秭归县，后复归州。明洪武九年（1376）废归州为秭归县，隶属夷陵州。不久，又复置归州，辖秭归、兴山、巴东三县。清雍正七年（1729），升归州为直隶州，辖长阳、兴山、巴东、恩施四县和容美、龙潭、大旺、高罗、施南等十九土司，隶属荆州府。不久，设置宜昌府，秭归等地属之。民国元年（1912），复秭归县，隶属荆南道。1949年中华人民共和国建立，秭归隶属湖北省宜昌专区，今属湖北省宜昌市。从秦朝立县算起，秭归县已有2200多年的历史。

秭归县地处三峡腹地，横跨长江南北两岸，自古为兵家必争之地。正如明嘉靖二十八年（1549）编修《归州全志》（以下简称嘉靖版《归州全志》）卷上《形胜》所赞："阻山带河，势极险峻，阴崖崟岈，直入鸟栈，乱石敝叶，宛若蚕丛。长江天堑，骇人震心，后控诸蛮洞口（容美、施南、散毛宣抚司等处），前应襄、樊（襄阳府等处），左据瞿塘滟滪之险，右引荆门虎牙之固。四川之襟喉，荆南之右屏，一可当百久矣，天作之险也。"③ 三国时期秭归县是吴蜀、吴晋拚死相争的重要战略要地之一，故而今秭归县境多有三国历史地名和三国军事遗迹。

---

① 郦道元：《水经注》，陈桥驿校证本，中华书局2007年版，第791页。
② 见杨伯峻：《春秋左传注》，中华书局1990年版，第438页。
③ 秭归县县志党史办公室整理：嘉靖版《归州全志》，湖北人民出版社2015年版，第9页。

刘备城

刘备城，城名，又称刘先主城、秭归城、归州城等，在今秭归县归州镇境内，东南距秭归县政府驻地茅坪镇约38公里，今古城遗址被三峡水库淹没。

今编《湖北省秭归县地名志》云："三国时，蜀主刘备兵伐东吴，曾扎营秭归。……归州城，城为三国刘备所筑，故又名'刘备城'。后经明清两代重修，特别是清嘉庆九年（1804）所筑石头城，周围五百四十二丈七尺，高一丈九尺，至今保存较好。由于石头城依山而筑，面枕大江，有状如'葫芦'之称。"①

按：刘备城应是一处真实可信的三国遗迹，始建于蜀汉章武元年（221）。郦道元《水经注》卷三十四载："（秭归）县城东北依山即坂，周回二里，高一丈五尺，南临大江，古老相传，谓之刘备城，盖征东吴时所筑也。"② 明清方志均沿袭《水经注》之说。这座刘备城当是刘备的临时寝宫，但未必是刘备亲自修建。《三国志·先主传》载，章武元年（221）七月，刘备发起伐吴之战，下令前锋进攻巫（今重庆巫山县）、秭归（今秭归县等地）二县："李异、刘阿等屯巫、秭归；将军吴班、冯习自巫攻破异等，军次秭归，武陵五溪蛮夷遣使请兵。二年春正月，先主军还秭归，将军吴班、陈式水军屯夷陵，夹江东西岸。二月，先主自秭归率诸将进军，缘山截岭，于夷道猇亭驻营。"③ 从这段文字记载可知，刘备在头年七月发起伐吴之战，其前锋部队很快攻占了巫县、秭归县，而直至第二年正月刘备才率主力进驻秭归县城。何以要拖延如此之久呢？这应有三个原因：一是要先扫清障碍，占领关山要隘，需要时间击破李异等吴将的防

---

① 秭归县地名领导小组编：《湖北省秭归县地名志》（内部资料），1982年，第8页。

② 郦道元：《水经注》，陈桥驿校证本，中华书局2007年版，第791页。

③ 陈寿：《三国志》卷三十二，裴松之注本，中华书局2000年版，第662～663页。

守；二是三峡地区山高路狭，蜀汉主力无法展开，驻营行军均不便利，需要采取分批次进军；三是刘备刚登基做了皇帝，亲征东吴，部属需要时日为他修建一个临时寝宫。蜀军前锋吴班、冯习、陈式等在秭归县城（今秭归县归州镇）呆了足足半年，直至章武二年（222）正月刘备进驻秭归前他们才进占夷陵城（今宜昌西陵区西郊），说明他们一边为进攻夷陵城做准备，一边为刘备修建城堡以供刘备驻足。只是刘备在这座临时寝宫里仅仅住了不到一个月便率部进驻夷道猇亭了。由此可见，刘备城当是蜀汉将军们为刘备筹划修建的，原城规模应不大。

上夔道

上夔道，古驿道名，在今湖北秭归、巴东、巫山等县境内，位于长江北岸，主要由栈道和石道组成。

《三国志·孙桓传》曰："（刘备）遂败走，桓斩上夔道，截其径要。备逾山越险，仅乃得免。忿恚叹曰：'吾昔初至京城，桓尚小儿，而今迫孤乃至此也！'"[1]

按：上夔道之名，当与夔子国有关。夔子国即夔国，春秋楚国后裔封于夔，涵盖今湖北秭归至重庆奉节一带。章武二年（222）闰六月，刘备惨败于猇亭之后，仓皇逃至秭归县，再向西沿上夔道逃向白帝城。吴军水陆乘胜追击，骁将孙桓是急先锋之一。斩，即堵截、断绝之意。陆逊率主力穷追不舍，而孙桓率部从水路急进插到上夔道某险要处，拦截刘备退路，给败退的蜀军造成了极大损失，以致刘备气恼感叹。"上夔道"之称仅见于《三国志》，具体指哪一段栈道和石道，历代历史地理文献缺乏记录，但它应是一处长度较长、涵盖范围较广的三峡驿道名，横跨今秭归、巴东、巫山等县地界。

避兵岩

避兵岩，山岩名，在今秭归县泄滩乡牛口村境内，东南距泄滩乡政府

---

① 陈寿：《三国志》卷五十一，裴松之注本，中华书局 2000 年版，第 899 页。

所在地约 20 公里，距归州镇政府所在地约 37 公里，具体位置今难以确指。

同治版《宜昌府志》卷二《古迹》载："避兵岩：在治西北七十里石门山，汉昭烈帝为陆逊兵追急，遁此得免。"①

按：同治版《宜昌府志》所说"治西北"，指归州治所秭归县（今秭归归州镇）之西北。学术界一般认为刘备遭遇窘迫的"石门山"在湖北巴东县境，但从《宜昌府志》所指距离看，石门山当在秭归县牛口村一带，与巴东县交界。清末光绪八年（1882）编修《归州志》（以下简称光绪版《归州志》）之"古迹"条载曰："石门山：在州西。山有石径，深若重门。汉昭烈初为陆逊所破，走经此门，追者甚急，乃烧铙铠断道，然后得免。其下为石门滩。"② 同书"险隘"条记载"石门岩"云："石门岩其奇险处，乡人接以木梯，有警则斫断，不通行人。"③《湖北省秭归县地名志》亦载牛口村"石门滩"云："北岸上游，水上有石门，岸上有牛口，为秭归西大门。古时候，从泄滩镇至牛口，水上有石门、泄滩阻行，陆上仅有一栈道。南宋王象之《舆地纪胜》述：'石门奇险处，乡人接以木梯，有警则砍断，不通行人。'"④ 可见，《宜昌府志》所谓"避兵岩"，指的是石门岩，位于秭归县西境长江北岸，刘备在此有过一次脱险经历。刘备西逃上夔道途中，肯定不止一次遭到吴军重创，《三国志》并未指明具体地点，但可以肯定刘备在秭归县（今巴东县东部三国时期隶属秭归县）地界遭遇过不止一次窘迫危急的困境，否则诸葛亮不会在《后出师表》中将此战称为"秭归蹉跌"⑤。石门山是一整座山，避兵岩则是石门山中一处石壁栈道，大概刘备通过此处便暂时摆脱了陆逊的穷追猛打。避兵岩当是一处历史可信度较高的三国地名。

---

① 《中国地方志集成·湖北府县志辑》影印本第 49 册，江苏古籍出版社 2001 年版，第 119 页。

② 光绪版《归州志》影印本，台湾成文出版社 1976 年版，第 12 页。

③ 光绪版《归州志》影印本，台湾成文出版社 1976 年版，第 30 页。

④ 秭归县地名领导小组编：《湖北省秭归县地名志》（内部资料），1982 年，第 469~470 页。

⑤ 陈寿：《三国志》卷三十五，裴松之注本，中华书局 2000 年版，第 686 页。

建平城

建平城，城名，又名吴城，乃三国末期吴国建平郡郡治城，在今秭归县境内，即秭归县政府驻地茅坪镇，今古城遗迹不存。

《湖北省秭归县地名志》云："茅坪镇：相传，这里在古时地坦坪大，茅草甚多，故得名为茅坪。据《归州志》载，在三国时代，称过太清镇。位于秭归县东南部，地处长江上游西陵峡南岸、茅坪河与长江的汇合处。"①

按：同治版《宜昌府志》卷二《古迹》云："建平城：在州东故秭归地，孙吴置建平郡，以此城名吴城，在州东南八十五里。孙吴时筑城置戍于此，以备蜀，城因以名。隋以城当三峡要冲，置太清镇，以塞山蛮寇掠之路。魏禧曰：三国时，吴以为西陲重镇。晋王濬等谋自蜀沿流来伐，守将吾彦请增建平之戍，以扼其冲要。"② 光绪版《归州志》有类似记载。可见，"太清镇"之称始于隋朝，并非三国时期的地名，但茅坪镇曾建有吴国建平郡郡城则有史料可证。《晋书·吾彦传》曰："（吾彦）迁建平太守。时王濬将伐吴，造船于蜀，彦觉之，请增兵为备，皓不从，彦乃辄为铁锁，横断江路。及师临境，缘江诸城皆望风降附，或见攻而拔，唯彦坚守，大众攻之不能克，乃退舍礼之。吴亡，彦始归降。"③ 可见，吴国建平太守吾彦曾坚守过建平城（吴城），给西晋大将王濬制造了不少麻烦。

但此秭归建平城应为吴国后期的建平郡郡城。《水经注》卷三十四曰："江水又东迳巫县故城南，县，故楚之巫郡也，秦省郡立县，以隶南郡，吴孙休分为建平郡，治巫城，城缘山为墉，周十二里一百一十步。"④《水经注》说吴帝孙休分南郡立建平郡不确，吴永安三年（260），孙休"分宜

① 秭归县地名领导小组编：《湖北省秭归县地名志》（内部资料），1982年，第355页。

② 《中国地方志集成·湖北府县志辑》影印本第49册，江苏古籍出版社2001年版，第111页。

③ 房玄龄等：《晋书》卷五十七，中华书局2000年版，第1034页。

④ 郦道元：《水经注》，陈桥驿校证本，中华书局2007年版，第789页。

都置建平郡"①。吴国最初将建平郡郡治设在巫县，巫县原为楚国巫郡郡治城，规模较大。到了吴国末期，西晋势力不断向东发展，吴国可能将建平郡郡治迁至吴城，以加强三峡腹地的守护，《宜昌府志》说吴国修筑建平城是为了防蜀是不确切的。可见，建平郡郡城应有两处：一是巫县县城（今重庆巫山县），一是吴城（今湖北秭归县驻地茅坪镇）。

信陵县、信陵城

信陵，县名，吴国置县；信陵城，城名，即信陵县城。在今秭归县屈原镇境内，现古城遗迹不存，难以明确其具体位置，当位于长江北岸江滨一带。

同治版《宜昌府志》卷二《古迹》载："信陵城：州西四十五里。《水经注》：江水东经归乡城北，又东经信陵城南，吴孙休永安五年，分宜都立建平郡，领信陵等县；孙皓建衡二年，以陆抗督信陵、西陵、夷道、乐乡、公安诸军事，即此信陵也。晋仍属建平郡，宋初因之，寻并入归乡县。"② 光绪版《归州志》有类似记载。

按：《宜昌府志》说吴永安五年分宜都郡置建平郡不确，当为永安三年（260）置郡。今恩施自治州巴东县驻地信陵镇，是南北朝时期梁朝所置信陵郡之郡城所在地，非三国信陵县所在地，信陵县当是分秭归县东北部等地所置。《水经注》卷三十四《江水》先叙江水流经秭归县刘备城、夔城、归乡故城、狗峡等，再叙江水东经信陵县南。狗峡，即白狗峡。嘉靖版《归州全志》卷上《山川》云："白狗峡：州东十五里。两岸如削，白石隐起状如狗。"③ 即白狗峡位于归州治所（今秭归归州镇）之东十五里。今学者谭其骧主编《中国历史地图集》在三国吴国荆州地图上亦将

---

① 陈寿：《三国志》卷四十八，裴松之注本，中华书局 2000 年版，第 856 页。

② 《中国地方志集成·湖北府县志辑》影印本第 49 册，江苏古籍出版社 2001 年版，第 111 页。

③ 秭归县县志党史办公室整理：嘉靖版《归州全志》，湖北人民出版社 2015 年版，第 20 页。

"信陵县"标示在长江北岸秭归县之东,与宜都郡西陵县(今宜昌市夷陵区)紧邻。① 据此,三国信陵县当在今秭归县归州镇之东南,即今秭归屈原镇境内,其辖境大概涵盖今秭归县东北部、兴山县中东部及宜昌夷陵区西部等地。信陵县存在时间不长,乃三国时期吴国新置县。

锁水头

锁水头,关隘名,在今秭归县归州镇境内,位于归州镇政府所在地西约2公里江滨处,今淹没于三峡水库。

同治版《宜昌府志》卷二《古迹》云:"锁水头:在州西五里。《舆地纪胜》:吴建平太守吾彦为铁锁横断江路,即此。"② 光绪版《归州志》有相同记载。

按:宋人王象之《舆地纪胜》卷七十四曰:"锁水头:在秭归县西五里。晋伐吴,建平太守吾彦为铁锁横断江路。"③《大清一统志》卷二百七十三亦有相似说法。吴将吾彦为防阻西晋战船顺流而下,便在长江三峡要害处设置铁锁横断江路。可见,锁水头当是吾彦铁锁横江的关隘之一,是一处三国历史遗迹。

丹阳城

丹阳城,古城名,又名楚王城,在今秭归县归州镇境内,位于归州镇政府所在地东偏南约3公里处,邻近香溪口。

同治版《宜昌府志》卷二《古迹》云:"丹阳城:州东南七里,南枕大江,周成王封熊绎于荆蛮,居丹阳,即此,一名屈沱楚王城。晋王濬伐

---

① 参见谭其骧主编:《中国历史地图集》第三册,中国地图出版社1982年版,第28~29页。

② 《中国地方志集成·湖北府县志辑》影印本第49册,江苏古籍出版社2001年版,第111~112页。

③ 王象之:《舆地纪胜》,中华书局1992年版,第2464页。

吴，破丹阳，遂克西陵。"① 光绪版《归州志》有相同记载。

按：丹阳城乃是早期楚国国王迁居之地，后又迁至今枝江市境内，亦称丹阳城。《晋书·武帝纪》载："（太康元年）二月戊午，王濬、唐彬等克丹杨城。庚申，又克西陵，杀西陵都督、镇军将军留宪。"② 丹杨城，即丹阳城。说明在三国末期，秭归丹阳古城曾是西晋水军重点攻击的一座城池。

兵书峡

兵书峡，江峡名，民间又称兵书宝剑峡，在今秭归县屈原镇马家山村境内，北偏西距屈原镇政府所在地约 3.5 公里。

嘉靖版《归州全志》卷上《山川》云："兵书峡：州东二十里。相传诸葛亮尝藏兵书，因名。尚书白圭诗：'筹策三分出草庐，眼中吴魏鼎中鱼。英雄不尽当时用，一卷笔留峡底书。'"③ 同治版《宜昌府志》卷二《山川》亦云："兵书峡：州东二十里，一名铁棺灵迹，在白狗峡东。……峡为诸葛武侯藏兵书处，至今望之，若存书卷然。又名铁棺峡。"④ 《大清一统志》《湖广通志》等清代历史地理文献亦有类似说法。

按：兵书峡、兵书洞之类的地名颇多，传说大多与古代著名军事家相关，传言诸葛亮藏兵书者最普遍，神秘色彩颇为浓厚。依据《三国志》等魏晋史籍记载，建安十八年（213），刘备攻益州不顺，庞统意外战死，诸葛亮奉命从荆州溯江入川，这是他一生唯一一次经过秭归地界的经历，当时形势较为紧急，诸葛亮岂有心思去藏兵书？更何况战争年代更需要兵书

---

① 《中国地方志集成·湖北府县志辑》影印本第 49 册，江苏古籍出版社 2001 年版，第 111 页。

② 房玄龄等：《晋书》卷三，中华书局 2000 年版，第 46 页。

③ 秭归县县志党史办公室整理：嘉靖版《归州全志》，湖北人民出版社 2015 年版，第 20 页。

④ 《中国地方志集成·湖北府县志辑》影印本第 49 册，江苏古籍出版社 2001 年版，第 61 页。

指导战争，诸葛亮莫名其妙地藏匿兵书是为何事？秭归民间故事《孔明书》云：兵书峡峭壁上有洞口，洞口有叠层页岩，那是一部兵书，是蜀国丞相诸葛亮放在这里的。刘备执意要伐吴为关羽复仇，诸葛亮一向提倡东联孙权、北拒曹操而极力劝阻刘备东征，但刘备始终听不进去。诸葛亮只好派人抢在队伍前头，把数卷兵书放在西陵峡中的石龛里，白天人人能见，夜晚闪闪发光，指望刘备能发现它。兵书旁边放了一把锋利无比的倚天宝剑，只要看了兵书，就知道宝剑的大用途了。但刘备一心报仇，什么也不放在眼里，结果轻率冒进，被陆逊火烧连营七百里，大败而归。刘备逃到白帝城，大病不起，"他把诸葛亮叫到床前，要诸葛亮把兵书取来让他看看，找找他失败的原因在哪里？诸葛亮难过地说：'天意如此，取不回了。'于是，兵书便在石壁上生了根，兵书宝剑也因此而得名。后人作诗叹道：关羽大意失荆州，刘备兵败逃鱼复。诸葛贴心事先主，峡中空留一卷书"①。

"孔明书"之类的故事显然是由《三国演义》衍生而来，不仅"火烧连营七百里"是小说的描写，而且诸葛亮劝阻刘备伐吴不见载于史籍，不过是罗贯中根据宋元民间说法而加工虚构的故事情节。事实上，"兵书峡"之名始见于明代文献，《水经注》等魏晋历史地理著作述及秭归境内的狗峡、空泠峡等，却只字不提兵书峡。可见，秭归民间盛传诸葛亮藏书于兵书峡，应是《三国演义》流行于世、武侯崇拜兴盛之后民间为了神化诸葛亮之高超智慧而虚构附会的地名故事。

锁江铁索

锁江铁索，铁索名，在今秭归县屈原镇马家山村境内，北偏西距屈原镇政府所在地约 3.7 公里。

同治版《宜昌府志》卷二《古迹》云："锁江铁索：在兵书峡上，有

---

① 周凌云主编：《中国民间故事全书·秭归卷》，知识产权出版社 2007 年版，第179~180 页。

铁锁横江，常隐不见，见则不祥。"① 光绪版《归州志》有相似记载。

按：吴建平太守吾彦在长江三峡多处险隘地设置铁索，以阻遏西晋大将王濬的战船东进，兵书峡亦是险要江段，其置锁江铁索在情理之中。后世民间传说兵书峡上铁索一旦出现在人们视野中便是一种不祥之兆，自然属于荒诞不经的迷信说法，大概存放兵书、横江铁索均与战争有关，故而乱世百姓至此容易产生联想。

三、关于五峰县三国地名

五峰县位于宜昌市之西南角，北与长阳县交界，东与宜都市接壤，南与湖南省石门县毗邻，西南与恩施州鹤峰县相接，西北一角与恩施州巴东县相接。五峰县地处清江之南，境内山高谷深林密，多数河流自南向北流入清江，惟渔洋河自西向东流经宜都市汇入清江，是五峰县境内最重要的河流之一。

五峰县古称长乐县，夏禹时代为荆、梁之域，商周时期为楚地，秦属黔中郡。西汉为佷山县地，隶属武陵郡，东汉隶属南郡。汉末曹操置临江郡，五峰属临江郡。建安十五年（210），刘备改临江郡为宜都郡，地属宜都郡佷山县，后属吴国宜都郡佷山县。晋、宋、齐属佷山县，隶宜都郡，梁属江州。西魏属佷山县，隶拓州。北周属亭州，隶资田郡（今长阳县资丘镇）。隋属睦州，隶南郡。唐初属长阳县，隶江州、睦州、东松州等；贞观八年（634）属峡州夷陵郡。五代属南平峡州。宋元时期属长阳县，隶峡州路。至元末建土司制，五峰县境大部隶属容美土司，归四川管辖。明属长阳县，隶夷陵州，土司归湖广管辖。清初沿袭明制，至雍正十三年（1735）改土归流，升彝陵（夷陵）州为宜昌府，再拨长阳县和湖南石门县等县部分土地置长乐县，隶宜昌府。1912 年后，改长乐县为五峰县。中

---

① 《中国地方志集成·湖北府县志辑》影印本第 49 册，江苏古籍出版社 2001 年版，第 113 页。

华人民共和国成立后，沿袭旧制设五峰县，1984 年改为五峰土家族自治县，隶属宜昌市至今。从清雍正十三年（1735）置县始，五峰仅有不足三百年的历史。

渔洋关

渔洋关，关隘名，今为镇名，现为五峰县政府驻地。位于五峰县境东部，与宜都市和长阳县交界，东北距宜都市城区约 63 公里。

《湖北地名趣谈》云："渔洋关……北宋时名鱼羊关，以盛产鱼、羊得名。据《长乐县志》记载：'渔洋古长阳之南境，元时设关，以备土司'。因附近之河段'两山对峙中，一溪流水，潜有多鱼，渔人得鱼，其乐洋洋'而将河、镇之名俱更为渔洋河及渔洋关。清雍正十三年改土置县后，划归长乐县（今五峰县）至今。《长乐县志》载知县李焕春诗曰：'夷道行来万叠山，渔洋自古有雄关。一廛人户青云里，两岸田畴绿水湾。旧属睦州遗汉俗，今归乐邑格苗蛮。五峰城廓知何处，遥指苍崖夕照间。'"①

按：从目前所知文献资料看，今五峰县境内没有意义明确的三国地名，但今五峰县政府驻地渔洋关镇等地隶属三国时期佷山县，是刘备侍中马良前往联络五溪蛮夷的必经之地。清咸丰三年（1853）编修、同治九年（1870）补修《长乐县志》卷四曰："《三国·蜀志》：章武二年壬寅春二月，先主自秭归（今归州）率诸将进军，缘山截岭，于夷道（今宜都）猇亭驻营，自佷山（今长阳）通武陵（今常德府武陵县）遣侍中马良安抚五溪蛮夷，咸相率响应。又《吴志》云：陆逊、吕蒙克公安、南郡，径进领宜都太守，蜀汉宜都太守委郡走，长吏及蛮夷君长皆降。"② 渔洋关为古代著名关隘和古镇，宋元以后逐渐成为兵家必争之地。三国时期吴蜀对峙于猇亭初期，刘备派遣侍中马良前往五溪蛮夷地区联络蛮夷军队共同伐吴。

---

① 湖北省地方志办公室编：《湖北地名趣谈》，湖北人民出版社 1999 年版，第 330 页。

② 《长乐县志》编委会整理校注：《长乐县志》，三峡电子音像出版社 2014 年版，第 89 页。

五溪蛮夷地区涵盖今湘西地区和鄂西南部分区域，五峰县与湘西地区隔山相邻，时吴军已经占据夷道县大部区域和湘西地区东部（今湖南常德市），马良从佷山县（今长阳县都镇湾镇）出发前往湘西地区，就必须沿清江西上再沿清江支流南下至今五峰县境，再翻越武陵山脉入湘西。最便捷的路径有两条：一是从佷山县南下从山道至渔洋关，再南至零阳、充县（今湖南石门、桑植等地）；二是沿清江西行再沿清江支流天池河南进至今五峰县五峰镇（原五峰县政府驻地），再翻山进入今湖南石门县溇水（醴水支流）流域。故而，今五峰县渔洋关、五峰镇等地均有可能是当年马良行经之地，只是时代久远，未留下相关地名传说。而在马良联络五溪蛮夷部落之前，东吴宜都太守陆逊有过多次征伐蛮夷部落的战争，蛮夷部落酋长多归降陆逊，五峰县地界应是吴军足迹所到之处，可惜无相关地名传说流传下来。

长乐县城关帝庙

长乐县城关帝庙，庙名，在今五峰县五峰镇境内，东距五峰县政府驻地渔洋关约 64 公里，今寺庙遗迹不存。

清咸丰三年（1853）编修、同治九年（1870）补修《长乐县志》卷五《营建志》载："关帝庙：土司时原有，乾隆三年重建，在北门内。照墙一座，戏台一座坍塌，抱厦三间。咸丰元年，李焕春与城守千总朱发科重修大殿三间。同治九年，龙兆霖修葺后殿三间。"①

按：晚清《长乐县志》记载长乐县（今五峰县）境内有关帝庙近十座，表现了长乐县百姓对于关羽的崇敬，这当然是明清时期关公信仰兴盛的结果。但在土司统治时期就已经建造了数量可观的关帝庙，充分显示了关公文化的深刻影响力。

---

① 《长乐县志》编委会整理校注：《长乐县志》，三峡电子音像出版社 2014 年版，第 98 页。

　　本章考述了兴山、秭归等县三国地名和三国文化遗迹共计 20 个，其中兴山县 8 个，秭归县 10 个，五峰县 2 个。秭归县境内的三国地名和遗迹，除个别外，基本都见载于魏晋原始史籍或宋元明清历史地理著作，与三国时期发生的历史事件关联紧密，具有很高的历史可信度。五峰县境内没有史籍明确记录的三国地名，也未在民间留下相关三国人物的传说故事，但其地亦是三国英雄踏足之处，故择其个别相关地名简要述之。

第十一章　重庆东北三县三国历史地名

　　重庆市位于中国西南部，地处长江上游、大三峡地区的西部与西南部。嘉陵江古称渝水，自北向南流经重庆市中心汇入长江，故重庆简称"渝"。重庆是古代巴国之地，故又简称"巴"。秦汉时期置巴郡，治江州（今重庆市区），汉末刘璋分置永宁郡，不久复为巴郡。两晋称巴都郡，南朝宋、齐复巴郡，梁朝置楚州，西魏改为巴州，北周复楚州。隋朝改楚州为渝州，唐玄宗天宝初年（724）改为南平郡，肃宗时复渝州。北宋徽宗崇宁初（1102）改渝州为恭州，南宋淳熙十六年（1189），孝宗之子赵惇先封恭王，一个月后即帝位为宋光宗皇帝，称为"双重喜庆"，遂升恭州为重庆府，重庆由此而得名。今重庆市为中国西部重镇，四大直辖市之一，别称巴渝、山城、雾都等。

　　长江自西南向东北流经重庆大部分区县至云阳县城，再自西向东流经云阳县汤溪河流域进入瞿塘峡、巫峡，即狭义三峡地区。横跨瞿塘峡及巫峡流域的奉节、巫山、巫溪三县，位于重庆市东北角，西邻重庆云阳县、开州区，北连重庆城口县和陕西镇坪县，东及东北与湖北巴东县、神农架林区、竹山县、竹溪县接壤，南与湖北建始、恩施、利川等市县交界。著名的梅溪河自西北向东南流经奉节县白帝城汇入瞿塘峡，大宁河自西北山区向东南流经巫溪县、巫山县汇入巫峡。

　　奉节县春秋属巴国，战国为楚地，秦汉为鱼复县，三国改为永安县，西晋复鱼复县，西魏改称人复县，唐改人复县为奉节县，置夔州府治奉节，县名一直沿用至今。巫山县战国为楚巫郡，秦汉三国为巫县，隋朝改

为巫山县，县名一直沿用至今。从立县伊始至今，奉节县和巫山县均有
2200余年的历史。巫溪县秦汉属巫县地，汉末刘备分巫县置北井县，北周
时并入大昌县，明初改为大宁县，民国时期改为巫溪县，县名沿用至今，
从北井县立县算起，已有近1800年的历史。奉节、巫山、巫溪三县山高水
深，地形十分复杂险峻，是历代兵家攻守要地，三国时期为蜀汉东部重镇
和吴国西部边界，许多名将名士涉足其地，留下了不少三国历史地名和文
化遗迹。

一、汉末三国时期设置的郡县名

重庆东北三县中，巫溪位于北部，奉节位于中南部，巫山位于东部，
构成了一个独特三角区域。三县主要地界在长江北岸，奉节县独占梅溪河
流域，巫山县处于大宁河下游，巫溪县处于大宁河中上游。这一地带在古
代不仅战略价值极高，而且是重要的产盐地之一，汉末三国纷争时期自然
成为政治家、军事家们重点关注的敏感区域，于是，控制这一区域的政权
常有分置郡县或更改郡县名称的举措，以适应新的形势变化。重庆东北三
县地理方位如图11-1所示。

北井县

北井，三国新置县名，其范围主要涵盖今重庆巫溪县和巫山县西北
部。

今编《四川省巫溪县地名录》云："汉献帝建安十五年（210），蜀汉
分巫县始立北井县（《水经注》：'县北有盐井，故名'），治在今城厢
镇。"①

按：关于三国北井县县治有二说：一说在今巫山县大昌镇，一说在今

---

① 巫溪县地名领导小组编：《四川省巫溪县地名录》（内部资料），1982年，第2
页。

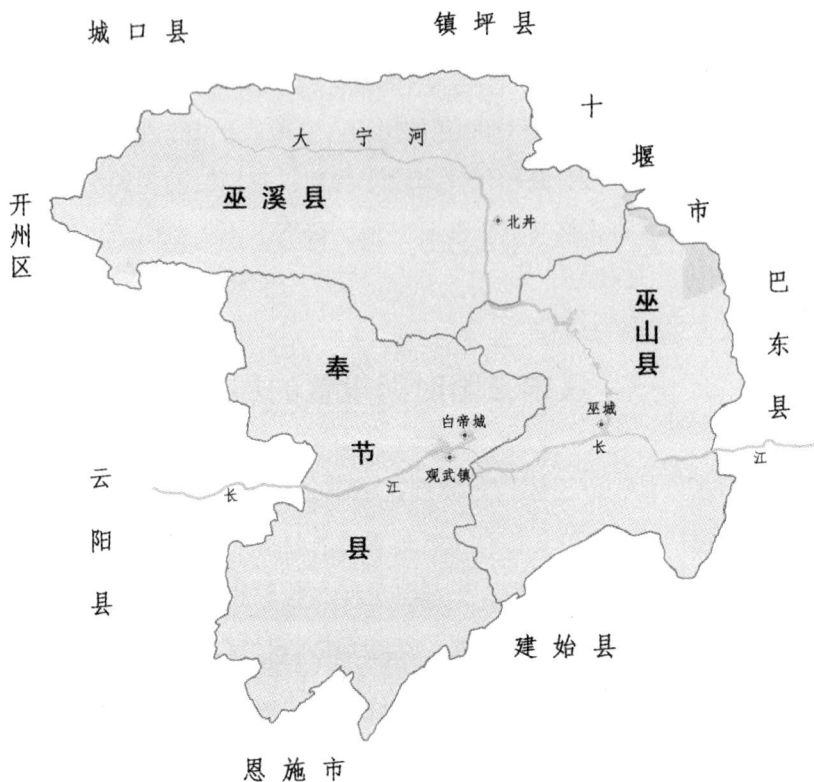

图 11-1　重庆东北三县及部分三国地名方位示意图

巫溪县政府驻地城厢镇。可以肯定的是，北井县辖地主要在今巫溪县及巫
山县西北部。城厢镇位于大宁河西北岸，现为巫溪县东城，城内"北井大
道"等地名由三国北井县而得名。北井县不见载于前后《汉书》，常璩
《华阳国志》载蜀汉固陵郡辖县中有北井县。清末杨守敬《三国郡县表补
正》卷六云："北井，《郡国志》无此县，据《常志》，县故属宜都，先主
复置固陵时移来。疑先主领荆州时所置。《沈志》引《太康志》：县先属巴
东，泰始五年，移建平。与《常志》合。"① 所谓《常志》，指常璩《华阳

① 谢承仁主编：《杨守敬集》第一册，湖北人民出版社、湖北教育出版社 1988
年版，第 466 页。

302

国志》；《沈志》，指沈约《宋书·郡国志》。今学者刘琳《华阳国志校注》亦云："北井，《续汉志》无，疑即建安十五年（210）刘备改临江郡为宜都郡时置。"① 都认为北井县是刘备建安十五年控制荆州大部分郡县时新置。

刘备为何刚在荆州站稳脚跟就立即分巫县置北井县呢？这与大宁河（古称巫溪水）产盐有关。《水经注》卷三十四曰："江水又东，巫溪水注之……水南有盐井，井在县北，故县名北井，建平一郡之所资也。"② 唐人李善《文选注》卷四注左思《蜀都赋》"樊以蒩圃，滨以盐池"一句时亦曰："盐池出巴东北井县，水出地如泉涌，可煮以为盐。"③ 盐业是古代经济中的支柱产业之一，蜀汉集团要获得稳步发展，就必须有雄厚的经济资本，刘备控制三峡地区宜都郡的初始便立刻设置北井县以发展盐业，充分显示了刘备敏锐而务实的经济头脑。正如学者任桂园所说："建安十五年（公元210年），当刘备主荆州之际，将盐泉涌流之地（今巫溪县地）从巫县分出，设置为北井县。由此可看出尚未建立蜀汉政权的刘备军事集团，为获取盐泉之利以资军用而对是地盐业生产及其管理的高度重视。"④ 由此可见，北井县当为刘备新置县。

蜀汉固陵郡、东吴固陵郡

固陵，汉末三国新置郡名，吴蜀各置固陵郡，蜀汉固陵郡范围大致包括今重庆东北部，东吴固陵郡范围大体包括今重庆巫山、湖北巴东秭归等地。

常璩《华阳国志》卷一《巴志》载，汉献帝兴平元年（194），分巴郡置巴郡、永宁、固陵三郡，"以垫江以上为巴郡，河南庞羲为太守，治

---

① 刘琳：《华阳国志校注》，巴蜀书社1984年版，第72页。

② 郦道元：《水经注》，陈桥驿校证本，中华书局2007年版，第789页。

③ 李善：《文选注》，见《四库全书》第1329册，上海古籍出版社1987年版，第75页。

④ 任桂园：《三国魏晋南北朝时期三峡盐业与移民及移民文化述论》，《盐业史研究》2004年第1期。

安汉；以江州至临江为永宁郡，朐忍至鱼复为固陵郡，巴遂分矣"①。

按：固陵郡名源自益州牧刘璋，辖朐忍、鱼复二县，相当于今重庆万州、云阳、开州、奉节等区县。至建安六年（201），刘璋又重置三巴郡：将原巴郡改为巴西郡，永宁郡改为巴郡，固陵郡改巴东郡。建安十九年（214），刘备集团控制益州等地。建安二十年（215），孙权争荆州江南三郡，曹操进攻汉中张鲁，刘备被迫以湘水为界，湘水以东长沙、桂阳、江夏三郡归吴，湘水以西南郡、零陵、武陵三郡归蜀。《华阳国志》卷一《巴志》又载，建安二十一年（216），刘备分朐忍县置汉丰、羊渠二县，又"以朐忍、鱼复、汉丰、羊渠，及宜都之巫、北井六县为固陵郡。武陵康立为太守，治故陵溪会"②。"康立"，当作"廖立"，蜀汉名士。"故陵溪会"，即故陵溪与长江交汇处，在今重庆云阳县故陵镇境内，"故陵镇"等地名因蜀汉固陵郡郡治地而得名。显然，蜀汉固陵郡比刘璋固陵郡范围略大，将隶属荆州宜都郡的巫、北井二县划归益州。刘备调整行政辖区是因为吴蜀之间潜伏着争夺三峡盐业之利的矛盾，"备欲以盐制荆，故以二县划入固陵。二县之东为长百余里之巫峡，俾吴人不易袭夺也"③。

值得注意的是，吴国也设置过固陵郡。《三国志·潘璋传》载，建安二十四年（219），孙权袭夺荆州，追杀关羽，大将潘璋等"断羽走道，到临沮，住夹石。璋部下司马马忠擒羽，并羽子平、都督赵累等。权即分宜都巫、秭归二县为固陵郡，拜璋为太守、振威将军"④。孙权袭杀关羽并夺取了益州固陵郡之巫县，便设置吴固陵郡，以潘璋为太守，辖巫、秭归二县（涵盖今重庆巫山县和湖北巴东、秭归、兴山等县），以与蜀汉分庭抗礼。夷陵之战后，东吴集团更是直接夺取了蜀汉巫及北井县大部分区域。

---

① 常璩：《华阳国志》，见《四库全书》第463册，上海古籍出版社1987年版，第140页。

② 常璩：《华阳国志》，见《四库全书》第463册，上海古籍出版社1987年版，第141~142页。

③ 任乃强：《华阳国志校补图注》，上海古籍出版社1987年版，第35页。

④ 陈寿：《三国志》卷五十五，裴松之注本，中华书局2000年版，第960页。

可见，孙权同样敏感地意识到了三峡盐业的重要性，也证明了刘备当年的忧虑事出有因。

永安县

永安，三国县名，刘备更名，即今重庆奉节县。

今编《四川省奉节县地名录》云："三国时，蜀汉章武元年（221），改固陵郡为巴东郡。二年（222），改郡治鱼复县名永安县。曹魏咸熙元年（264），复名鱼复县。"①

按：今奉节县"永安镇""永安路"等地名得名于三国永安县，现永安镇为奉节县政府所在地。《三国志·先主传》载曰："先主自猇亭还秭归，收合离散兵，遂弃船舫，由步道还鱼复，改鱼复曰永安。"② 刘备惨败于猇亭之战，逃到鱼复县白帝城后心力交瘁，改鱼复县曰"永安县"，改寝宫曰"永安宫"，是希望蜀汉从此安定、刘氏从此平安之意。在深深的祈福心理中，亦不难感受到刘备对于蜀地安全的焦虑之情。故而，刘备病中诏令诸葛亮来永安托付后事，郑重交代诸葛亮以白帝城为中心严密布防，以确保蜀汉安全无虞，这正是诸葛亮布设八阵图的根本原因。诸葛亮代为执政之后，特设永安都督，驻守白帝城以防吴军西进。蜀汉名将李严、陈到、宗预、阎宇、罗宪等先后镇守过永安白帝城，白帝城自然成为三国时期蜀汉军事重镇。

建平郡

建平，三国郡名，吴景帝孙休所置，范围大体涵盖今重庆巫山县和湖北恩施、建始、巴东、秭归、兴山等市县，为三峡腹地所在。

今编《四川省巫山县地名录》云："三国吴景帝永安三年（公元260年），以巫县为郡治置建平郡，领巫县、北井（今洋溪公社）等六

---

① 奉节县地名领导小组编：《四川省奉节县地名录》（内部资料），1982年，第1页。

② 陈寿：《三国志》卷三十二，裴松之注，中华书局2000年版，第663页。

县。……隋开皇三年（公元583年）罢建平郡，改巫县为巫山县。"① 又云："建平：三国时吴景帝置建平郡，隋朝废除。据传此地为建平郡治，故名。"②

按：今巫山县"建平乡""建平村"（今写作建坪乡、建坪村，实误）等地名因三国建平郡而得名。《三国志·三嗣主传》载，吴景帝孙休永安三年（260），"分宜都郡置建平郡"③。《晋书·地理志》曰："建平郡：吴、晋各有建平郡，太康元年合。统县八，户一万三千二百。巫、北井、秦昌、信陵、兴山、建始、秭归（故楚子国）、沙渠。"④《宋书·州郡三》曰："建平太守：吴孙休永安三年，分宜都立，领信陵、兴山、秭归、沙渠四县。晋又有建平都尉，领巫、北井、泰昌、建始四县。"⑤ 又《三国志·霍弋传》注引《襄阳记》载，晋泰始四年（268），巴东监军罗宪"袭取吴之巫城，因上伐吴之策"⑥。《晋书》载建平郡所辖秦昌县当是"泰昌县"之讹。

综合上述史籍对于历史行政区划变迁的记载，可以看到三国后期各方势力的消长。夷陵之战后，吴国占领巫峡以东地区，景帝孙休为了加强对三峡地区的控制，特分宜都郡西部置建平郡，辖巫、北井、信陵、建始、秭归、兴山、沙渠七县，并将北井县治迁至大昌镇（今巫山县大昌镇洋溪村一带）。三国后期，曹魏灭蜀汉，巴东郡永安县守将罗宪降魏。不久，司马氏取代曹魏建立西晋政权，实力日渐增强，而吴国日渐衰落。西晋泰始四年（268），晋巴东监军、武陵太守罗宪率部袭取了吴国建平郡之巫、北井等县，晋武帝分北井县置泰昌县，并置建平都尉（咸宁元年改为建平

----

① 巫山县地名领导小组编：《四川省巫山县地名录》（内部资料），1983年，第1页。

② 巫山县地名领导小组编：《四川省巫山县地名录》（内部资料），1983年，第31页。

③ 陈寿：《三国志》卷四十八，裴松之注本，中华书局2000年版，第856页。

④ 房玄龄等：《晋书》卷十五，中华书局2000年版，第293页。

⑤ 沈约：《宋书》卷三十七，中华书局2000年版，第740页。

⑥ 陈寿：《三国志》卷四十一，裴松之注本，中华书局2000年版，第748页。

郡），统辖巫、泰昌、建始、北井四县。吴国建平郡只剩下"信陵、兴山、秭归、沙渠四县"了。太康元年（280），吴国灭亡后，三峡地区两个建平郡便合二为一。

二、因历史人物事件闻名的三国地名

长江航道是古代东西交通大动脉，三峡是这条大动脉上的咽喉。今重庆东北三县中，奉节、巫山二县地处长江两岸，挟大江上游之利，据瞿塘巫峡之险，是汉末三国时期英雄活动征战的重要舞台，许多地名因三国人物事件而闻名。

白帝城

白帝城，城名，在今重庆奉节县境内，位于奉节县政府所在地东偏北约 16 公里处。

《四川省奉节县地名录》云："白帝城为东汉古城遗址，在白帝乡紫阳村马岭上。城毁于元初兵火，残基尚存。临江白帝山上的白帝庙，多明清建筑。红墙绿瓦，翘角飞檐，殿厅亭堂，错落有致。庙内苍松翠柏，繁花似锦。有纪念蜀汉刘备、诸葛亮的庙宇塑像。"[1]

按：今奉节县"白帝镇""白帝山"等地名因白帝城而得名。城名白帝，本源于东汉初年割据军阀公孙述。建武元年（25），公孙述在成都自称"白帝"，数年后遣大将任满、田戎等率部经营三峡地区，东出江关（瞿塘峡口）下荆州。为了强化鱼复县隘口的防务，便于此筑城，公孙述特赐名"白帝城"，因其号子阳，故亦名"子阳城"。宋元战乱之际，原白帝城毁于兵火，后人将白帝山上的白帝庙仍叫做白帝城。

汉末三国时期，白帝城始终是蜀汉集团的东大门和军事要塞，许多蜀

---

[1] 奉节县地名领导小组编：《四川省奉节县地名录》（内部资料），1982 年，第 6 页。

汉名将名士如诸葛亮、黄忠、魏延、刘封、张飞、赵云、廖化、刘巴、马良、杨仪、向宠、李严、陈到、宗预、阎宇、罗宪等等都到过或戍守过此地，白帝城一带数次成为重要的攻守战场。建安十八年（213），诸葛亮、张飞、赵云率部溯江攻占白帝城、江州等地，然后与刘备合围成都。章武二年（222）秋，刘备兵败猇亭逃回鱼复，东吴名将李异、刘阿、徐盛、潘璋、宋谦等率水陆前锋进至白帝城附近，筹划夺取白帝城之战，陆逊因忧曹魏威胁而撤军。蜀汉灭亡后，吴帝孙休遣西陵都督步协率部进攻永安县，罗宪据白帝城拒敌，重创步协。孙休又遣名将陆抗等率三万余众增援，大军围攻白帝城长达半年之久，城中频频告急，西晋遣兵驰援，吴军被迫撤围。

三国历史上，与白帝城相关联的最著名的三国事件是刘备托孤。刘备一生三次入川两次出川，五次驻足白帝城，最后败于猇亭逃回白帝城，改鱼复县曰永安县，八个月后死于白帝城永安宫。后世学者多认为刘备死前不回成都，是由于兵败无颜见巴蜀父老。其实，更重要的原因是刘备担忧蜀汉安全问题，如果他继续西撤，吴军就会乘虚攻占永安江关要塞，巴蜀大地从此便失去了三峡天然屏障，故而他一方面组织马忠、赵云等赶到永安白帝城的救兵积极备战，一方面诏令诸葛亮来永安商讨解决蜀汉东大门的长久防务问题，于是便有了诸葛亮布设八阵图等举措。最后，疾病缠身、心力交瘁的刘备将蜀汉未竟事业托付给诸葛亮而撒手人寰，从此世人常谈蜀汉君臣托孤的感人故事，却渐渐淡忘了公孙述，使白帝城成为驰名天下的三国地名。

水八阵、旱八阵

水八阵、旱八阵，三国军事工事遗迹名。水八阵位于今奉节县东郊梅溪河与长江交汇处的大片沙滩上，西南距奉节县政府所在地约10公里，现已淹没于三峡水库中。旱八阵在今奉节县草堂镇境内，位于白帝城东北约9公里处，距今奉节县政府所在地约25公里。

宋人乐史《太平寰宇记》卷一百四十八曰："永安宫南一里，渚下平碛上，周回四百十八丈，中有诸葛武侯八阵图，聚细石为之。"① 《四川省奉节县地名录》云："八阵大队：相传诸葛亮在此依'八阵图'布防，故名。"②

按：奉节水八阵、旱八阵都属于八阵图体系。《三国志·诸葛亮传》曰："亮性长于巧思，损益连弩，木牛流马，皆出其意；推演兵法，作八阵图，咸得其要云。"③ 裴松之注《诸葛亮传》引《蜀记》记载，晋镇南将军刘弘至襄阳隆中拜谒诸葛亮故居，令李兴作《诸葛亮故宅碣表》，表中有云："推子八阵，不在孙吴，木牛之奇，则非般模，神弩之功，一何微妙！"④ 足见魏晋人普遍推崇诸葛亮八阵图的精妙神奇。

所谓"八阵"，实际上是一种军队布列的方阵形式，用于对敌作战，既然配有图画，说明"八阵图"是诸葛亮指导和训练蜀军作战的一部阵法手册，建成实体便是一种军事工事。诸葛亮创制八阵图，享誉天下。今中国、日本、韩国等国有大量学者从文献学、历史学、军事学、哲学、文学、文化学、民俗学等多学科进行广泛研究，形成了一种颇具影响的"八阵图文化"。

根据古代文献记载和有关民间传说，诸葛亮八阵图存在多处遗址，最著名的有三：一处在今四川省成都市新都区弥牟镇，一处在今陕西省汉中市勉县，一处在今重庆市奉节县。而奉节八阵图则最负盛名。奉节八阵图又分水八阵和旱八阵两处，古代文学作品均有描述。黄中模《八阵图的源流与奥秘》云："《三国志平话》描写的诸葛亮在白帝城东二十里摆八卦阵，可能是现在奉节东面旱八阵传说的地址，人们称之为旱八阵。《三国演义》描写的八阵图，在长江边的鱼腹浦。人们称之为水八阵。"⑤ 近人

① 乐史：《太平寰宇记》，中华书局 2007 年版，第 2874 页。
② 奉节县地名领导小组编：《四川省奉节县地名录》（内部资料），1982 年，第 15 页。
③ 陈寿：《三国志》卷三十五，裴松之注本，中华书局 2000 年版，第 689 页。
④ 陈寿：《三国志》卷三十五，裴松之注本，中华书局 2000 年版，第 696 页。
⑤ 重庆三国文化研究会、白帝城博物馆编：《白帝城》（内部资料），总第 4 期，第 11 页。

黄炎培曾作《蜀游百绝句》，其中《八阵图》绝句亦云："白帝孤城压断云，阴平间道走奇军。江流不独成遗恨，八阵图开水旱分。"

两相比较，奉节水八阵又比旱八阵更有名。最早明确记述奉节水八阵的正史是《晋书·桓温传》，传云："时李势微弱，温志在立勋于蜀，永和二年，率众西伐。时康献太后临朝，温将发，上疏而行。朝廷以蜀险远，而温兵寡少，深入敌场，甚以为忧。初，诸葛亮造八阵图于鱼复平沙之上，垒石为八行，行相去二丈。温见之，谓'此常山蛇势也'，文武皆莫能识之。"[①] "鱼复平沙"，即鱼复县江滨沙石滩，是一片长约 2000 米、宽约 800 米的乱石滩，古人称作八阵碛、八阵沙等。唐代大诗人杜甫曾作《八阵图》诗云："功盖三分国，名成八阵图。江流石不转，遗恨失吞吴。"激情赞叹的也是奉节江滩水八阵。

然而，奉节八阵图（水八阵、旱八阵）不见载于陈寿《三国志》、裴松之《三国志注》和常璩《华阳国志》等魏晋原始史籍，因而学术界不乏质疑之声，认为多半是民间传说的结果。笔者认为，诸葛亮在永安（今奉节）布设八阵图，实出于防御东吴军队西进攻蜀的军事需要，不可仅仅视为民间传闻。《三国志·陆逊传》载，蜀汉章武二年（222），刘备大军败于猇亭之战后，吴军穷追不舍，一直追到白帝城附近，"徐盛、潘璋、宋谦等各竞表言备必可擒，乞复攻之"[②]。说明当时东吴将军们做好了围攻白帝城以擒刘备的战役准备。虽然不久后因为魏军进攻东吴荆州等地吴蜀关系渐渐趋于缓和，但蜀汉东部边境的隐患始终存在，刘备诏令诸葛亮来永安（今奉节）商议防御良策势在必行。诸葛亮视察白帝城周边山川形势，或利用独特地形，或就地取材以江滨石块垒砌形成巨大石阵，建构了一套严密的阻敌进攻、攻防一体的防御工事。郦道元《水经注》卷三十三云："江水又东迳诸葛亮图垒南，石碛平旷，望兼川陆，有亮所造八阵图，东跨故垒，皆垒细石为之。自垒西去，聚石八行，行间相去二丈，因曰：

---

① 房玄龄等：《晋书》卷九十八，中华书局 2000 年版，第 1715 页。

② 陈寿：《三国志》卷五十八，裴松之注本，中华书局 2000 年版，第 996 页。

'八阵既成，自今行师，庶不覆败。'"① 杨慎《新都县八阵图记》亦云：
"诸葛武侯八阵图，在蜀者二：一在夔州之永安宫，一在新都之弥牟镇。
在夔者盖侯从先主伐吴，防守江路，行营布伍之遗制。"② 郦道元、杨慎说
诸葛亮创制八阵图，是为了"行师不覆败""防守江路"，是符合实际的。

我们不妨看看奉节水八阵、旱八阵所设置的位置。水八阵设在永安宫
南偏东的石碛滩上，即梅溪河与长江交汇处，与江滩后赤甲山山体连接，
可"望兼川陆"，乃地形要害之处，其东约五里便是白帝城和瞿塘峡古江
关。诸葛亮将"水八阵"设置在此处，一是为了护卫永安宫，二是为了控
制水上要道，以防止东吴水军登陆威胁白帝城侧后安全，杨慎所谓"防守
江路"是也。旱八阵位于奉节草堂河支流石马河畔，正处在巴蜀通往荆楚
的陆路咽喉要道上，与吴军所据巫县（今重庆巫山县）紧邻。诸葛亮在此
布设"旱八阵"，显然是从陆路上防阻吴军进攻，正如一位学者所说："这
里西距白帝城和江关约20里，四周山势险峻陡峭，中间之地略为平坦且有
草堂河阻断。它又正处在古夔州通往鄂西、陕南的陆行驿道咽喉要道上，
'据荆楚上游，当全蜀之口，坚完两川，间隔三楚'，足见其地形之险要。
就瞿塘峡和白帝城总体防务而言，它更是夔州守军在大江北岸对瞿塘峡侧
翼设防的必然隘口，是瞿塘峡设防总体方略的一部分。"③

由此可见，诸葛亮在鱼复县创制八阵图，其主要目的是防阻吴军西
进，水八阵于水路设防，旱八阵于陆路设防，即奉节八阵图是诸葛亮建造
的军事防御体系，主要用途为防御。当然，诸葛亮八阵图防御体系是一种
积极防御体系，在严密精巧的防御之中可以有效地打击敌人。正因为诸葛
亮在永安（今奉节）布设的防御石阵十分科学精妙，吴国军队自始至终未
敢轻举妄动，即便蜀汉灭国后，吴军以强击弱也未能攻破白帝城防，真不
出诸葛亮生前所料："八阵既成，自今行师，庶不覆败！"毫无疑问，奉节

---

① 郦道元：《水经注》，陈桥驿校证本，中华书局2007年版，第776~777页。
② 杨慎：《升庵集》卷四，见《四库全书》第1270册，上海古籍出版社1987年
版，第46页。
③ 宦书亮：《诸葛亮鱼复八阵图考辨》，《重庆三峡学院学报》2003年第5期。

水八阵和旱八阵,是名副其实的三国地名和三国遗迹。

巫城

巫城,城名,即秦汉巫县县城,亦即三国建平郡城,在今重庆巫山县驻地巫峡镇,位于大宁河与长江交汇处之西北岸,西偏北距巫山县政府所在地约2公里。

《四川省巫山县地名录》云:"巫峡镇为历代郡县治地。……三国吴景帝分宜都郡置建平郡,治巫城。"[1]

按:郦道元《水经注》卷三十四载曰:"江水又东经巫县故城南,县,故楚之巫郡也。秦省郡立县,以隶南郡。吴孙休分为建平郡,治巫城,城缘山为墉,周十二里一百一十步,东、西、北三面皆带傍深谷,南临大江,故夔国也。"[2] 巫县历史悠久,远在春秋战国时期,巫县土城即已存在,秦汉为巫县县治所在地,旧址在今巫山县巫峡镇巫山师范东侧的北门坡上,还保留了一段汉代土夯城墙。明清时期,巫山县改土城为石城,建有四座城门,在漫长历史岁月里,古城逐渐毁损,抗战时期遭日机多次轰炸而倾圮。今巫山县城面貌一新,成为三峡腹地一座美丽的小山城。

据《三国志》等魏晋史籍记载,汉末三国时期,由于巫城战略位置突出,故而成为吴、蜀、魏、晋各方争夺的前沿要塞。建安二十四年(219)秋冬,孙权遣吕蒙袭夺荆州,截杀关羽,又遣陆逊攻取宜都郡,陆逊部将李异、刘阿等率水军进驻巫城。蜀汉章武元年(221)七月,刘备遣将军吴班、冯习等强攻巫城等要塞,迫使吴将李异等撤出三峡。章武二年(222)二月,刘备进军宜都,六月兵败猇亭,"吴遣将军李异、刘阿等蹑踵先主军,屯驻南山,秋八月,收兵还巫"[3]。此后,巫城长期作为吴国西部边陲重镇。魏嘉平二年(250),魏征南将军王昶建议乘孙权立太子引起

---

[1] 巫山县地名领导小组编:《四川省巫山县地名录》(内部资料),1983年,第5页。

[2] 郦道元:《水经注》,陈桥驿校证本,中华书局2007年版,第789页。

[3] 陈寿:《三国志》卷三十二,裴松之注本,中华书局2000年版,第663页。

纷争之机袭占吴国长江北岸郡县，"乃遣新城太守州泰袭巫、秭归、房陵，荆州刺史王基诣夷陵，昶诣江陵"①，各路斩获颇丰。吴景帝孙休继位后，为了加强对三峡地区的控制，于永安三年（260）分宜都郡西部置建平郡，治巫城。魏咸熙元年（264），蜀汉国亡，吴军乘机从巫城西进，袭击蜀汉永安白帝城守将罗宪，罗宪据城拒敌，吴军失利撤回巫县。晋泰始四年（268），巴东监军罗宪一举夺取了被吴军牢牢控制半个世纪的巫城，开启了西晋灭吴战争的第一步，迫使吴国将建平郡郡治迁至秭归县境（今湖北秭归县茅坪镇），从此历史上有了两个建平郡城。可见，巫城也是一处三国英雄拼死争夺的名副其实的要塞之城。

三、三国文化古迹遗存

作为三峡边陲重镇，永安城（白帝城）对于蜀汉政权和巫城（建平郡城）对于东吴政权都是同等的重要，但令人遗憾的是，永安白帝城一带留下了若干蜀汉文化古迹遗存，而吴人在巫城一带的踪迹却几乎湮灭无闻。这可能有两个基本原因：一是蜀汉君臣对于三峡地区民间百姓的影响力远大于东吴君臣，二是隋唐以后尤其是宋元明清以来，蜀汉君臣的悲剧人格备受文人士大夫推崇，特别是《三国演义》的流行大大推动了蜀汉文化的发展，使蜀汉君臣的美德遗风传颂不衰。

永安宫、托孤堂

永安宫，刘备行宫名；托孤堂，厅堂名，在永安宫内。旧址在今奉节县城东奉节师范学校校园内，西南距奉节县政府所在地约14公里，现淹没于三峡水库中。今永安宫和托孤堂重建于奉节博物馆。

清道光七年（1827）重修《夔州府志》（以下简称道光版《夔州府志》）第三十三卷《古迹志》云："永安宫：在府治东。《入蜀记》：'夔

---

① 陈寿：《三国志》卷二十七，裴松之注本，中华书局2000年版，第556页。

州城在山麓沙上，所谓鱼复永安宫也。'……《旧志》：'永安宫在卧龙山下。'"① 光绪十九年（1893）编修《奉节县志》（以下简称光绪版《奉节县志》）卷三十四《古迹》云："永安宫：先主征吴，为陆逊所败，还白帝，改鱼复为永安县，宫名永安宫，居之，明年崩。今改为明伦堂。"②

按：永安宫是刘备死前托孤之地，明清时期永安宫后建有永安亭。《三国志·先主传》曰："先主病笃，托孤于丞相亮，尚书令李严为副。夏四月癸巳，先主殂于永安宫。"③《水经注》卷三十三亦云："江水又东迳南乡峡，东迳永安宫南，刘备终于此，诸葛亮受遗处。"④ 永安宫为刘备命名，但"托孤堂"应是后人命名，以缅怀蜀汉君臣之德义。

刘备永安宫托孤处早已不存，但其遗址一直是后人游览瞻仰和驻足沉思感慨之地。北宋文豪苏轼路过奉节，作《永安宫》诗云："千古陵谷变，故宫安得存。徘徊问耆老，惟有永安门。"清代四川学使周灿到奉节，亦作《永安宫》诗云："瞿唐峡口锁夔门，先主遗宫江上存。匡复雄才光赤汉，弥留哀诏痛黄昏。霜寒野岫高林暮，日冷沙溪急浪奔。寂寞川原空怅望，秋风何处吊英雄。"近人刘华蝛作《永安宫联》云："霸业冀永垂，祝海晏河清，只算得一厢情愿；雄姿今安在？看龙拿虎掷，都付与千古评论。"今人李德龑撰《托孤堂联》云："鼎足势已倾，恨失吞吴，幸有宗臣堪寄命；出师身先死，乐不思蜀，终是生儿要象贤。"对于那段难忘的历史无不表达了深沉的慨叹。

昭烈庙

昭烈庙，庙名，又称先主庙，祭祀蜀汉昭烈帝刘备，在今奉节县白帝

---

① 奉节县地方志办公室整理：道光版《夔州府志》，中华书局2011年版，第533页。

② 《中国地方志集成·四川府县志辑》影印本第52册，巴蜀书社1992年版，第760页。

③ 陈寿：《三国志》卷三十二，裴松之注本，中华书局2000年版，第663页。

④ 郦道元：《水经注》，陈桥驿校证本，中华书局2007年版，第776页。

城内。

道光版《夔州府志》第三十六卷《艺文志》收录清康熙十年（1671）川湖总督蔡毓荣《白帝城重修昭烈殿记》云："考旧志：白帝城，昭烈帝、武侯、关、张皆各有庙。隋唐无碑碣可稽。在宋张震、王十朋已谓武侯庙在西郊。"① 光绪版《奉节县志》亦收录此文。

按：根据《白帝城重修昭烈殿记》的记述，白帝城昭烈庙等建筑应是宋以后重修或新建之物，宋以前已无迹可寻。然而杜甫寄寓夔州时作《谒先主庙》诗，诗中云："旧俗存祠庙，空山泣鬼神。虚檐交鸟道，枯木半龙鳞。"此诗题下原注曰："刘昭烈庙在奉节县东六里。"② 中唐诗人刘禹锡任夔州刺史时，亦作《蜀先主庙》诗云："天下英雄气，千秋尚凛然。势分三足鼎，业复五铢钱。得相能开国，生儿不象贤。凄凉蜀故妓，来舞魏宫前。"从唐人诗歌创作来看，最晚在盛唐时期奉节县就有祭祀刘备的昭烈庙，只是昭烈庙和白帝庙并存，白帝城中白帝庙祭祀对象不是蜀汉君臣。

关于白帝庙最初供奉神像，学术界有不同看法。一种意见认为是古代巴人祭祀族神白帝天王廪君，奉节是古代巴人活动的中心和重点区域之一，廪君死后魂魄化为白虎，巴族百姓便修建了祭祀廪君的第一座专祠。另一种意见认为是老百姓为纪念公孙述而建庙，因为公孙述统治巴蜀期间宽厚待民，奉节安宁祥和。陆游《入瞿塘登白帝庙》诗中有"参差层颠屋，邦人祀公孙。力战死社稷，宜享庙貌尊"之句，说明南宋时奉节白帝庙供奉神像依然是公孙述。明正德年间（1526—1521）四川巡抚林俊至夔州，认为公孙述是"汉贼"不配享祀，便将公孙述像捣毁，将白帝庙改为三功祠，祭祀土神、江神与伏波神（马援）。明嘉靖十一年（1532），巡抚朱廷立、按察司副使等又将三功祠改为义正祠，改祀刘备、诸葛亮、关、

---

① 奉节县地方志办公室整理：道光版《夔州府志》，中华书局2011年版，第609页。

② 杜甫：《谒先主庙》，见《全唐诗》卷二二九，中华书局1999年版，第2503页。

张等蜀汉君臣，完成了从祭祀公孙述到刘备君臣的演变。现今奉节县在白帝庙内建有明良殿，供有刘备托孤的大型彩塑和诸葛亮、关羽、张飞塑像，三国文化气息十分浓烈。

张飞庙、关帝庙

张飞庙又称张桓侯庙等，祭祀蜀汉大将张飞。关帝庙常简称关庙，祭祀蜀汉大将关羽。

光绪版《奉节县志》卷十九《坛庙》云："崇忠祠：在学宫东。明巡抚林俊建，祀诸葛武侯、关壮缪侯、张桓侯。"[1]

按：三峡地区祭祀蜀汉君臣的庙宇，以张飞庙最早。张飞死后蜀汉多地建庙祭祀，以阆中、云阳最著名。明嘉靖二十年（1541）编修《云阳县志》卷下载曰："张桓侯庙：在治江南飞凤山隅，汉末建。元顺帝敕修，国朝重修。嘉靖十八年，知县杨鸾、主簿张一鹏重修。……昭烈章武元年，（张飞）移发阆中，军会江州。值张达之变，以其首顺流。土人云渔人得之，置而弗去，显于噩梦，遂祠焉。吁，亦异矣！及考《涪志》，《感应庙记》有歇神滩，亦云首东流经涪，渔人得之复去，止于云阳，今祠焉。"[2] 可见，张飞遇害后不久民间即建祠庙，无疑早于刘备、诸葛亮、关羽等人。云阳县紧邻奉节县，民间信仰相近。奉节境内张飞庙始建于何时，不得而知，但明清时期，奉节县城四门均建有张飞庙则见载于明清方志。

两宋时期，关羽崇拜渐兴，至明清时期关羽作为神灵被民间祭祀膜拜，达到了辉煌的顶点。奉节关庙普遍建造于明清时期，如道光版《夔州府志》第十八卷《祠庙志》云："关帝庙：在府署后。康熙二十六年，管夔州协镇左营中军守备金章募修，有碑记。乾隆八年，郡守崔邑俊捐

---

[1] 《中国地方志集成·四川府县志辑》影印本第 52 册，巴蜀书社 1992 年版，第 650~651 页。

[2] 嘉靖版《云阳县志》影印本，上海古籍书店 1963 年版，第 83 页。

修。道光四年，知府恩成重修，肖像严肃，灿然一新，亦有碑记。"① 光绪版《奉节县志》卷二十《寺观》载曰："关帝庙：在关庙沱。前明湖广都司任忠、瞿唐卫指挥杜和捐建，康熙二十八年知府吴大镕重修。"②《奉节县志》所记与《夔州府志》所记是两处关帝庙。从建庙时间上看，张飞最早受到三峡百姓的尊奉，刘备、诸葛亮次之，关羽又次之。不过，关羽后来居上，影响最大，这与明清时期中国民间信仰的变化是一致的。

武侯祠

武侯祠，又称武侯庙、孔明庙等，祭祀蜀汉丞相诸葛亮。

杜甫《武侯庙》诗云："遗庙丹青落，空山草木长。犹闻辞后主，不复卧南阳。"又《诸葛庙》诗云："久游巴子国，屡入武侯祠。竹日斜虚寝，溪风满薄帷。君臣当共济，贤圣亦同时。翊戴归先主，并吞更出师。虫蛇穿画壁，巫觋醉蛛丝。欻忆吟梁父，躬耕也未迟。"

按：杜甫寓居夔州后，多次凭吊武侯祠，曾作《武侯庙》《诸葛庙》《八阵图》《古柏行》等诗作，热情表达了对诸葛亮等蜀汉英雄的缅怀和敬仰之情。杜甫拜谒的武侯祠固然十分破落朽败，但足以说明隋唐时期奉节早已有祭祀诸葛亮的祠庙。除杜甫外，唐宋许多文豪如李白、刘禹锡、白居易、苏轼、黄庭坚、范成大、陆游、张震、王十朋，等等，都到奉节拜谒过武侯祠，或留诗，或作记，王十朋等还重修过武侯祠，祠里建有开济堂等堂室亭阁。事实上，诸葛亮在奉节民间也备受尊崇。南宋地理学家祝穆在《方舆胜览》卷五十七中引《图经》曰："夔人重诸葛武侯，以人日倾城出游八阵图碛上，谓之'踏碛'。妇人拾小石之可穿者，贯以彩索系

---

① 奉节县地方志办公室整理：道光版《夔州府志》，中华书局 2011 年版，第 159~160 页。

② 《中国地方志集成·四川府县志辑》影印本第 52 册，巴蜀书社 1992 年版，第 655 页。

于钗头，以为一岁之祥。"① 《图经》客观记述了奉节老百姓特别敬重诸葛亮，人日畅游八阵图碛，妇女拾小石子系于钗头以为祥瑞的盛况。

宋元战乱之世，武侯祠毁于兵火，明清时期予以修葺重建。光绪版《奉节县志》记载了明清时期奉节多处武侯祠遗迹，如卷七《山川》曰："卧龙山：治东北五里。上有先主、诸葛祠，今废。"② 卷十九《坛庙》曰："武侯旧庙：在城前八阵台下。宋王十朋移建于此，内有开济堂，今圮"③；同卷又曰："武侯祠：在瀼东，去城三里，杨郡守世英重修。嘉庆二十年奉部咨汉臣诸葛亮准其列入该省祀典，春秋官为致祭"④。道光版《夔州府志》亦记载多处武侯祠。如果再加上崇忠祠、名宦祠及白帝庙明良殿等，奉节祭祀诸葛亮的祠庙至少有六七处之多。今唯存白帝庙中的武侯祠，建于晚清同治十年（1871），祠中除诸葛亮塑像外，还有其子诸葛瞻、其孙诸葛尚及琴童的塑像，另有岳飞所书诸葛亮前后《出师表》的碑刻拓片等。

刘备墓

刘备墓，又称昭烈墓，位于今奉节县东永安宫旧址附近，西距奉节县政府所在地约14公里，现淹没于水库中。

《三国志·先主传》载："夏四月癸巳，先主殂于永安宫，时年六十三。……五月，梓宫自永安返成都，谥曰昭烈皇帝。秋八月，葬惠陵。"⑤

按：《三国志》记载十分明确，刘备葬于成都惠陵，原本无可争议。

---

① 祝穆：《方舆胜览》，见《四库全书》第471册，上海古籍出版社1987年版，第981页。

② 《中国地方志集成·四川府县志辑》影印本第52册，巴蜀书社1992年版，第604页。

③ 《中国地方志集成·四川府县志辑》影印本第52册，巴蜀书社1992年版，第651页。

④ 《中国地方志集成·四川府县志辑》影印本第52册，巴蜀书社1992年版，第650页。

⑤ 陈寿：《三国志》卷三十二，裴松之注本，中华书局2000年版，第663页。

然《四川通志》卷四十一载南宋绍兴年间学士任渊作《重修先主庙记》云："成都之南三里，所立埠岿然曰'惠陵'者，实昭烈弓箭所藏之地。"① 明代嘉靖二十六年（1547）四川巡抚张时彻撰《诸葛武侯祠堂碑记》，又转抄任渊之文，立碑于成都武侯祠内。民国时期徐心全撰《蜀游闻记录》，认为惠陵为衣冠冢。二十世纪五十年代，郭沫若到奉节曾对人说刘备可能葬在奉节。至七十年代末，白帝城博物馆馆长袁仁林撰《刘备墓考》，从多方面论证刘备葬在奉节的可能性。至八九十年代，关于刘备葬在何处曾引起了较大的论争，双方学者各有所据。奉节县多名学者撰文力主刘备葬于奉节，基本理由有三：第一，奉节四五月份天气炎热，要想将尸体运到成都且保持其不腐烂发臭，实属不易。第二，据《三国志》记载，刘备是与甘皇后合葬的，而许多史料记载说甘皇后葬于奉节，刘备亦应葬于奉节。而奉节城里原夔州府署地下发现了多处人工隧道，经初步辨认是墓道，考古钻探证明了地下有两个大墓。第三，奉节《刘氏家谱》可证刘备葬于奉节。据江津本《刘氏家谱》云："世祖公刘备字玄德，谥昭烈，称帝成都，遗址尚存。公终于白帝城，葬于夔府城内衙门后花园内，生铁封其墓，有花亭为记。"又据高雅本《刘氏家谱》载："太祖刘备字玄德，号汉昭烈帝，终于夔州府白帝城，葬在夔城衙后花园内，是穴熔铣铸封其墓，为铁墓志。"②

刘备死后是否真有可能葬在奉节呢？笔者不赞成将惠陵视为弓箭藏地而认为奉节是刘备尸骨葬地的说法。道理很简单：一是陈寿是晋初史学家，距刘备死时不过数十年，任渊则相距九百多年，陈寿的说法更有依据更可信，任渊不过是一种猜测或有意为之的托词；二是成都是蜀汉都城，皇帝病逝后自然要葬在都城附近；三是农历四五月巴蜀之地固然天气炎

---

① 《四川通志》，见《四库全书》第 561 册，上海古籍出版社 1987 年版，第 378 页。

② 重庆三国文化研究会、白帝城博物馆编：《白帝城》（内部资料），总第 1 期，第 29~30 页。

热，但秦汉三国时代处理尸体的技术已经相当先进，不必担心腐烂发臭问题。但刘备死于永安白帝城，故而奉节可能有刘备衣冠冢，这个衣冠冢的建造大约因为甘夫人尸骨暂厝永安的缘故。

甘夫人墓

甘夫人墓，又称昭烈皇后墓，位于今奉节县东永安宫旧址北，西距奉节县政府所在地约15公里，现淹没于三峡水库中。

光绪版《奉节县志》卷三十三《陵墓》云："汉昭烈皇后墓：在府治后。墓前有碑记，设位于望华亭上，春秋祀之。……宋陆游《入蜀记》：'夔州治在甘夫人墓西南。'《元一统志》：'墓在府治内镇峡堂后，即昭烈皇后也。'"① 道光版《夔州府志》第三十二卷《陵墓志》有类似记载。

按：明清时期编修的《奉节县志》和《夔州府志》不载刘备墓，却明确记载了甘夫人墓在奉节的方位。甘夫人是否葬在奉节呢？历来也存在歧义。奉节学者刘厚政《永安宫的历史变迁》云："汉章武二年，刘备战败病居永安宫，特别思念甘皇后，就将建于湖北南郡的甘皇后墓迁到永安以寄托对她的思念。"② 由《奉节县志》《夔州府志》记载可知，两宋元明时期夔州府奉节城内确有甘夫人墓，不少文人士大夫作过墓碑记。清康熙年间夔州知府吴秀美还作《甘夫人墓》诗，激情凭吊了甘夫人千年贞魂："风雨暮鸦噪，荒荒落日昏。我来题片石，挥笔吊贞魂。墓棘寒烟散，山花涕泪存。年年芳草路，无复怨王孙。"③ 奉节老县城被三峡水库淹没之前，永安宫后望华亭内立有一块高约2米的古代石墓碑，上书"汉昭烈甘皇后之墓"。

---

① 《中国地方志集成·四川府县志辑》影印本第52册，巴蜀书社1992年版，第758页。

② 重庆三国文化研究会、白帝城博物馆编：《白帝城》（内部资料），总第3期，第12页。

③ 奉节县地方志办公室整理：道光版《夔州府志》，中华书局2011年版，第528页。

从宋元明清时代的文献记述来看，甘夫人之墓与奉节关联紧密。然而，《三国志·二主妃子传》记载，刘备甘夫人生后主，死后葬于南郡，"章武二年，追谥皇思夫人，迁葬于蜀，未至而先主殂陨。丞相亮上言：'……大行皇帝存时，笃义垂恩，念皇思夫人神柩在远飘摇，特遣使者奉迎。会大行皇帝崩，今皇思夫人神柩以到，又梓宫在道，园陵将成，安厝有期。……皇思夫人宜有尊号，以慰寒泉之思，辄与恭等案谥法，宜曰昭烈皇后。诗曰：谷则异室，死则同穴。故昭烈皇后宜与大行皇帝合葬，臣请太尉告宗庙，布露天下，具礼仪别奏。'制曰可"①。传记说得十分清楚：诸葛亮与赖恭等大臣商议后，上疏刘禅建议追谥甘夫人为昭烈皇后，与大行皇帝合葬于皇家园陵。既然刘备葬于成都惠陵，昭烈皇后自然也应葬于惠陵。

那么，奉节为何亦有昭烈皇后墓呢？章武二年（222）冬，吴蜀关系缓和之后，居留永安宫的刘备确实曾遣使者赴荆州为甘夫人迁葬，但遗骨尚未运到白帝城时，刘备就病逝了。刘备死于章武三年（223）四月二十四日，五月间遗体才运送回成都，大约这期间甘夫人遗骨亦运抵永安白帝城，需要暂厝于永安宫后，等待刘备遗体、棺木妥善处理完毕后一道起运至成都合葬。正因为甘夫人曾暂厝于永安宫，故而诸葛亮下令建造甘夫人衣冠冢，供后人春秋祭祀，至宋元以后奉节百姓敬重甘夫人与刘备患难与共的忠贞人品，故而将甘夫人衣冠冢传为真迹。

奉节民间还传说有黄承彦墓等，当是依据小说《三国演义》描写黄承彦在鱼腹浦引导陆逊走出八卦迷阵的故事而附会虚构的三国文化遗迹，不足为信据。

本章考述了重庆东北奉节、巫山、巫溪三县的三国历史地名和三国文化遗迹有 17 个（含异地同名），加上黄承彦墓共计 18 个，其中汉末三国

---

① 陈寿：《三国志》卷三十四，裴松之注本，中华书局 2000 年版，第 673 页。

时期设置的郡县名5个，因三国人物事件闻名的地名4个，及三国文化古迹遗存9个。绝大部分地名、遗迹都是蜀汉地名和文化遗迹，其中刘备地名和遗迹最多，计有8个；其次是诸葛亮地名和遗迹，计有4个；东吴地名仅有3个。可见，蜀汉文化在三峡地区西部的影响力极为深刻。

第十二章　重庆东北三县民间
传说三国地名

三国时期，今重庆东北三县为吴蜀分治，奉节县和巫溪县大部隶属于蜀汉，巫山县和巫溪县东南部隶属于吴国，三县横跨瞿塘峡和巫峡，分别是蜀汉政权的东大门和东吴政权的西大门。光绪版《奉节县志》卷三《形胜》述及夔门锁峡镇川的独特价值云："坚完两川，间隔三楚，凭高控深，咽喉巴峡，镇以滟滪，扼以瞿唐，水陆津要，全蜀东门。重冈复岭，上倚绝壁，下临断岩，天险之势。"① 作为吴蜀双方的军事桥头堡，渝东北三县民间理应存在若干有关吴蜀英雄的三国地名故事和三国文化遗存，但从现存地方志及相关资料看，三县民间传说三国地名和三国遗存无一例外皆为蜀汉地名和遗存，而且大部分又集中在奉节县境内。

一、诸葛亮地名及遗迹

历史人物诸葛亮两次到奉节，不仅接受了刘备托孤之重任，而且以其非凡的聪明才智建造了奇妙的八阵防御体系，有力地确保了蜀汉政权的安全，在广大百姓心目中有着极其崇高的声望。早在诸葛亮死后不久，民间武侯崇拜现象日渐兴盛，唐宋时期三峡地区尤其是奉节民间武侯崇拜已进

---

① 《中国地方志集成·四川府县志辑》影印本第 52 册，巴蜀书社 1992 年版，第 592 页。

入一个高峰。《三国演义》流行之后，诸葛亮更是光照人间，以奉节为中心的三峡地区留下了许多诸葛亮驻营和排兵布阵的地名传说。

卧龙山、卧龙冈、东屯

卧龙山，山名；卧龙冈，山冈名，又作卧龙岗，卧龙山最高处；东屯，军营名，在卧龙山下。皆位于今奉节县东北郊，西偏南距奉节县政府所在地约15公里。

光绪版《奉节县志》卷十九《坛庙》载："卧龙祠，在县东北五里。世传武侯屯营于此，故后人名其山为卧龙岗，并立祠以祀武侯。"① 道光版《夔州府志》第六卷《山川志》有类似记载。

按：卧龙山、卧龙冈皆因诸葛亮得名，在奉节故城东北五里，邻近永安宫和白帝城，奉节民间相传诸葛亮曾在此山山脚下屯营演兵。诸葛亮屯驻兵营处，奉节民间习称"东屯"。道光版《夔州府志》第三十三卷《古迹志》云："东屯：在县东。……《地理通释》：'武侯之治蜀也，东屯白帝以备吴，南屯夜郎以备蛮，北屯汉中以备魏。杜甫尝移居于此。'唐杜甫有诗，又有《东屯月夜》诗、《东屯北崦》诗；宋陆游有诗。"② 刘备兵败猇亭后驻足永安宫，诏令诸葛亮来永安商议防务，其时赵云、李严、马忠、向宠、吴班、陈到等名将皆云集永安，大量蜀军驻营于永安城周边，卧龙山下军营极有可能是诸葛亮中军营帐所在地，后人因诸葛亮号伏龙而将此山称为"卧龙山"，称其驻营处为"东屯"。

晚清民国以来，人们多将卧龙山和卧龙冈混为一谈。从古代诗文及方志资料的记述来看，卧龙山原名西山，位于奉节故城西郊，山上有武侯祠，晋时改为卧龙山。两宋时期又将奉节故城东北郊的一座山称为卧龙山，山的最高处称卧龙岗，上面建有武侯祠。这座卧龙山吸引了许多文人

---

① 《中国地方志集成·四川府县志辑》影印本第52册，巴蜀书社1992年版，第650页。

② 奉节县地方志办公室整理：道光版《夔州府志》，中华书局2011年版，第534页。

墨客的到访，如黄庭坚、王十朋、陆游等来奉节，无不一登为快，王十朋还重修了武侯祠。明正德年间（1506—1521），夔州知府吴潜仿照潇湘八景而品定出夔城十二名景，即十二处夔州名胜古迹，其中武侯阵图、龙冈耸秀与诸葛武侯行踪相关，"龙冈"，即卧龙冈。卧龙山、卧龙冈之名虽源于后世，但与诸葛亮密切关联，其历史可信度较高。但由于时代过于久远，加上城市发展变迁巨大，当年诸葛亮具体驻营于何处，则难以确指。

抚军桥

抚军桥，桥名，旧址在奉节县故城东郊，西距今奉节县政府所在地约17公里。

道光版《夔州府志》第十二卷《关梁志》曰："抚军桥：在城东八里。汉诸葛武侯抚军处。明崇祯十二年，巡抚邵捷春捐建，有记。"[1] 光绪版《奉节县志》卷十六《关梁》有相同记载。

按：抚军桥，得名于诸葛亮。今奉节抚军桥位于白帝城风景区诗城东路与宝塔坪鱼复路交汇处，是诗城东路与鱼复路的连接桥，实际上是沿用了老县城抚军桥旧名。从明清方志记载可知，蜀汉章武三年（223），诸葛亮来永安县白帝城，一住数月，看到军民饮水困难，便采用竹笕引水法（即以长竹管相互连接）引山中泉水入城，解决了军民生活用水问题。诸葛亮又时常抚慰三军，以激励士卒守边卫国。至明末崇祯十二年（1639），四川巡抚邵捷春镇守川东抗击张献忠、罗汝才等农民起义军时，在传说诸葛亮抚慰三军处修桥以作纪念，桥名"抚军桥"。可见，抚军桥是一处明代建造的三国文化古迹。

鱼复浦、鱼腹浦

鱼复浦，港汊名，又写作"鱼腹浦"，在今奉节县境内，即梅溪河汇

---

① 奉节县地方志办公室整理：道光版《夔州府志》，中华书局2011年版，第114页。

入长江形成的港湾，现港湾大部分淹没于三峡水库中，西南距今奉节县政府所在地约 10 公里。

道光版《夔州府志》第六卷《山川志》曰："鱼复浦：在县东南二里。汉鱼复县以此名，即八阵图下之沙洲也，又名碛坝，古名八阵碛。《地志》：'夔治鱼复。滟滪风涛电射，巨鱼却而不得上，故名曰鱼复浦也。'"①

按：明清学术界多认为汉鱼复县得名于鱼复浦，鱼复浦之名又源于滟滪风涛过大而巨鱼游至此不得上而回游的现象，复，即返回的意思。但究竟是先有鱼复县后有鱼复浦？还是先有鱼复浦后有鱼复县呢？这是无法找到原始文献依据的。就目前所见资料看，鱼复县为秦汉置县是不争的事实，而"鱼复浦"之名最早见于隋唐时期，如杜甫《入宅三首》诗云："水生鱼复浦，云暖麝香山。"可见，《夔州府志》等方志的说法未必确切。

今学术界多认为武侯八阵图又称鱼复浦、鱼腹浦等，这也是不准确的，只能说鱼复浦有诸葛武侯设置的水八阵。鱼复浦是一处范围较大的港湾，水八阵设在这片港湾内，二者不能混同。大约在元明之际，民间开始将"鱼复浦"写作"鱼腹浦"。罗贯中《三国演义》第八十四回写诸葛亮对马良说："吾入川时，已伏下十万兵在鱼腹浦矣。"于是，鱼腹浦便成了人们心中一个孔明大显神威的神秘莫测之地。严格来讲，"复""腹"意义大不相同，"鱼复浦"不能随意写作"鱼腹浦"，"鱼腹浦"失却了本义。

观武镇

观武镇，三国军事基地名，遗址在今奉节县永乐镇驻地长江南岸，西距今奉节县政府所在地约 10 公里，今遗迹不存。

---

① 奉节县地方志办公室整理：道光版《夔州府志》，中华书局 2011 年版，第 52 页。

《四川省奉节县地名录》云："观武镇：传说三国时诸葛亮于此观阵。江南公社驻地。"①

按：江南公社，即今奉节县永乐镇。奉节民间传说观武镇是诸葛亮观看水军排练的训练基地之一，今奉节学者赵贵林作《观武镇》诗云："唤来东风舞旌幡，剑戟刀枪一江寒。大峡山川卧龙在，鱼复何愁不永安！"观武镇所在地历来被称为奉节县南大门，诸葛亮奉旨从成都赶来永安县（今奉节），最重要的事情就是加强蜀汉防卫，而江防又是重中之重，故而诸葛亮一边忙于设计建造八阵图，一边抓紧训练水军作战能力以应对不测之需。可见，诸葛孔明察看蜀汉水军演练作战的基地观武镇应是一处具有较高历史可信度的三国文化遗址。

石鼓

石鼓，巨石名，形状如鼓，在今奉节县永乐镇境内，位于长江之滨，江对面即是水八阵旧址，今遗迹不存。

光绪版《奉节县志》卷三十四《古迹》云："石鼓：岷江之南，与八阵图相对，世传孔明教战之所。"② 道光版《夔州府志》第三十三卷《古迹志》有类似记载。

按：古代岷江曾被认为是长江的主要源头，故而巴蜀人又称长江为岷江，四川许多沿江城市留存下来的明清近代绘制的市区图，均将长江写作"岷江"。《奉节县志》所言"岷江之南"，即指长江南岸。石鼓，当是江南岸的一块巨石，居高临下可以俯瞰长江，远看类似一个巨大的战鼓，再架上军中战鼓，鼓声咚咚，颇壮军威。

石鼓应紧邻著名关隘"江关"。道光版《夔州府志》第十二卷《关梁

---

① 奉节县地名领导小组编：《四川省奉节县地名录》（内部资料），1982年，第402页。

② 《中国地方志集成·四川府县志辑》影印本第52册，巴蜀书社1992年版，第761页。

志》云:"江关:在江南岸,对白帝城。"① 唐人李贤注《后汉书·公孙述列传》云:"《华阳国志》曰:'巴楚相攻,故置江关。'旧在赤甲城,后移在江南岸,对白帝城,故基在今夔州鱼复县南。"② 可见,江关建于春秋战国之世,主要用于军事攻防,分裂割据时期是各方势力争相控制的重要关隘。故而奉节民间所传观武镇可能就在江关近旁,而石鼓可能正是当年诸葛亮等人训练蜀汉水军演练水上作战的指挥台。

风箱峡

风箱峡,峡名,即今奉节县瞿塘峡内一段峡江,西偏北距白帝城约 2 公里,其东端与巫山县交界。

《四川省奉节县地名录》云:"风箱峡:瞿塘峡内,传说诸葛亮放有兵书。因棺材放在山上像风箱一样。"③

按:《四川省奉节县地名录》说风箱峡得名于"棺材放在山上像风箱一样",令人费解。白帝城东南四里外长江北岸黄褐色石壁上,有几条断岩裂缝,岩缝高处,搁着一叠长方形木匣,远远望去酷似风箱,故得名"风箱峡"。其实,风箱峡岩壁上的风箱是古代巴人留下的悬棺,巴人悬棺在巴蜀地区颇为常见。清光绪十九年(1893)编修《巫山县志》(以下简称光绪版《巫山县志》)卷三十《古迹》亦记载了风箱峡悬棺:"风箱峡:在旧大昌县境内,悬壁之上,累累形似风箱,或类棺木,人不能近,攀缘而至者,即见大蛇。"④ 大昌古县,辖今巫山县西北部。

风箱峡与诸葛亮本无任何关联,但古代民间多传诸葛亮藏兵书事,尤其是《三国演义》的流行对于神化诸葛亮兵家智慧起到了推波助澜的作

---

① 奉节县地方志办公室整理:道光版《夔州府志》,中华书局 2011 年版,第 112 页。

② 范晔:《后汉书》卷十三,李贤等注本,中华书局 2000 年版,第 357 页。

③ 奉节县地名领导小组编:《四川省奉节县地名录》(内部资料),1982 年,第 463 页。

④《中国地方志集成·四川府县志辑》影印本第 52 册,巴蜀书社 1992 年版,第 483 页。

用。光绪版《奉节县志》卷三十四《古迹》云："风箱峡：在瞿唐峡中、赤甲山下崖穴间，高不可升。相传鲁班之风箱。又云乃古兵书匣。"[1] 虽然没有指明是诸葛亮兵书匣，但足以说明明清近代以来，奉节民间开始将风箱峡岩壁悬棺与诸葛亮悬藏神秘兵书关联起来，使风箱峡渐渐成为一处《三国演义》的衍生地名。

南门沱

南门沱，水湾名，位于今奉节县白帝城夔门下，原是一处面积不大的江滨回水湾，西距奉节县政府所在地约17公里。

黄雄、李伯均《南门沱的传说》云："传说后来三国鼎立时期，刘备为报关张之仇，率军攻吴，却被陆逊火烧连营，大败而归。吴军兵分两路掩杀追击，其水军船队刚驶出峡口，滟滪堆强大的反冲逆流就将其前队推到了茨草沱边，顿时，被诸葛亮埋伏的水军打了个措手不及，丢盔弃甲而逃。因此，这个沱在吴蜀战争中，成了当时一个非同一般的军港。因它位于白帝城、下关城、子阳城三城之南，故被称作南门沱。"[2]

按：南门沱应是《三国演义》衍生的三国地名。历史上吴军追击刘备至白帝城附近时，诸葛亮尚在成都，唯马忠、赵云等率部先后赶至白帝城。不久，陆逊下令吴军东撤，吴蜀双方并未在白帝城下发生过战斗。即使吴水军前锋兵犯夔门遭到蜀汉水军伏击，也和诸葛亮没有关系。《三国演义》虚构诸葛亮对马良说，他入川时已在鱼腹浦埋伏了十万精兵以阻止吴军西进，奉节民间关于南门沱的传说当由此附会而来。

观星亭

观星亭，亭名，在今奉节县白帝城瞿塘峡风景区内，位于武侯祠前一

---

① 《中国地方志集成·四川府县志辑》影印本第52册，巴蜀书社1992年版，第761页。

② 重庆三国文化研究会、白帝城博物馆编：《白帝城》（内部资料），总第3期，第47页。

处高台上，西距奉节县政府所在地约 16 公里。

景区观星亭木牌介绍云："观星亭位于武侯祠之前，共 6 角 12 柱。传说诸葛亮率军入川时，曾在此夜观星象，思考用兵战略，观星亭由此得名。"

按：诸葛亮生前聪明过人，死后民间逐渐神化诸葛亮，赋予他各种奇门异能之术，《三国演义》多次描写他夜观天象，预测吉凶大事。显然，白帝城观星亭不过是民间百姓根据《三国演义》描写展开想象而产生的三国文化遗迹。不过，观星亭飞檐翘角，造型别致，又视野开阔，矗立于武侯祠前，可日观山川，夜望苍穹，颇富兵家文化和神秘文化色彩。

石乳关

石乳关，关隘名，亦村落名，民间又称"十二官"，在今奉节县兴隆镇石乳村境内，位于兴隆镇与湖北恩施市太阳河乡交界处，西北距兴隆镇政府所在地约 5.5 公里，北距奉节县城区约 90 余公里。

田成才《三国蜀吴边界石乳关古驿道刍议》云："石乳关三峰矗天（实则四峰），位于重庆奉节兴隆镇石乳村和湖北恩施太阳河乡白果树村之间。……俗名又叫十二官，相传三国鼎立时期，武侯带官至此勘界，立碑设防，随行十二人而得名。"①

按：《三国志·先主传》及裴注引《吴录》等文献记载：蜀汉章武二年（222）六月到八月，刘备兵败回到永安白帝城，吴军退守巫县（今巫山县）；九月，魏军在江陵、濡须等地与吴军交锋；十月，元气大伤的刘备一方面加强永安（今奉节）防务，一方面写信给陆逊威胁将再次率部东征荆州，陆逊回信奉劝刘备不要轻举妄动。十一月至十二月，吴蜀双方都产生了求和的意愿，"孙权闻先主住白帝，甚惧，遣使请和。先主许之，遣太中大夫宗玮报命"②。章武三年（223）二月，诸葛亮奉诏来永安，应

---

① 重庆三国文化研究会、白帝城博物馆编：《白帝城》，渝奉内字（2016）2 号，总第 13 期，第 67 页。

② 陈寿：《三国志》卷三十二，裴松之注本，中华书局 2000 年版，第 663 页。

有两个重要任务：一是构建牢固的防御体系以防东吴西进，二是在三峡地区与东吴方面划定疆界。可见，传说诸葛亮在石乳山一带勘界设关，是有一定历史依据的。至于诸葛亮带了十二名蜀汉官员来到此地故又得名"十二官"的说法，则多半是民间因谐音讹误所致。

孔明碑

孔明碑，石碑名，在今巫山县两坪乡望霞村境内，西距巫山县城区约30公里。

《四川省巫山县地名录》云："孔明碑：位于集仙峰下，在悬岩凹进去的一块石壁上，表面光洁，历代都有文刻，因岩石风化，现可辨认的有'重岩叠嶂巫峡'等字。相传三国时，蜀相诸葛亮曾刻石留言在此，劝东吴大将陆逊罢兵东归，吴蜀和好，故名孔明碑。"[1] 又云："孔明碑：传说诸葛亮在长江北岸岩石上书有碑文，故名。字迹尚存。望霞公社境内。"[2]

按：巫山有著名的十二峰，分别坐落于巫山县东南部的长江两岸，南北各有六峰。江北六峰：即登龙峰、圣泉峰、朝云峰、望霞峰（又称神女峰）、松峦峰、集仙峰；江南六峰：即飞凤峰、翠屏峰、聚鹤峰、净坛峰、上升峰、起云峰。十二诸峰姿态万千，俊美如画，争奇斗艳。集仙峰位于江北六峰的最东侧，距离湖北巴东县界不远。

《三国志·先主传》载曰："（先主）由步道还鱼复，改鱼复县曰永安。吴遣将军李异、刘阿等蹑踪先主军，屯驻南山。秋八月，收兵还巫。"[3]《三国志·陆逊传》亦载："备既住白帝，徐盛、潘璋、宋谦等各竞表言备可擒，乞复攻之。权以问逊，逊与朱然、骆统以为曹丕大合士众，外托助国讨备，内实有奸心，谨决计辄还。"[4] 南山，当位于白帝城下

---

① 巫山县地名领导小组编：《四川省巫山县地名录》（内部资料），1983年，第271页。

② 巫山县地名领导小组编：《四川省巫山县地名录》（内部资料），1983年，第282页。

③ 陈寿：《三国志》卷三十二，裴松之注本，中华书局2000年版，第663页。

④ 陈寿：《三国志》卷五十八，裴松之注本，中华书局2000年版，第996页。

游不远处。从《三国志》记述可知，东吴水军骁将李异、刘阿等率部追击刘备残兵败将一直追至鱼复县白帝城附近，许多东吴大将还上书孙权请求筹划围攻白帝城之战以活捉刘备，只是陆逊等人深忧曹丕暗怀狼子野心，便断然下令前线撤退以应对曹魏进攻，李异等水军奉命退还巫县（今巫山县）驻防，陆逊岂有追至今巫山聚仙峰下（位于今巫山县城下游 60 余里处）见了孔明留言而退兵之理？孔明又是何时到此刻石留言劝陆逊罢兵言和呢？其实，巫山集仙峰下孔明碑并非诸葛亮所题。《四川省巫山县地名录》介绍集仙峰下孔明碑云："碑上今存石刻三排，即'重岩叠嶂''巫峡'；'名峰耸秀'；'巫山十二峰'。上款是'钦差四川巡抚'，下款有小字四行，可辨认的有'嘉靖十八年十月'。"[1] 显然，碑文应为明代嘉靖十八年（1539）四川巡抚李钦路过巫峡时所刻（嘉靖十七年李钦任四川巡抚，嘉靖十九年离任），证明巫山孔明碑属于《三国演义》流行于世、诸葛亮文化兴盛之后地方官员依据三峡民间信仰而建造的三国文化遗迹。

二、关公地名及遗迹

从明清方志记载看，重庆东北三县建有若干关帝庙，许多村落名或小地名都因建有关帝庙而得名，如奉节县有关庙沱、关庙等，巫山县有关坪、关帝庙、老关庙等，巫溪县有关庙河、老关庙等。除若干以关庙直接命名的村落名和小地名外，三县境内还有不少关于关羽屯兵、行军及相关活动的地名传说。

得胜冈、晒甲崖、磨刀溪

得胜冈，山冈名，在今奉节县白帝镇香山村境内，西南距奉节县政府所在地约 36 公里。

---

① 巫山县地名领导小组编：《四川省巫山县地名录》（内部资料），1983 年，第277 页。

晒甲崖，又名晒甲岩，山崖名，在得胜冈之北。磨刀溪，溪水名，在得胜冈之西。晒甲崖和磨刀溪的具体位置今难以确指。

道光版《夔州府志》第六卷《山川志》之"奉节县"条云："得胜冈：在县西北，旧有武安王遗迹，建庙其上。宋王十朋有诗并序：'登得胜冈，谒关武安王庙，有泉一泓，俗传官兵至此，无水，拔刀刺地，泉随而涌。庙西有磨刀溪，北有晒甲崖。诗云：得胜名冈蜀虎臣，气吞吴魏失防身。磨刀晒甲遗踪在，英魄犹能敌万人。'"[1] 光绪版《奉节县志》卷七《山川》有类似记载。

按：各地多有"得胜冈""得胜街"之类的地名，一般与军队打胜仗凯旋有关。蜀汉名将关羽是否在奉节县得胜冈一带打过胜仗呢？答案是否定的。一来关羽身为蜀汉荆州最高军政长官，长期坐镇南郡江陵城，北有曹魏，东有孙吴，处四战不测之地，其责任之重和压力之大非同小可。而三峡西部地区远离南郡江陵，交通极其不便，关羽率部进入三峡白帝城，往返一次耗时少则半月，多则一两个月，一旦荆州东部、北部突发紧急事件，关羽岂能及时赶赴前线？二来关羽生前鱼复县（今奉节）始终是蜀汉辖区，关羽不可能带兵到此与敌军作战。

宋人王十朋登得胜冈时赋诗一首，诗前有小序，载于《梅溪集》后集卷十一，序言说夔州民间相传关羽来此山冈寻找水源，拔刀刺地获得泉眼，故名得胜冈；在山冈北边崖石上晾晒铠甲，故名晒甲崖；又在西边溪水中磨刀，故名磨刀溪。这个说法颇为牵强。关羽行军到鱼复县（今奉节）是为何事？得胜冈一带地处长江之滨，众多溪流交错其间，关羽兵马何以遇上缺水困境？显然，得胜冈故事与各地流行"马刨泉"之类的地名故事相似，有着浓重的附会成分。关羽在三峡西部的活动不见载于任何史籍，也于情于理说不通，故而基本可以肯定：奉节、巫山、巫溪三县境内的关公地名，皆由民间附会虚构而来。

---

[1]　奉节县地方志办公室整理：道光版《夔州府志》，中华书局 2011 年版，第 51页。

屯军坪

屯军坪,山坪名,在今巫山县三溪乡关坪村境内,西偏南距巫山县城区约 38 公里。

《四川省巫山县地名录》云:"屯军坪:相传关羽曾在此坪屯过兵,故名。三溪公社关坪大队境内。"①

按:如前所述,关羽不大可能跑到如此偏僻的山坪屯驻。历史上某个时期此山坪可能屯驻过军队,屯军坪当得名于此。三峡地区是历代农民起义的高发区,山高水深,交通不便,适宜于起义军的生存和发展。明末清初张献忠、罗汝才、李自成、李来亨等义军以及清中叶白莲教义军,曾在三峡地区与官军长期周旋,屯军坪得名于义军屯驻的可能性更大。但因屯军坪附近建有关庙,居民村落又名关坪,故而民间百姓逐渐将屯军坪附会到关羽身上。

马刨井

马刨井,水井名,在今巫山县三溪乡红花村境内,西距巫山县城区约 39 公里。

《四川省巫山县地名录》云:"马刨井:相传关羽路过此地,其马用蹄刨井找水喝,故名。"②

按:如上所述,民间多"马刨泉""马刨井"之类的地名,大概因为马有灵性,能探知地下水源所在,行走过程中一旦饥渴便会就地寻找水源,以前蹄刨地,地下水渐渐从土坑中渗出,形成泉眼水窝,"马刨泉""马刨井"之类的地名就产生了。而《三国演义》生动地描写了关羽坐骑赤兔马非凡的灵性,故而明清近代以来民间多将此类地名同关羽行军联系

---

① 巫山县地名领导小组编:《四川省巫山县地名录》(内部资料),1983 年,第252 页。

② 巫山县地名领导小组编:《四川省巫山县地名录》(内部资料),1983 年,第148 页。

在一起，以增强该地的知名度和神秘感。

得胜宫

得胜宫，庙宇名，在今巫山县境内长江北岸，西距巫山县城区约 25 公里，现遗迹不存，具体位置难以确指。

道光版《夔州府志》第三十三卷《古迹志》之"巫山县"条云："得胜宫：治东六十里。宋濂诗：'关羽旌旗何处去，空留英气照沧波。'"①光绪版《巫山县志》卷三十《古迹》有相同记载。

按：得胜宫是祭祀关羽的宫观，应是道教界或笃信道教的地方官员和绅士修建的关羽庙。隋唐以后，佛教、道教争相崇奉关羽，明清时期关庙多为佛界所建，但道教宫观中亦多有祭祀关公者。巫山县得胜宫附近还有得胜关、得胜寨等地名，彼此之间应有一定联系，但未必与历史上关羽的行踪有关。道光版《夔州府志》记载明初著名文臣宋濂的两句诗，感叹当年关羽的踪迹早已化作泥沙尘埃，惟残存一股英雄豪气英气，令后人伤悼不已。

磨刀溪、磨刀石

磨刀溪，溪流名，在今巫溪县宁厂镇境内，位于大宁河东岸，南偏西距巫溪县城区约 12 公里。《四川省巫溪县地名录》云："磨刀溪：此溪有一自然水池，传说关圣人于此池磨刀，故名。"②

磨刀石，石头名，在今巫溪县或奉节县境内，具体位置失考。清康熙五十四年（1715）无名氏修纂《巫山县志·大昌县山川》云："磨刀石：治西五十里。其石方正，上有磨痕，俗传汉寿亭侯磨刀之所。"③

---

① 奉节县地方志办公室整理：道光版《夔州府志》，中华书局 2011 年版，第 537 页。

② 巫溪县地名领导小组编：《四川省巫溪县地名录》（内部资料），1982 年，第 61 页。

③ 《巫山县志》刻抄本，见《四川府州县志》（《故宫珍藏丛刊》第 218 册），海南出版社 2001 年版。

按：今三峡地区几乎每一市县都有叫做"磨刀溪"的地名，奉节、巫山、巫溪三县亦不例外。奉节磨刀溪在白帝镇境内，位于得胜冈之西，西南距奉节县政府所在地约 35 公里。巫山磨刀溪在两坪乡境内，西距巫山县城区约 30 公里。依据康熙年间无名氏《巫山县志》所指的大致方位，磨刀石可能处在巫溪县或奉节县地界（因测量技术限制，古代方志记载地名方位无法精准）。

磨刀溪、磨刀石之类的地名十分常见，大约因为溪沟石头适合磨砺刀具。《四川省奉节县地名录》解释"磨刀溪"得名缘由云："沟中石质细，磨刀好用，故名。"[1] 这本属独特的自然条件所形成的生活地名，但明清近代以来，全国各地常常将磨刀溪、磨刀石之类的地名与武圣人关羽联系在一起，应同民间产生的关公磨刀节密切相关。民间谚语云：五月十三雨，关公磨刀水。每年农历五月十三日，很多地方都会举行浓重庆典，祈求关公保一方平安，风调雨顺，以求得农作物茁壮成长。显然，磨刀溪、磨刀石之类的地名故事大多属于关公文化兴盛的产物，虽属附会虚构，但足以表现广大百姓的爱憎情感和美好愿望。

白马泉

白马泉，泉水名，在今巫溪县柏杨街道办事处境内，北距巫溪县政府所在地约 2 公里。

道光版《夔州府志》第六卷《山川志》之"大宁县"条云："白马泉：在县西十里，关帝庙神座下涌出，溉田千余亩，流入马连溪。"[2]

按：古大宁县城（今巫溪县城厢镇）西边是一块长约二十里的小冲积平原，一条弯曲的溪河自西向东穿过冲积平原汇入大宁河，溪河两岸长满了柏杨树，当地人称这条溪河为柏杨河。今柏杨河北岸便是柏杨街道办事

---

[1]　奉节县地名领导小组编：《四川省奉节县地名录》（内部资料），1982 年，第 50 页。

[2]　奉节县地方志办公室整理：道光版《夔州府志》，中华书局 2011 年版，第 70 页。

处，是巫溪县新建的西城区，这一带原有个古名叫马镇坝，马镇坝有一条泉水非常著名，叫白马镇泉，亦名镇泉。《四川省巫溪县地名录》云："镇泉之名来自民间传说：相传此地昔有白马，夜出害稼，农人发现，随马尾追，至南坡山麓，马忽不见，因立庙以镇之，尔后神座之下涌出清泉，长流不竭，溉田千亩。乃称此泉为白马泉，亦名镇泉。"① 立庙于何时？庙中祭祀何方神灵？《四川省巫溪县地名录》均未确指。但从道光版《夔州府志》的记载看，镇泉处修建的庙宇为关帝庙，表明明清时期马镇坝关公崇拜现象兴盛，修庙者有意将关羽塑像修在泉眼上方，以此来神化关羽，将关羽当作一方百姓的保护神、赐福神。

三、其他蜀汉人物地名及遗迹

重庆东北三县除了诸葛亮地名、关公地名较为集中外，还有一些传说与其他蜀汉英雄相关联的地名。部分地名可能是蜀汉英雄历史行踪的记录，部分地名则明显源自民间附会或由《三国演义》衍生而来，还有个别地名缺乏故事主角，当是民间失记所致。

擂鼓台、营盘包

擂鼓台，土台名；营盘包，山包名。均在今奉节县故城东北郊，西偏南距奉节县政府所在地约 12 公里。

《四川省奉节县地名录》云："擂鼓台：传此地为三国时作战擂鼓之地。营盘包：过去在此扎过营。"②

按：光绪版《奉节县志》卷三十四《古迹》："擂鼓台：在县西五里，

---

① 巫溪县地名领导小组编：《四川省巫溪县地名录》（内部资料），1982 年，第13 页。

② 奉节县地名领导小组编：《四川省奉节县地名录》（内部资料），1982 年，第441 页。

大江北岸，传为汉张桓侯故迹。"① 擂鼓台与营盘包两个地名紧邻，光绪版《奉节县志》明确记载为张飞擂鼓台，而《四川省奉节县地名录》含混地说擂鼓台是三国作战擂鼓之地，营盘包得名于过去曾扎过军营，显然是民间百姓失记所致。《三国志·先主传》载，建安十八年（213），"诸葛亮、张飞、赵云等将兵溯流定白帝、江州、江阳"②。《诸葛亮传》《张飞传》《赵云传》都有近似记载。诸葛亮率众溯江入川协助刘备夺取益州，张飞所部是作战主力，入川第一道重要关卡便是鱼复县（今奉节）白帝城，擂鼓台、营盘包均处在鱼复城外，为张飞临时驻营地和擂鼓指挥攻城处的可能性很大，应是一处可信度较高的三国地名。

整甲山

整甲山，山名，在今巫山县西南部，东北距巫山县城区约 20 余公里，具体位置难以确指。

道光版《夔州府志》第六卷《山川志》之"巫山县条"云："整甲山：在县西南五十里。俗传张桓侯整甲之所，下有桓侯庙，基尚可考。"③光绪版《奉节县志》卷六《山川》亦有相似记载。

按：今巫山县境内不见"整甲山"这个地名，《四川省巫山县地名录》亦未收录。依据明清方志记载的距离和方向，整甲山当在大江南岸，可能在今巫山县新花乡或铜鼓乡境内。刘备攻占益州时，巫县（今巫山、巫溪）隶属蜀汉宜都郡，巫城在江北岸，张飞等人溯江入川，当从巫城上岸走江北陆路进攻益州第一座重镇鱼复县白帝城。可见，整甲山得名于张飞歇足整甲是不可信的，此山山脚下原本建有张飞庙，整甲山应由此附会而来。当然，不能完全排除张飞在建安二十年（215）随刘备前往公安县争

---

① 《中国地方志集成·四川府县志辑》影印本第 52 册，巴蜀书社 1992 年版，第 762 页。

② 陈寿：《三国志》卷三十二，裴松之注本，中华书局 2000 年版，第 657 页。

③ 奉节县地方志办公室整理：道光版《夔州府志》，中华书局 2011 年版，第 56 页。

夺荆州三郡后率部走江南山道返蜀时经过整甲山的可能性。

马踏坡

马踏坡，山坡名，亦村落名，在今巫山县铜鼓镇境内，东北距巫山县城区约 37 公里。

《四川省巫山县地名录》云："马踏坡：传说为马超所骑之马，站在此坡一石头上，踏出了一个马蹄印，故名。"[1]

按：巫山民间关于马踏坡的传说，不见于明清时期编修的方志。历史上马超早年一直活动在凉州和关中地区，后战败奔汉中投张鲁，不久刘备重兵包围成都，马超归降蜀汉，深得刘备信任，在蜀汉武将中地位十分显赫，甚至高于张飞。刘备特别器重马超有两个主要因素：一是在围困成都之战中，马超加入蜀汉集团对于促使刘璋投降起到了重要作用；二是诸葛亮《隆中对策》为蜀汉集团制定了横跨荆益二州、争取凉州的基本国策，马超在凉州羌胡部落中享有很高威信，刘备重用马超志在夺取凉州。据《三国志》之《马超传》《先主传》《武帝纪》等文献记载，建安十九年（214），刘备"以超为平西将军，督临洮"；建安二十四年（219），刘备"拜超为左将军，假节"；章武元年（221），马超"迁骠骑将军，领凉州牧，进封犛乡侯"[2]。刘备三次封拜马超的名号、官职、爵位皆指向西北方向，没有史料表明马超到过三峡地区。许多读者根据《马超传》原文为"督临沮"三字，便以为马超曾经经过三峡一带前往荆州临沮县（今湖北远安等地）。其实，这不过是"督临洮"之笔误，否则无法理解刘备封他为平西将军。其时关羽为荡寇将军，职衔封号低于平西将军，而关羽董督荆州（相当于荆州牧），任命马超"督临沮"变成了荆州牧关羽属下，如此安排人事匪夷所思。由此可见，巫山民间传说马踏坡得名于马超坐骑留下马蹄印，多半是望文生义而产生的故事，不足为信。

---

[1] 巫山县地名领导小组编：《四川省巫山县地名录》（内部资料），1983 年，第204 页。

[2] 陈寿：《三国志》卷三十六，裴松之注本，中华书局 2000 年版，第 702 页。

三义渡

三义渡，渡口名，在今奉节县永乐镇境内，西距奉节县政府所在地约11公里。

《四川省奉节县地名录》云："三义大队：因境内三义渡得名。"①

按：今奉节县永乐镇有三义村，村名源于境内有渡口名三义渡，而三义渡又应源于渡口近旁建有三义庙。晚唐五代以后，祭祀刘备、关羽、张飞的三义庙开始出现于河北、陕西、四川等地，最初多称三义宫或三义祠。如山西稷山县西位村三义庙，始建于元大德七年（1303），殿内供奉着刘关张三人坐像。明清时期，《三国演义》流行于世，在"桃园三结义"故事的深远影响下，大小三义庙兴建于大江南北。三义庙祭祀刘关张，旨在弘扬三人君臣信义和兄弟情谊，正如山西稷山县三义庙碑文所云："尝考《三国志》，而见夫英雄迭起，豪杰并兴，卓卓者不可胜纪。然求其生前能振纲常，殁后宜享祀典者，惟刘关张而已，此五代以来各处所由建三义庙也。"奉节县永乐镇三义庙当建于明清时期，庙旁有个河流渡口，故而取名"三义渡"。

白衣庵

白衣庵，寺庙名，故址在今奉节县城东北郊，位于擂鼓台之东1公里处，西偏南距奉节县政府所在地约13公里，今遗迹不存。

《四川省奉节县地名录》云："白衣庵：碑文记载三国时修有白衣庵。幸福公社、白马大队驻地。"②

按：道光版《夔州府志》和光绪版《奉节县志》都记载白衣庵"在县西三里"，此外别无一言，说明晚清时期奉节知识界已经不能确定白衣庵

---

① 奉节县地名领导小组编：《四川省奉节县地名录》（内部资料），1982年，第454页。

② 奉节县地名领导小组编：《四川省奉节县地名录》（内部资料），1982年，第441页。

与三国人物的关联。《三国志·先主传》载，章武三年（223）四月，刘备病逝永安宫后，诸葛亮上表后主曰："伏惟大行皇帝迈仁树德，覆焘无疆，昊天不吊，寝疾弥留，今月二十四日奄忽升遐，臣妾号啕，若丧考妣。乃顾遗诏，事惟大宗，动容损益；百寮发哀，满三日除服，到葬期复如礼；其郡国太守、相、都尉、县令长，三日便除服。臣亮亲受敕戒，震畏神灵，不敢有违。臣请宣下奉行。"①

可见刘备病逝后，诸葛亮在永安宫外举行了大型祭拜活动，除在永安城的文武臣僚和地方官员外，守城兵士也会分批次参加，白衣庵旧址距离永安宫不远，当是祭拜刘备亡灵之地。又甘夫人遗骨从荆州运至永安，在永安宫外有过短暂停留，诸葛亮亦将举行祭奠仪式。刘备和甘夫人安葬于成都惠陵之后，永安城西郊原祭奠刘备和甘夫人处可能修建了一座祭祀他们的寺庙，因古代参加丧礼者皆着白衣，故名白衣庵。

杨坪

杨坪，原名杨扎坪，山坪名，现为村落名，在今奉节县五马镇境内，北偏东距奉节县城区约58公里。

《四川省奉节县地名录》云："杨坪，系杨家坪简称。三国时期，曾在杨家坪扎过营，从那时起就经常叫杨扎营，后因谐音叫成杨家坪，公社由此得名。"②

按：奉节县境内多有以"扎营"命名村落的地名，如秦扎营、陈扎营、朱扎营、康扎营，等等，大多源于古代军队驻营，"扎营"前冠以秦、陈、朱、康等字，皆源于军营主官的姓氏。杨坪村本名杨扎营，当是杨姓将军或名士曾于此地驻营。蜀汉集团中无杨姓名将，名士惟杨洪、杨戏、杨仪三人，杨洪、杨戏没有在永安任职或到过永安（今奉节）的迹象，只有杨仪足迹到过永安。

---

① 陈寿：《三国志》卷三十二，裴松之注本，中华书局2000年版，第663页。
② 奉节县地名领导小组编：《四川省奉节县地名录》（内部资料），1982年，第256页。

《三国志·杨仪传》载曰："杨仪字威公，襄阳人也。建安中，为荆州刺史傅群主簿，背群而诣襄阳太守关羽。羽命为功曹，遣奉使西诣先主。先主与语论军国计策、政治得失，大悦之，因辟为左将军兵曹掾。及先主为汉中王，拔仪为尚书。先主称尊号，东征吴，仪与尚书令刘巴不睦，左迁遥署弘农太守。"① 这段文字简要记述了杨仪的经历，时间跨度较长：大约建安十八年（213）前后，杨仪本是曹魏荆州刺史傅群的主簿，投奔蜀汉襄阳太守关羽，担任属官功曹。建安十九年（214），刘备夺取益州，关羽遣杨仪西入成都通报军情，获得刘备赏识，辟为左将军兵曹掾（相当于今司令部参谋），杨仪奉使入川时路过鱼复县。建安二十四年（219），刘备称汉中王，任命杨仪为尚书。章武元年（221）秋冬，刘备大举东征，负责起草"文诰策命"的尚书令刘巴和尚书杨仪均随刘备出征。杨仪办事干练，精于军国计策，深得刘备、诸葛亮信赖，然骄傲自负，性情褊狭，不能容人容物。大约在刘备东征大军停留鱼复县白帝城期间，杨仪与主官刘巴发生矛盾，刘备为了安抚德高望重的刘巴，便免去了杨仪尚书一职，贬为遥署弘农太守。弘农郡在北方，属曹魏辖地，遥署弘农太守是个虚职，自负猖狭的杨仪产生怨愤情绪是难免的，故而在猇亭前线见不到杨仪的身影，他很可能被刘备留在鱼复县处理杂务。

章武二年（222）秋，刘备从猇亭败退鱼复白帝城，改鱼复县曰永安，吴军紧追不舍，永安告急，刘备一方面诏令邻近郡县增援，马忠率巴西郡五千军兵至永安，赵云亦从江州（今重庆市区）赶来；另一方面重整永安本县军兵及从猇亭前线撤退回永安的士卒，遣派得力干将统领他们拱卫永安城。身居闲职却精通军事的杨仪很可能在此时被刘备起用，让他镇守永安南大门外的关山要道。杨坪位于永安县江南著名支流墨溪河北岸，向西南可直达清江上游地界（后来吴国所置沙渠县境，即今湖北利川、恩施一带），是古代一处山道关口，杨仪临时率部驻营于此的可能性确实存在，其目的是防止吴军从清江上游迂回进攻永安县。

---

① 陈寿：《三国志》卷四十，裴松之注本，中华书局 2000 年版，第 744 页。

刘封井

刘封井，水井名，在今奉节县东北郊，位于奉节故城西郊开元寺旧址外。

道光版《夔州府志》第六卷《山川志》之"奉节县"条曰："刘封井：在县西。《蜀记》：汉昭烈养子刘封以退缩败军，昭烈用鼓囊之，自山顶滚至平地，鼓止处涌出泉水，因名。今在开元寺前。一说刘封所凿。"[①]

按：《夔州府志》关于"刘封井"的记载，抄自乾隆年间编修的《四川通志》卷二十四，但《四川通志》并未说刘封井的传说来自东晋王隐《蜀记》。所谓"鼓囊之"，即将刘封装进大鼓里。刘封不发兵救关羽，导致荆州丢失和关羽殒命，紧接着又丢失了上庸之地（今湖北竹山、竹溪、房县等地），故而刘备用鼓囊滚坡来惩罚刘封。

《三国志·刘封传》载，建安二十五年（220），刘封镇守上庸，与副将孟达发生矛盾，孟达叛蜀归魏，魏遣征南将军夏侯尚、右将军徐晃进攻上庸，西城太守申仪亦叛蜀归魏，夹击刘封，"封破走还成都"[②]。西城郡治西城县（今陕西安康市），位于上庸郡（治上庸县）之西。即是说，西城太守申仪阻断了刘封西逃汉中之路。那么，刘封是如何逃回成都的呢？唯一的路径就是从上庸（今湖北竹山、竹溪）南下走山道至北井县（今巫溪）、鱼复县（今奉节），然后再西至成都，足见刘封兵败后确实到过鱼复县。刘封既然已经回到了成都，刘备当时亦身在成都，他又如何跑到鱼复县用鼓囊滚坡的刑法来惩罚刘封呢？唯一的解释就是刘封从上庸逃到鱼复，害怕见刘备，便在鱼复白帝城停留了一段时间等待刘备的命令，恼怒的刘备遣使将命令送到巴东郡鱼复县，先让郡守等地方长官处罚刘封，再令刘封戴罪回成都。从常理上讲，刘封井的另一种传说即刘封凿井，更令人信服。然而奇怪的是，类似鼓囊滚坡的说法也流行于湖北竹山等地。

---

① 奉节县地方志办公室整理：道光版《夔州府志》，中华书局 2011 年版，第 53 页。

② 陈寿：《三国志》卷四十，裴松之注本，中华书局 2000 年版，第 737 页。

《湖北省竹山县地名志》载:"悬鼓洲:……相传三国时期刘备义子受人欺骗,装进大鼓,从霍山坡滚下堵河,故逆水而上,行至此地悬在沙洲上,故名。"① 由此看来,刘封兵败被罚鼓囊滚坡可能是三国历史记忆的留存。

鲍家庄

鲍家庄,山庄名,在今奉节县东北郊莲花山上,位于奉节故城西北,西南距奉节县政府所在地约 15 公里。

光绪版《奉节县志》卷三十四《古迹》云:"鲍家庄:北岭上。汉末,鲍氏三娘勇力绝异,廉康贼欲妻之,不屈与战,破之。后关索来攻,遂以城降,同为汉室讨贼。今城迹尚存。"② 道光版《夔州府志》第三十三卷《古迹志》有类似记载。

按:《四川通志》卷二十六"奉节县"条云:"鲍家庄:在县北。旧传:汉末鲍氏三娘勇力绝伦,廉康贼欲娶之,不屈,与战,破之。后关索来攻,遂以城降,同为汉室讨贼。今城碛尚存。"③ 显然,道光版《夔州府志》和光绪版《奉节县志》抄录了《四川通志》的记载。然而,关索、鲍三娘等人不见载于魏晋原始史籍,皆为民间传说人物,其故事大多源自明代成化年间(1465~1487)创作的说唱文学《花关索传》。所以,《四川通志》记载的"鲍家庄"显然是说唱文学《花关索传》衍生的三国地名,不足为信据,但表现了奉节人民对于三国英雄的崇敬之情。

本章考述了重庆东北三县民间传说三国地名和三国文化遗迹共计 31 个(含一地多名),其中诸葛亮地名和遗迹 13 个,关公地名和遗迹 9 个,其他蜀汉人物地名和遗迹共计 9 个。奉节县民间传说三国地名和文化遗迹最

---

① 竹山县地名领导小组编:《湖北省竹山县地名志》(内部资料),1981 年,第 34~35 页。

② 《中国地方志集成·四川府县志辑》影印本第 52 册,巴蜀书社 1992 年版,第 760 页。

③ 《四川通志》,见《四库全书》第 560 册,上海古籍出版社 1987 年版,第 479 页。

集中，共22个，巫山县6个，巫溪县3个。汉末三国时期，蜀汉控制重庆东北三县西部半个世纪，东吴控制三县东部近六十年，但这一地区流传至今的民间传说三国地名和文化遗迹全部与蜀汉人物关联，而无一关联东吴人物。历史上东吴英雄在巫峡和大宁河流域无疑留下了若干地名传说，但由于民间"拥刘反曹贬吴"这一思想潮流的巨大影响，以致吴国地名和文化遗迹逐渐湮灭无存。

第十三章　恩施神农架三国地名

　　恩施土家族苗族自治州，简称恩施州，是湖北省唯一少数民族自治州，成立于1983年，位于湖北省西南部，绝大部分地界处于长江之南。神农架林区处于湖北省西部一角，地处长江之北岸，面积不大，是省直辖林业区。在汉末三国时期，无论是处于清江流域的恩施州，还是处于长江北岸的神农架林区，都属于山高林密、交通闭塞、人烟稀少之地，因此相对于三峡东部宜昌市和三峡西部重庆市而言，恩施州和神农架林区并非三国英雄频繁征战的战场，留下的地名传说不多。但恩施州境内最早的县级行政区划设置于三国时期，神农架林区曾是魏、蜀、吴、晋先后争夺和管辖的边界地带，故而两地依然留下不少三国地名和三国文化遗迹。

一、恩施州三国历史地名

　　今恩施自治州辖恩施市、利川市和建始、巴东、宣恩、来凤、咸丰、鹤峰六县，中心为恩施市，位于自治州中北部，其东为建始县，巴东县又位于建始县之东及东北部，鹤峰县位于恩施市东南部，宣恩县位于恩施市南部，来凤县又位于宣恩县西南部，咸丰县位于恩施市西南部，利川市位于恩施市西部。整个恩施州位于湖北省西南角，东接湖北宜昌市，东南与湖南常德、张家界、吉首等地交界，西与西南同重庆涪陵、黔江等区县接壤，北与西北同重庆市万州、奉节、巫山等区县交界，东北角（巴东县北端）与神农架林区接壤，绝大部分区域处于长江之南清江流域，惟巴东县北部处于长江之北岸。如图 13-1 所示。

图 13-1　恩施州市县及部分三国地名方位示意图

　　恩施州春秋时为巴子国地，战国时隶属楚国，秦属黔中郡，两汉时分属南郡和武陵郡。三国时先属蜀汉宜都郡、武陵郡，后属吴国建平郡、武陵郡。两晋南北朝时期，郡名和辖区多有变更，先后属建平郡、武陵郡、信陵郡、秭归郡、业州军屯郡、清江郡等，后周时期始置施州。隋朝属巴东郡，唐宋时北部属归州和施州，南部属辰州等。元蒙时期北部分属归州、施州，南部则实行土司制度，先后置散毛、唐崖、金洞、龙潭、忠建、毛岭、施南等土司。明朝北部分属夔州、归州、施州卫，南部仍实行土司制度，设有容美、施南、散毛、忠建等宣慰司、宣抚司。清雍正十三年（1735）改土归流，设置施南府，辖恩施县、宣恩县、来凤县、咸丰县、利川县。乾隆元年（1736），夔州建始县划归施州，巴东、鹤峰等县划归宜昌府。1915 年设荆南道，辖恩施、建始、宣恩、来凤、咸丰、利川六县，治恩施县；1926 年改为施鹤道，鹤峰划归施鹤道；1928 年改为鄂西行政区；1932 年又改为第十行政督察区，巴东县划归恩施。1949 年中华人民共和国成立，设湖北省恩施行政区，1955 年改为湖北省恩施专员公署，1978 年成立恩施地区行政公署，1983 年成立鄂西土家族苗族自治州，1993 年，又更名为恩施土家族苗族自治州。

沙渠

沙渠，县名，三国吴置，隶属建平郡，辖今恩施市、利川市等地，县治在恩施市区内，旧址具体位置不详。

今编《恩施县地名志》云："据同治《恩施县志》：'明设施州卫，雍正六年称施县，雍正七年改恩施县。'恩施之意即皇帝恩赐于施县，故名恩施。"[①]

按："恩施"之名始于清代雍正七年（1729），距今不足 300 年，许多恩施人熟知其来历和含意，却很少人知道恩施古名"沙渠"源自三国，距今已有 1760 年的历史。梁朝史学家沈约《宋书·州郡三》曰："建平太守，吴孙休永安三年分宜都立，领信陵、兴山、秭归、沙渠四县。……信陵、兴山、沙渠，疑是吴立。"[②] 沈约用了"疑"字，不敢确定，但事实是吴国置建平郡之前三峡地区从未有沙渠县等行政区名，故而可以肯定沙渠、信陵、兴山等县均设置于吴永安三年（260），与建平郡同时设置。

吴人以"沙渠"为县名，应与地形地貌有关。沙渠县治所是一处高山

---

① 恩施市地方志编纂委员会编：《恩施县地名志》，方志出版社 2016 年版，第 22 页。

② 沈约：《宋书》卷三十七，中华书局 2000 年版，第 740 页。

陷落盆地，清江及其若干支流在此交汇形成了大片沙洲和水田，当地百姓可修筑沟渠整田耕种，故吴人称为沙渠县。沙，指沙洲水田。苏轼《东坡全集》卷三中有《自金山放船至焦山》一诗，诗中有"云霾浪打人迹绝，时有沙户祈春蚕"之句，诗人自注云："吴人谓水中可田者为沙。"① 苏轼所说虽然是北宋时期吴地百姓的叫法，但它应是千年传统的延续。隋文帝开皇五年（585），改沙渠县为清江县，从此沙渠县名消失在历史长河中，只留存在文人学士的记忆中。清代嘉庆十三年（1808）前后，沙渠县已失名一千二百多年，但恩施知县张家榐主持编修《恩施县志》期间，将自己创作的组诗命名为《沙渠吟》，足见他对于三国历史文化的深情缅怀。

建始

建始，县名，三国吴置，隶属建平郡，辖今建始县等地，县治古业州城（今建始县三里乡州基山下棉花坝），西距今建始县城区约15公里。

今编《建始县志》云："建始县，三国吴永安三年（260）立县，寓建县伊始、新政祥和之意命名'建始'，迄今已有1700余年历史。"②

按：建始县地处巫山山脉和武陵山脉的结合部，山高路险，是通向大西南的陆路门户之一。三国初期为宜都郡巫县之南界，三国后期吴置建平郡，分巫县南界等地置建始县。但建始县立于何时，历来说法多异，主要有三说：其一，晋初置县。《晋书》只记载了建平郡所辖八县中有建始县，沈约《宋书》认为建始县为晋初所立，《明一统志》《大清一统志》等历史地理文献承袭《宋书》之说。其二，后周置县。李吉甫《元和郡县志》认为建始县为后周所立，《旧唐书》《舆地广记》等史籍和地理著作承袭《元和郡县志》之说。其三，吴国置县。南宋祝穆《方舆胜览》卷六十云：

① 苏轼：《东坡全集》，见《四库全书》第1107册，上海古籍出版社1987年版，第78页。

② 建始县地方志编纂委员会编：《建始县志》，湖北辞书出版社1994年版，第1页。

"吴孙休置建平郡，建始、沙渠隶焉。"① 清末历史地理学家杨守敬遵从祝氏之说，其《三国郡县表补正》卷八云："今考：吴、魏各有建始县。《沈志》于'上庸郡微阳令'下注云：魏立，曰'建始'。此魏末上庸之建始也；《方舆胜览》云：吴置建平，建始隶焉。此吴末之建始也。"② 明清方志和今地名学者多遵从此说，如任永信《湖北地名由来》云："建始立县于何朝何时，其说不一。根据查考史料和部分史志的明确记载，建始县为三国吴景帝（孙休）永安三年设置建平郡时所设，应当是无可置疑的。"③

"建始"之"建"字有建立、创设之意，始字的本义为开端、最初等，二字合成一词，表示新建伊始之意。汉晋南北朝时期常用于帝王年号，如汉成帝、晋司马伦、后燕慕容熙等，皆以"建始"为王朝纪年年号，可见"建始"为汉晋时代的常用吉祥语。诚然，"建始"作为县名，既包含"建县伊始"之意，也寄托了三国战乱之世能够"新政祥和"的寓意，始终为广大百姓乐于接受，故而一直传承至今。

石乳关

石乳关，古关隘名，在今恩施市太阳河乡北部边境处，南距恩施市城区约40公里。

《恩施县地名志》云："石乳关为恩施县四大关口之一，是四川奉节进入恩施的重要关口。因垭口边有3座高耸的山峰，形如乳头，故名石乳关。相传，在清乾隆年间，川湖两省划分边界时，湖北施南府和四川云阳府分别委派6位县官来此争界订约。界线划定后，两府的12个县官签订界约，并立土地庙为证，故又叫十二官。"④

---

① 祝穆：《方舆胜览》，见《四库全书》第471册，上海古籍出版社1987年版，第997页。

② 谢承仁主编：《杨守敬集》第1册，湖北人民出版社、湖北教育出版社1988年版，第553页。

③ 任永信主编：《湖北地名由来》，中国文史出版社2017年版，第193页。

④ 恩施市地方志编纂委员会编：《恩施县地名志》，方志出版社2016年版，第465页。

按：石乳关处在重庆奉节县和湖北恩施市、建始县交界处，其得名于独特的地形地貌。然而明清方志多载石乳关与三国诸葛亮关联紧密。如清同治十年（1871）增修《施南府志》卷六《建置志》之"建始县"条载曰："石乳关：三国时吴蜀分界处，武侯曾至此。今呼为十二关。"①同治五年（1866）编修《建始县志》卷二《建置志》记载更为具体："石乳关又名石耳关，在县西北一百二十里，与奉节、恩施交界，三国时吴蜀分界处，武侯曾至焉，今呼十二关。"②嘉庆十三年（1808）纂修《恩施县志》有类似说法。可见，建始民间称石乳关为"十二关"，恩施、奉节民间则称"十二官"，或言诸葛亮带了十二名随从官员，或传乾隆年间川湖十二县官分界，皆由"石耳关"音讹而来，不足深信。但此处是当年吴蜀边境、双方置关守界的可能性极大，一向勤政而谨慎的诸葛亮也确有可能到过石乳关一带。正如明代施州卫指挥童昶作《石乳山》诗云："界分楚蜀控咽喉，诸葛遗踪俗尚传。一锁南封千里地，双峰高挂九重天。"

铜锣关

铜锣关，古关隘名，在今利川市谋道镇境内，东南距谋道镇政府所在地约14公里。

今编《湖北省利川县地名志》云："铜锣大队：位于大树坪北，属高山丘陵，西北与四川万县接壤。……以古关隘'铜锣关'为名。"③

按：三国后期吴置沙渠县，今利川县大部分区域隶属沙渠县，明清时期隶属施南府，清雍正十三年（1735）"改土归流"后始置县，取《易·卦辞》中"利涉大川"之语意而名县曰"利川"。《湖北省利川县地名志》

---

① 《中国地方志集成·湖北府县志辑》影印本第55册，江苏古籍出版社2001年版，第112页。
② 《中国地方志集成·湖北府县志辑》影印本第56册，江苏古籍出版社2001年版，第36页。
③ 利川县地名领导小组编：《湖北省利川县地名志》（内部资料），1984年，第82页。

说铜锣关是一处古关隘，却未指明建关时代。而道光版《夔州府志》第十二卷《关梁志》"奉节县"条云："铜锣关：在县南四百里，有诸葛武侯城池。"[1] 光绪版《奉节县志》卷十四《关梁》有相同记载。

铜锣关实际方位在今奉节县西南方约 190 公里处，与重庆万州区毗邻，乃川鄂古道上一道险关，重修于明正德年间。古关对面有一块屹立于悬崖边、酷似大鼓形状的巨石，与关口遥遥相对，称作"石鼓"。险关、石鼓两相对，成了一道绝佳风景。明清民谣云："铜锣对石鼓，银子五万五。谁能识得破，买下重庆府。"利川民间传闻铜锣关为三国吴蜀边界，诸葛亮曾在此建有边城关卡，这与清代方志记载相吻合。依据史籍记载，章武三年（223）诸葛亮来永安县（今奉节）仅停留了三个月，需要处理若干军政要务，亲自来到如此偏远之地建城置关的可能性不大。但可以肯定的是，铜锣关一带确实属于吴国沙渠县西北边界，吴蜀各在此置关守边实属自然之理，诸葛亮执政之后派遣将吏建造关隘的可能性较大。今利川作家陈亮在铜锣关旧址新建关门的两旁撰有一副对联云"雄关独当，地扼襟喉控渝楚；寒岁迁延，天留锁钥镇蜀吴"，准确地概括了铜锣关在三国时期所具有的重要军事价值。

石门山

石门山，山名，在今巴东县东瀼口镇绿竹筏村境内，位于镇政府所在地东南约 5 公里的长江北岸，与秭归县牛口村连接。

明嘉靖三十年（1551）编修《巴东县志》（以下简称嘉靖版《巴东县志》）卷一《山川》载曰："石门山：县东北三十五里，山有石径，深若重门，汉昭烈初为吴陆逊所败，走经此，追者甚急，烧铠断道，得免。"[2]

---

① 奉节县地方志办公室整理：道光版《夔州府志》，中华书局 2011 年版，第 113 页。

② 巴东县史志办公室整理校注：嘉靖三十年《巴东县志》，湖北科学技术出版社 2017 年版，第 19 页。

又载："石门滩：县东三十五里，中有巨漩万余丈。"① 嘉靖版《归州全志》卷上之"巴东"条有相同记载。

按：嘉靖版《巴东县志》和《归州全志》均记巴东县有石门山，山下有石门滩。三国时期无巴东县，其地东属秭归县，西属巫县。隋朝初期置巴东县，其地界位于蜀汉巴东郡东部，故名。如果说刘备兵败的上夔道是一个范围较广的泛指地名，那么，石门山则是一个有具体指向的地名。三峡地区称石门山者有多处，明清方志记载奉节、云阳、巫山、秭归等县均有石门山。关于刘备遇险的石门山究竟在何处？学术界存在歧义。一般认为石门山在今巴东县东北，但也有学者认为在今秭归县。如杨华、梁有骏、娄雪《蜀汉刘备脱险地石门山的位置考》一文认为："刘备脱险地'石门山'就在长江北岸的湖北秭归西泄滩与牛口之间，即今俗名叫'八斗'的地方。"② 杨华等学者的看法主要基于两个理由：第一，《水经注》叙述石门滩时，言"滩北岸有山"，刘备经此山路而遭吴军追杀甚急，石门滩北岸的山即是"石门山"；而同治版《宜昌府志》卷二《古迹》又明确石门滩北岸即是石门山："石门山：在州西，山有石径，深若重门。汉昭烈初为陆逊所破，走经此门，追者甚急，乃烧铙铠断道，然后得免。其下为石门滩。"③ 第二，明清方志载"石门山"在巴东县东北三十五里，这个距离正好在秭归县境，因为从巴东县城东至牛口的流程不足 10 公里。

然而，两个地名之间的距离，直线距离不同于曲线距离，水路流程不同于陆路里程。明清方志记载石门山在巴东县县治东北三十五里，指的陆路里程，相当于今不足 15 公里。今秭归县牛口村西界与巴东县绿竹筏村连接，绿竹筏村之西北侧又与西陵村（今贾家湾村）连接。1992 年湖北省交

---

① 巴东县史志办公室整理校注：嘉靖三十年《巴东县志》，湖北科学技术出版社 2017 年版，第 21 页。

② 重庆三国文化研究会、白帝城博物馆编：《白帝城》，渝奉内字（2015）1 号，总第 12 期，第 25 页。

③ 《中国地方志集成·湖北府县志辑》影印本第 49 册，江苏古籍出版社 2001 年版，第 111 页。

通厅公路运输管理局绘制《湖北省公路营运里程图表》载巴东县城至西陵村（今贾家湾村）的里程是 17 公里，与巴东县城至绿竹筏村的里程相当；而从巴东县城沿长江南岸公路至秭归县范家坪村百度地图导航显示约 28 公里，范家坪村正对着江北岸的牛口村。可见，明清方志记载石门山位于"县东北三十五里"并未超出巴东县境。

那么，如何理解《水经注》的记载呢?《水经注》卷三十四载曰："江水又东迳石门滩，滩北岸有山，山上合下开，洞达东西，缘江步路所由。刘备为陆逊所破，走经此门，追者甚急，备乃烧铠断道。孙桓为逊前驱，奋不顾命，斩上夔道，截其要径。备逾山越险，仅乃得免。忿恚而叹曰：'吾昔至京，桓尚小儿，而今迫孤，乃至于此!'遂发愤而薨矣。"[1]《三国志·孙桓传》记载了刘备在上夔道遭遇拦截、翻山逃跑的窘况，而《陆逊传》则亦记载了刘备令驿站士卒烧铙铠断后并连夜西逃的尴尬经历。《诸葛亮传》注引《后出师表》将刘备此次遇险称为"秭归蹉跎"[2]，《向宠传》亦载曰："秭归之败，宠营特完。"[3] 这说明蜀军西撤途中在秭归县上夔道又与吴军发生了一次激战，蜀军残部又大败亏输，惟向宠护卫营基本无损。后人一般认为《孙桓传》所记载的上夔道上的山，即是石门山。综合《陆逊传》《孙桓传》等历史文献记载来看，石门山之战应分为两个阶段，孙桓所部在前边阻截，陆逊则率主力穷追猛打。显然，石门山应是一座绵延十数里、跨越今秭归巴东两县地界的石山，上夔道穿越其间。当刘备残部在石门山东端一处驿站（今秭归县西北牛口村境内）歇息时，陆逊令孙桓率部逆水而上急行军赶至石门山西端阻截，自率主力乘敌夜宿之际发起突袭，刘备仓皇下令驿站士卒火烧铙铠等器械以阻吴兵，自率残部连夜沿石门山石道西逃，岂知第二天在石门山西端又遭遇孙桓的疯狂拦截，疲惫不堪的蜀兵被打得七零八落，惟向宠率部奋力护卫刘备"逾山越险"，

---

①　郦道元：《水经注》，陈桥驿校证本，中华书局 2007 年版，第 790~791 页。
②　陈寿：《三国志》卷三十五，裴松之注本，中华书局 2000 年版，第 686 页。
③　陈寿：《三国志》卷四十一，裴松之注本，中华书局 2000 年版，第 750 页。

狼狈逃回白帝城，以致刘备"忿恚而叹"。可见，石门山实为吴蜀双方激战之地，是一处真实可信的三国历史地名，只是它跨越的范围较广，故而巴东、秭归二县皆有关于刘备兵败石门山的传说。

双城

双城，古城名，在今巴东县沿渡河镇境内，位于沿渡河镇政府驻地附近，今古城遗迹不存，具体方位难以确指。

嘉靖版《巴东县志》卷一《古迹》载曰："双城，治北六十里，两城相距十里许，相传三国时筑。"[1]

按：嘉靖版《归州全志》卷上记述双城的文字与《巴东县志》相同。巴东县长江北岸有一条重要支流，其下游称神农溪，入江口即官渡口，上游称沿渡河，发源于今湖北神农架林区，是三国时期魏国新城郡与吴国建平郡之间的重要通道之一，具有较高的军事价值。《巴东县志》所载"双城"，应是吴国建造的两座相互呼应的军事城堡，魏将州泰袭吴巫县、秭归县，沿渡河"双城"很可能成为魏军进攻的军事目标之一。可见，双城虽然不知具体何年何人所建，但却是两处可信度较高的三国城堡，惜乎遗迹不存。

二、恩施州民间传说三国地名

汉末三国时期，恩施州绝大部分市县属于吴国辖区，其南部不仅山高林密、人烟稀少，又是武陵蛮夷部落聚居地，而武陵蛮夷部落与东吴政权长期存在着若即若离的关系，再加上"拥刘反曹贬孙"的文化思潮的深刻影响，恩施为数不多的民间传说三国地名和文化遗迹主要集中在北部与重

---

[1] 巴东县史志办公室整理校注：嘉靖三十年《巴东县志》，湖北科学技术出版社2017年版，第35页。

庆交界的几个县市，而且基本属于蜀汉地名。

八阵图

八阵图，石阵名，亦村落名，在今建始县茅田乡木桥村境内，西距茅田乡政府所在地约 13 公里。

《湖北地名趣谈》云："八阵图：位于茅田乡封竹管理区木桥村境内，为木桥村辖自然村。此村山峦起伏，山路小道纵横交错，人入内，对方向感觉模糊。相传三国时，诸葛亮曾由巫山经抱龙河到此摆过八卦阵，设过八卡，故名。"[①]

按：抱龙河，发源于建始县茅田乡，自南向北流经重庆巫山县东南部抱龙镇汇入长江，抱龙镇与茅田乡交界。诸葛亮一生两次到三峡，第二次到三峡时抱龙河流域已归属东吴，他不可能深入抱龙河上游来设置关卡，只有第一次入川经过三峡时有深入抱龙河的条件。今编《建始地名掌故》云：刘备军师庞统战死后，诸葛亮、张飞、赵云兵分三路驰援刘备，诸葛亮率部路经茅田乡，见此地地理形势适合布阵，为了"防日后吴兵追击，就利用地形地物并辅以土石，在此地布下八阵图，这就是后世被人们津津乐道的'旱八阵'。……当地人因诸葛孔明曾在此布'旱八阵'，干脆弃原地名而改称此地为'八阵图'"[②]。如前所述，诸葛亮第一次入川时荆州由关羽掌控，建造八阵图防阻吴兵的必要性不大，何况《三国志》等史籍明确记载诸葛亮是溯江而上至巫县、鱼复等地再西进成都的，断无率部行经如此偏僻险峻山路之理。建始民间关于旱八阵的传说，显然是深受《三国演义》和诸葛亮八阵图文化的深刻影响附会而来，目的是突出诸葛亮的杰出智慧与先见之明。

---

① 湖北省地名志办公室编：《湖北地名趣谈》，湖北人民出版社 1999 年版，第 1029 页。

② 建始民政局编：《建始地名掌故》（内部资料），［2018］恩建图内字第 003 号，第 2 页。

耍操门

耍操门，练兵场名，在今建始县茅田乡耍操门村境内，西距茅田乡政府所在地约 2 公里。

《建始地名掌故》云：诸葛亮入川途经茅田乡布设八阵图后继续向西行，来到了一个长约六里的山间槽地，此时得到张飞已同刘备会合、蜀军危机已经解除的消息，便决定在此扎营休整，军士照例每天清晨出操演练；"当地人称操练为耍操……人们认为诸葛军师带兵在此扎营操练，是一件了不起的大事，是这里的骄傲，加之此地的地形似门，为此，人们就将这里自豪的叫作了'耍操门'"①。

按：建始与成都相距约两千余里，《三国志》明载诸葛亮、张飞等人一起溯江而上入川会同刘备合围成都，即便是张飞捷足先登，诸葛亮亦不至于滞留在两千里之外的大山沟里姗姗来迟。可见，耍操门与旱八阵一样，皆为建始民间随意附会的三国地名故事，表现了当地百姓对于诸葛亮的崇拜之情。

马蹄塘

马蹄塘，池塘名，在今建始县政府驻地业州镇小漂村境内，位于建始县城区西北约 18 公里处。

《建始地名掌故》云：刘备攻打益州，军师庞统战死，诸葛亮、张飞、赵云兵分三路增援刘备。张飞率部日夜兼程杀向巴州，路经小漂村外的沟河，谁知一场暴雨之后，山水汇入沟河，形成了滔滔洪水拦住了援军去路。张飞带着士卒沿河边寻找合适的渡河地，来到一处池塘边，向西观望，发现池塘边布满硬实的青石，池塘的宽度也比涨水的沟河窄很多，便下令士卒纵马过池塘，说罢，张飞倒竖虎须，圆睁环眼，身跨那雄烈的乌

---

① 建始民政局编：《建始地名掌故》（内部资料），［2018］恩建图内字第 003号，第 3 页。

骓马，四蹄扬起，腾空飞跃，马蹄落下，石板上便踏出了一个深坑。士卒跟着纵马飞跃，"只见青石板上，赫然留下了一个个深深浅浅的圆窝——马蹄印。……该地乡民也因此而倍感骄傲，乡民遂叫该池塘为马蹄塘"①。

按：历史上张飞入川驰援刘备是"溯江而上"，其率部走江南陆路不见载于史籍，而且张飞坐骑为乌骓马是宋元民间戏曲和明初小说《三国演义》文学加工的产物。可见，建始马蹄塘传说实为一个由三国文学衍生的地名故事。

盔甲岩、卸甲坝

盔甲岩，山岩名，在今建始县长梁镇二台子村境内，位于长梁镇政府所在地北约 2 公里处。卸甲坝，村名，位于今建始县长梁镇北郊约 1 公里处。

《建始地名掌故》云：蜀将廖化协助关羽攻打襄阳，吕蒙袭击荆州，廖化突围前往上庸、成都求救，走到此处悬岩下，人困马乏。廖化歇息片刻，将身上盔甲脱下，放在岩边迷惑追兵，自己则从另一条山道走脱。后来，当地一村民将盔甲掩埋于地下。多年以后，一户游姓人家迁居岩下，家里养了一条大黄狗，黄狗嗅觉十分灵敏，老是朝着岩壁方向狂吠，并刨出了一堆鳞甲片样的东西，最终发现"是一件武士穿的盔甲，游家人将这事告诉了乡邻，大家都跑到那里看稀奇。后来，人们就将那个地方叫做'盔甲岩'"②。

按：关羽遣廖化突围前往上庸、成都搬救兵是《三国演义》的虚构，且上庸郡在长江之北，廖化走上庸回成都不应跑到长江之南的建始县长梁镇来，故而盔甲岩得名于廖化搬救兵摆脱吴军追击的故事是难以令人信服的。奇怪的是，距离盔甲岩不远处有一个叫"卸甲坝"的村落，传说也与

---

① 建始民政局编：《建始地名掌故》（内部资料），［2018］恩建图内字第 003 号，第 202 页。

② 建始民政局编：《建始地名掌故》（内部资料），［2018］恩建图内字第 003 号，第 171 页。

廖化相关联。据 2017 年 6 月 8 日《恩施日报》云：卸甲坝是建始县长梁乡一个村子，据传三国蜀汉大将廖化率兵随诸葛亮北伐，大胜而归，率兵从此经过。因天气炎热，加上打了胜仗，士兵们纷纷脱下盔甲跑到树底下歇息，一时间遍地铠甲，在太阳照射下光芒闪闪。此时出发令下，士卒从梦中惊醒，来不及穿好盔甲，只好边跑边匆匆穿戴。后来当地人称此地为"卸甲坝"。这个传说同样不合情理，诸葛亮北伐地点在西北凉州，距离荆州建始县有两三千里之遥，而且诸葛亮北伐时期建始县早已是吴国辖区，廖化所部大胜归来怎么走也不可能进入建始地界，否则难免引起吴蜀冲突。

《三国志·邓张宗杨传》载曰："廖化，字元俭，本名淳，襄阳人也。为前将军关羽主簿，羽败，属吴。思归先主，乃诈死，时人谓为信然。因携持老母昼夜西行。会先主东征，遇于秭归。先主大悦，以化为宜都太守。"[1] 历史上廖化在关羽被杀后被迫降吴，并非如《三国演义》描述的那样从上庸回到了成都。廖化被吴人扣留荆州期间十分思念刘备，便装死骗过了吴人，并悄悄携带老母昼夜西行归蜀。长江航道和江北上夔道被吴宜都太守陆逊完全控制，盘查应该相当严密，所以廖化西行走的应是人烟稀少的江南陆路，建始长梁镇一带属于荆州入川的一段山路，当时隶属宜都郡秭归县，后来廖化听闻蜀军东征驻营于秭归县，便由此折向秭归，故《三国志》有"会先主东征，遇于秭归"的记载。可见，历史上廖化极有可能在长梁镇一带逗留过，他是出名的忠臣孝子，当地有关他的故事不少，只是随着时代越来越久远，民间百姓以讹传讹，越传越离谱而已。

放马厂

放马厂，养马场名，亦村落名，今写作"放马场"。在今恩施市太阳河乡放马场村境内，位于太阳河乡政府所在地西北约 3.5 公里，南距恩施市城区约 52 公里。

---

① 陈寿：《三国志》卷四十五，裴松之注本，中华书局 2000 年版，第 797 页。

清同治七年（1868）编修《恩施县志》卷一《山川》云："放马厂：在城北百二十里，石生大小马蹄迹，俗传武侯经此。"[1]

按：放马厂位于石乳山南麓，紧邻石乳关。恩施、建始、奉节三县民间广传诸葛武侯设置石乳关，那么石乳关周围必定是军马放牧之地。放马厂地处石乳山之南麓，阳光充足，花草丰茂，适合牧马养马，三国历史上确有可能是吴蜀边关士卒牧马之地，只是诸葛亮本人未必亲身到过牧场。

谋道

谋道，原名磨刀溪，小集镇名，现为镇名，位于今利川市西北部，与重庆万州区交界。

《湖北省利川县地名志》云："磨刀溪集镇：是利川县谋道公社管理委员会驻地。……磨刀溪：传说三国关羽在此磨刀显圣，故名。集镇关庙门有石刻楹联：'大丈夫磨刀垂宇宙，士君子谋道贯古今。'系清光绪三十一年（1905）四川总督赵尔丰路过此地，与绅首谈及磨刀溪命名情由，即言：既磨刀尚武，应谋道修文。遂撰此联。现庙虽毁，石联尚存。"[2]

按：利川谋道镇地处清江发源地齐岳山之北麓，属于三峡腹地边缘区域，历史上关羽不可能至此偏远之地并在溪中磨刀。如前所述，三峡地区山间溪流中多坚硬岩石，适合用来磨砺刀具，而关羽以大刀锋利著称，故民间多将"磨刀溪""磨刀石"之类的地名与关羽关联起来。有意思的是，清末四川总督赵尔丰由磨刀尚武联想到谋道修文而改地名曰"谋道"，表现了其谋道利民、文治天下的理想。

跑马坪、穿心洞

跑马坪，山坪名，亦村落名；穿心洞，山洞名。均在今巴东县溪丘湾

---

[1]　《中国地方志集成·湖北府县志辑》影印本第56册，江苏古籍出版社2001年版，第388页。

[2]　利川县地名领导小组编：《湖北省利川县地名志》（内部资料），1984年，第120页。

乡境内，位于溪丘湾乡政府所在地北偏西约 20 公里处。穿心洞位于跑马坪西侧，两地相距不足 1 公里。

《湖北地名趣谈》云：相传三国时关羽为了替刘备夺取西蜀，从夷陵经秭归到了小龙村。关羽沿途招兵买马，急需寻找一个训练新兵的去处，一下子看中了小龙村外的坪地，坪地开阔，又有一塘清水可供饮用，于是就在此坪安营扎寨，开始练兵。"一天，突遇川军翻山过来讨战，关公奋起相迎。不料用力过猛，他的青龙偃月刀撞到了坪旁的一山岩上，火星直闪，敌将料战不过则趁机慌忙飞逃下山，关公定睛一看，刀把子震松了，眼睁睁地望着贼逃走，顿时火冒三丈，将刀把子用力朝岩壁上擂去，由于用力过猛，把山岩戳穿了一个洞，刀却没上紧，又擂第二下，又穿了一个洞，还是不够紧，接着再擂第三下，也戳穿了一个洞。如此三下，数尺厚的岩壁，连穿三洞，可知那刀把所凝聚的千钧神力。现在望那岩上，并排有三个大洞，从山这边望得到山那边的天。后来，人们就将关公驯过马的那个坪叫跑马坪，把关公刀把戳穿的那三个洞叫穿心洞。"[1]

按：跑马坪、穿心洞得名于关羽训马和擂刀的说法实为民间附会之词。其一，关羽兵器为青龙偃月刀，是《三国演义》等文学作品的虚构加工。其二，故事所言"川军"，当指刘璋益州兵。两汉时期巫县（今重庆巫山县）以东为荆州地界，汉末刘备取得荆州之初置宜都郡，今巴东县地皆属宜都郡，刘璋益州兵何来"讨战"？跑马坪应得名此坪曾是一处训马场，但未必与关羽练兵有关。穿心洞是一处从山中穿过、两端相通的洞穴，乃是三峡地质和雨水共同作用下自然形成的，因其紧挨跑马场而虚构出关羽挥舞大刀独显神威的故事。

偏台山

偏台山，山名，在今巴东县溪丘湾乡白虎坡村境内，位于溪丘湾乡政

---

[1] 湖北省地名志办公室编：《湖北地名趣谈》，湖北人民出版社 1999 年版，第 1052~1053 页。

府所在地北偏西约 19 公里。

《湖北省巴东县地名志》云："偏台山：因山顶略向西倾斜，据传是三国时代关云长一脚踏偏，故名偏台山。"①

按：三峡民间还有另一种传说：偏台山，本名天台山，远古神农氏曾游猎此山留下胜迹，后来达摩祖师欲登山建庙，一脚将山踩偏于西北方向，故又名偏台山。达摩祖师是南印度高僧，南北朝时来到中土传扬佛法，唐宋以后被奉为禅宗的创始人。偏台山得名于达摩祖师神脚踩偏的说法，显然是佛教徒的有意渲染。明清时期关羽在佛教界的地位得到了进一步提升，于是人们又将偏台山传说附会到关羽身上。

关帝圣君庙

关帝圣君庙，古庙名，在今巴东县官渡口镇水獭坪村境内，东南距官渡口镇政府所在地约 11 公里。

《湖北地名趣谈》云：巴东官渡口镇关帝圣君庙建于何时，已无从考证。"据传，初成时，四合天井，画栋雕梁，气势雄伟，庙里供有三国时刘备、诸葛亮、关羽、张飞、赵云的雕像。"②

按：明清时期巴东县境建有大量关公庙，至今以"关庙""老关庙""庙坪""关庙坪""关庙岭"等命名的村落不下十处，但这些村落的关庙或朽坏失修，或焚于战火，或遭人为拆毁，早已无踪无迹，惟官渡口镇关帝圣君庙仅存一部分石墩和"盖天古佛"的牌匾。令人感到新奇的是，官渡口镇关帝圣君庙不仅供奉关公圣像，还供奉刘备、诸葛亮、关羽、赵云的雕像，这足以证明此庙建于明清时期，因为早期关庙里很少供奉赵云塑像，《三国演义》的诞生大大提升了赵云的地位和声望，以致明清以来民间逐渐兴起敬奉祭祀赵云的现象。可见，官渡口镇关帝圣君庙是一处明清

---

① 巴东县地名领导小组编：《湖北省巴东县地名志》（内部资料），1983 年，第 377 页。

② 湖北省地名志办公室编：《湖北地名趣谈》，湖北人民出版社 1999 年版，第 1046～1047 页。

时期建构宏大、风格独特的三国文化遗迹。

百战口

百战口，山口名，亦村落名，在今巴东县沿渡河镇童家坪村境内，位于沿渡河镇政府所在地南偏西约 12 公里处。

《湖北省巴东县地名志》云："百战口：位于下坝西南 3.8 公里，120人。据传，三国时刘备、曹操在此处交战近百次，故名。"①

按：无论是《三国志》等史籍的记载，还是《三国演义》等文学作品的描写，都看不到曹操本人率部到过三峡腹地的踪迹。魏嘉平二年（250），曹魏政权遣新城太守州泰袭击巫、秭归等县，但其时曹操、刘备均已死多年。巴东民间传闻刘备同曹操在百战口一带激战上百次，实为百姓附会之词，说百战口得名于交战百次亦有望文生义之嫌。不过，百战口地处巴楚驿道即上夔道附近，刘备在猇亭之战中在上夔道一带与吴军有过多次激战，《三国志·孙桓传》载刘备"逾山越险"、夺路逃亡的危急情状与百战口传说倒很吻合，也许是民间百姓历史记忆的讹传。

旗杆山

旗杆山，山名，又名金字山，在今巴东县政府驻地信陵镇东郊，位于长江南岸。

《湖北省巴东县地名志》云："旗杆山：位于马鹿池公社驻地东北约3.3 公里。距巴东县城南 700 米。据县志记载：'三国时，诸葛亮火烧连营八百里，刘备在此山上树旗，故名。'"②

按：《三国志》载吴都督陆逊以火攻破刘备四十余营，《三国演义》描写陆逊"火烧连营七百里"，《湖北省巴东县地名志》称明清方志记载"诸

①　巴东县地名领导小组编：《湖北省巴东县地名志》（内部资料），1983 年，第75 页。

②　巴东县地名领导小组编：《湖北省巴东县地名志》（内部资料），1983 年，第407 页。

葛亮火烧连营八百里，刘备在此山上树旗"，不知所云依据何在。明清方志不见类似记述。嘉靖版《巴东县志》卷一《山川》载曰："巴山，在县治后，一名金字山，县之主山也。又近县诸山之总名，《通鉴》注：'杜预遣周旨袭乐乡，多张旗帜，起火巴山'，即此。然预在荆州，巴之下流，或非此。存之俟考。"① 嘉靖版《归州全志》卷上亦有类似记述。西晋镇南大将军杜预遣部将周旨袭击乐乡是三国末年事，然而此"乐乡"指吴国所建乐乡城（今湖北松滋市西北长江南岸），非指晋初所置乐乡县（今湖北巴东县境内），两地相距四百余里，元代史学家胡三省注《资治通鉴》时将乐乡城误为乐乡县。

今巴东县城郊有金字山，古又名巴山，其山顶高耸挺拔，俗称旗杆山。巴东民间传言三国刘备为报关羽之仇，率倾国之兵攻打东吴。路过巴东时曾在金字山顶上插旗练兵，故称旗杆山。很明显，旗杆山得名于刘备插旗练兵是由杜预部将周旨"多张旗帜"讹传而来。

三、神农架林区三国地名

神农架林区，简称神农架，属湖北省政府直辖，是中国唯一以"林区"命名的县级行政区。神农架林区位于湖北省西部边陲，西南与重庆巫山县毗邻，西北角与湖北竹山县相接，北与湖北房县交界，东与湖北保康县毗连，南依湖北兴山县、巴东县而濒长江三峡。现今下辖6镇2乡，即松柏镇、阳日镇、木鱼镇、红坪镇、新华镇、大九湖镇、宋洛乡、下谷坪土家族乡，林区政府驻松柏镇。其地理方位如图13-2所示。

神农架最高峰名神龙架，相传远古神龙氏在此尝百草为民除病，因山高路险而伐木搭架攀援而上采得百草，神龙架、百草冲、百草坪、百草坝、百草垭等地名皆因神龙氏采药而来，神龙氏即神农氏，神农架之名由

---

① 巴东县史志办公室整理校注：嘉靖三十年《巴东县志》，湖北科学技术出版社2017年版，第19页。

图 13-2 神农架林区乡镇及部分三国地名方位示意图

此而来。神农架林区原分属湖北房县、兴山、巴东三县管辖。秦汉时期北部隶属益州汉中郡房陵县，南部隶属荆州南郡秭归县和巫县；明清时期北部先后隶属襄阳府房县和郧阳府房县，南部隶属宜昌府兴山县和巴东县；1970 年成立林区，隶属宜昌地区，1972 年由湖北省政府直辖，1976 年隶属郧阳地区，1983 年复归湖北省政府直辖。

神农架林区地处大巴山东段和三峡腹地边缘，汉末三国时期处于益州和荆州接合部，又属于吴国建平郡和魏国新城郡的边界，但因山高林密路险人稀而罕有战事发生，故而有关三国英雄的地名传说实不多见。

赤马灌

赤马灌，池塘名，亦村落名，在今神农架林区政府驻地松柏镇境内，位于松柏镇东约 2.5 公里处。

《湖北地名趣谈》云：赤马灌是一处常年不涸、春夏季节绿柳成荫、荷花飘香的池塘。"传说东汉末年，该地有一财主嗜好养马。一日，一匹母马产下一匹比狗还小的马仔，喂了三年还小得像一头驴，主人非常气恼，将它关入破厩任其风吹雨打。厩内稀糊烂浆，小马浑身脏得污秽不堪，臭气熏人。一次，远方来了一位买马人要选购上等马驹，到财主的好马厩中精心挑选，一匹也未看中。路过破厩时，偶然看见厩内那匹小马，近前端详良久，要求主人将小马卖给他，财主满口应允。买马人将小马牵到池塘边仔细刷洗，竟是一匹红如火焰、毛色油亮的赤兔马。据传此马先后成为三国名将吕布、关羽的坐骑。洗马池塘得名'赤马灌'，为林区松香坪景区景点之一。"①

　　按：魏晋史籍确有吕布坐骑为"赤兔马"的记载，但未闻其赤兔马源于荆、益之地的说法。吕布，五原郡九原县（今内蒙古自治区包头市）人，五原郡地处西北草原地带，西北草原自古盛产名马，三国名将吕布从小生活在草原地区，其坐骑赤兔马应产自西北大草原。至于吕布被杀之后，其赤兔马由曹操赠送关羽，不过是小说家罗贯中的虚构加工，不足为信据。可见，神农架民间关于赤马灌的传说是由小说《三国演义》衍生的三国地名故事。

葱坪

　　葱坪，山坪名，在今神农架林区木鱼镇两河口村境内，位于木鱼镇政府所在地东偏南约20公里处，与兴山县边界相接。

　　今编《湖北省神农架林区地名志》云："葱坪：在红花公社东沟大队，因此坪生长野葱甚多得名。清代《兴山县志》载：'兴山县西北二百七十里，地多葱，相传诸葛武侯曾驻兵于此。'"②

　　按：顾祖禹《读史方舆纪要》卷七十八《湖广四》"兴山县"条曰：

---

　　① 湖北省地名志办公室编：《湖北地名趣谈》，湖北人民出版社1999年版，第1193页。

　　② 神农架林区地名领导小组编：《湖北省神农架林区地名志》（内部资料），1982年，第362页。

"志云：县西北二百七十里有葱坪，地多葱，相传诸葛亮曾驻师于此。"①
《大清一统志》卷二百七十三亦有类似记载。同治版《兴山县志》和光绪
版《兴山县志》亦记载诸葛亮曾驻营于葱坪，均源于《读史方舆纪要》，
而顾氏之说当源于明代方志。

根据《三国志》之《诸葛亮传》《先主传》等文献记载，蜀汉统辖荆
州时期，诸葛亮始终是刘备的军师（相当于今参谋总长）和"财政大臣"，
从未独立统兵征战，也未有在秭归、兴山一带活动的记录，其率部前往神
农架腹地驻营的可能性微乎其微。当然，不排除蜀汉偏师曾驻营此地，后
来诸葛亮名震天下，武侯崇拜兴盛于民间，当地百姓便附会到诸葛亮身
上，以增强此地的神秘感和知名度。

三爷庙

三爷庙，寺庙名，亦村落名，在今神农架林区红坪镇东溪村境内，位
于红坪镇政府所在地西南 12.5 公里处，其北与房县九道乡毗邻。

《湖北省神农架林区地名志》云："三爷庙：10 人……该村曾有刘备、
关羽、张飞小庙一座，得名三爷庙。"②

按：既然庙中祭祀刘备、关羽、张飞三人，当名三义庙，三爷庙可能
由三义庙音讹而来。但也可能是"张三爷庙"的简称，主要祭祀对象是张
飞。在《三国演义》中，刘关张三人结拜为兄弟，世称"三义"，民间多
建有三义庙。而张飞排行第三，性格鲜明，在民间颇受百姓喜爱，常称
"三爷"，许多地方还建有张三爷庙。神农架东溪村三爷庙是明清时期蜀汉
文化在民间极具影响力的见证。

倒座庙

倒座庙，寺庙名，亦村落名，在今神农架林区宋洛乡后山坪（原名后

---

① 顾祖禹：《读史方舆纪要》，中华书局 2005 年版，第 3692 页。
② 神农架林区地名领导小组编：《湖北省神农架林区地名志》（内部资料），
1982 年，第 81 页。

三坪）村境内，位于宋洛乡政府所在地东北 7 公里处，北距神农架林区政府驻地松柏镇约 10 公里。

《湖北省神农架林区地名志》云："倒座庙：20 人。……村内曾有一门朝后山开的关帝庙，得名倒座庙。"[1]

按：明清时期关羽享有帝王之尊，依照礼制其庙门应坐北朝南，而有些关庙朝向却是坐南朝北，故称"倒座庙"。神农架宋洛乡倒座庙庙门朝向后山，大概后山较高耸神秘，且资源丰富，当地百姓以关公为后山的守护神，神农架民间关公信仰现象亦由此可见一斑。

本章考述了恩施自治州和神农架林区的三国地名和三国文化遗迹共有 23 个：恩施州 19 个，神农架林区 4 个。23 个三国地名中，魏晋原始史籍记录的三国历史地名有 2 个，明清方志记载的历史可信度较高的三国地名 5 个，民间传说三国地名和三国文化遗迹 16 个。所有三国地名和文化遗迹中，有 3 个属于东吴地名和遗迹，其余皆为蜀汉地名和遗迹，其中，关公地名和遗迹 7 个，诸葛亮地名和遗迹 6 个，刘备地名 3 个，张飞地名和廖化地名各 2 个。恩施州本是吴国长期统治之地，神农架亦是吴人足迹所到之处，但相较之下蜀汉文化的影响依然占据着绝对优势，再一次证明了明清时期"拥刘反曹贬吴"的文化思潮的兴盛。

---

[1]　神农架林区地名领导小组编：《湖北省神农架林区地名志》（内部资料），1982 年，第 107 页。

参 考 文 献

中华书局编辑部编：《二十四史》简体字本，中华书局 2000 年版。

李吉甫：《元和郡县志》，中华书局 1983 年版。

乐史：《太平寰宇记》，中华书局 2007 年版。

王象之：《舆地纪胜》，中华书局 1992 年版。

顾祖禹：《读史方舆纪要》，中华书局 2005 年版。

郦道元：《水经注》，陈桥驿校证本，中华书局 2007 年版。

永瑢等主编：《四库全书》，上海古籍出版社 1987 年版。

谭其骧主编：《中国历史地图集》，中国地图出版社 1982 年版。

吕思勉：《中国史》，中国社会科学出版社 2008 年版。

白寿彝总主编：《中国通史》（修订本），上海人民出版社 2004 年版。

司马光：《资治通鉴》，中华书局 1956 年版。

徐兆奎、韩光辉：《中国地名史话》，商务印书馆 1998 年版。

华林甫：《中国地名学源流》，人民出版社、湖南人民出版社 2010 年版。

藏励和主编：《中国古今地名大辞典》，香港商务印书馆分馆 1982 年版。

魏嵩山主编：《中国历史地名大辞典》，广东教育出版社 1995 年版。

卢弼：《三国志集解》，中华书局 1982 年版。

沈伯俊、谭良啸编著：《三国演义大辞典》，中华书局 2007 年版。

余大吉：《三国军事史》，军事科学出版社 1998 年版。

张大可：《三国史研究》，甘肃人民出版社 1988 年版。

王天良：《三国志地名索引》，中华书局 1980 年版。

朱一玄等：《三国演义资料汇编》，南开大学出版社 2003 年版。

谢承仁主编：《杨守敬集》，湖北人民出版社、湖北教育出版社 1988 年版。

《中国地方志集成·湖北府县志辑》，江苏古籍出版社 2001 年版。

《中国地方志集成·四川府县志辑》，巴蜀书社 1992 年版。

后　记

　　三四年前我就筹划着写一本关于三国地名研究的小册子，但在田野调查和搜集材料的过程中，渐渐感觉到难以坚持下去。一来工作量浩大，需要投入巨大精力和足够经费。原计划针对整个湖北省境内的三国地名和三国遗迹进行全面调查和研究，结果发现各类三国地名数量十分惊人，根据粗略统计估算竟高达近3000个。以我个人的精力和占有的有限科研经费是无法支撑的。于是，我便决定缩小范围，专门研究以宜昌为中心的小三峡区域内的三国地名和三国遗迹，岂知这个范围内的三国地名和三国遗迹依然数量可观，居然有420多个。搜集相关资料，梳理线索，分门别类，并对重点地名和遗迹进行实地考察，短期内我无论如何也难以完成。二来地名变化情况复杂，理清头绪不容易。三峡区域三国地名和三国遗迹的搜罗统计，主要源于明清时期各地的方志和当代地名志，然而随着行政区划的变化，三国地名归属地也程度不同地发生了变化，更加上地名更名现象十分普遍，要一一弄清原地名现在隶属于哪个市县哪个乡镇、现在叫什么名、距离市县乡镇中心多少里程等问题，需要耗费大量的时间和精力。正因为如此，加上本人不够刻苦，以致拖到现在才将书稿写完。这是我目前写得时间最长、感觉最难受的一部书稿。

　　我所在单位三峡大学是一所重点地方高校，校领导和院领导都十分重视地方文化建设，鼓励教师积极参与地方文化研究，这本书正是研究地方文化的成果之一。然而坦率地说，从事地方文化研究的人文学者所做的工作往往是费力不讨好的。首先，地方文化研究课题范围颇受局限，常常难以获得全国同行的认同和好评。其次，由于地方文化研究并未获得真正意义上的重视，获取成果出版经费很有限，有时甚至弄到令人难堪的境地。我曾将此研究课题送至宜昌市文化部门立项，开始获得领导同意和积极支持，但因政府压缩部门科研资金而被取消，我只好另寻办法筹措出版经费。好在三峡大学文学院院长吴卫华教授、副院长吴芳教授、科技处处长周卫华教授等领导兼同事十分关心和支持我的课题研究，积极为我想办法解决了出版经费问题，在此我表示由衷的感谢。

在收集资料、构思写作之初，我曾经有过打退堂鼓的想法。大约两年之前我同中南民族大学博士生导师王兆鹏先生在一起开学术会议，散步时我同他聊过研究三国地名的难度和苦衷，他鼓励我克服困难努力做下去。十多年前我曾在兆鹏先生名下访学，他比我大数岁，为人厚道，我们属于亦师亦友的关系，他的鼓励和支持使我受益匪浅。今年疫情高峰期间，我终于写好了初稿，打电话请他提意见和写个小序，他毫不犹豫应承写序。在此我亦表示特别的感谢。

我还应特别感谢我的同事黄权生副教授，他是复旦大学历史专业毕业的博士，对于历史研究有很深的造诣。他特别注意搜集文献资料，酷爱从旧书网、旧书店甚至书摊上购买一般人视若废纸的文献资料，他的书房和办公室里堆满了各类书籍，尤其是古代历史地理文献和地方文化研究资料。他为我提供了三峡地区各市县的地名志和若干明清方志，极大地帮助了我的书稿写作，没有他的无私帮助，我的书稿恐怕更难顺利完成。在此向他致以谢意。

此外，我的同事吴志勇老师为我的书稿画了10多张地图，花费了不少工夫；武汉大学出版社陈帆女士与责编蒋培卓女士为我的书名等提了许多好的建议；我的几个毕业走上工作岗位的学生，帮我从孔夫子旧书网上购买地图、书籍（我不会操作此方式），然后免费快递给我。在此谨一并致谢。

书稿写得很艰难，花费时间也足够长，但绝不意味着优秀。我只觉得这个研究课题学界同仁很少深入进去，尚存探讨空间，而自己对此颇感兴趣，不妨尝试研究一下，这也是一个普通知识分子应尽的职责和义务。书稿原计划分六大部分撰写：第一，三国地名文化概述；第二，三峡地区三国历史地名；第三，三峡地区三国文学地名；第四，三峡地区民间传说三国地名；第五，三峡地区关公地名；第六，三峡地区三国文化旅游。但后来为了便于各市县读者查找本地拥有哪些三国地名和三国遗迹，有利于各市县集中打造三国旅游景点或三国地名文化旅游线路，便改变计划以市县为单元，形成了现在的十三章结构。最后，我还是要说那句文人学者们常说的成语——抛砖引玉。这绝非我的谦虚之词，我是真心希望各地学者们借助各自研究三国地名文化的优势，借鉴我的经验教训，撰写一批高质量的学术专著来，为提升三国地名文化研究的影响力做出贡献。是为记。

王前程

2020 年 8 月 6 日于三峡大学云锦小区寓所